AF882328

Los retos de la genética en el siglo XXI: genética y bioética

Estudi General 5

2870

Los retos de la genética en el siglo XXI: genética y bioética

María Casado y Roser Gonzàlez-Duarte (Eds.)

EDICIONS
UNIVERSITAT DE
BARCELONA

BIBLIOTECA DE LA UNIVERSITAT DE BARCELONA. Dades catalogràfiques

Los **Retos** de la genética en el siglo XXI: genética y bioética . – (Estudi General ; 5)

Referències bibliogràfiques
ISBN 84-8338-053-6

I. Casado, María (Casado González), ed. II. Gonzàlez-Duarte, Roser, ed. III. Col·lecció: Estudi general (Universitat de Barcelona) ; 5
1. Genètica 2. Bioètica

© EDICIONS DE LA UNIVERSITAT DE BARCELONA

1a edición: 1999

Producción: Publicacions de la Universitat de Barcelona

Adaptación de la cubierta y diseño de la maqueta interior: Teresa Jordà

Impresión: GRAMAGRAF, S.C.C.L.

Depósito legal: B-13.352-99

ISBN: 84-8338-053-6

Todos los derechos de esta publicación (incluido el diseño de la cubierta)
EDICIONS DE LA UNIVERSITAT DE BARCELONA

Las ilustraciones incluidas en esta publicación, cuya autoría y procedencia se mencionan, constituyen material de apoyo didáctico en el ámbito universitario. Su © no pertenece a Edicions de la UB.

Queda rigurosamente prohibida la reproducción total o parcial de esta obra. Ninguna parte de esta publicación, diseño de la cubierta incluido, puede ser reproducida, almacenada, transmitida o utilizada mediante ningún tipo de medio o sistema, sin la autorització previa del editor.

Administración de la publicación
EDICIONS DE LA UNIVERSITAT DE BARCELONA
Balmes, 25
08007 Barcelona
Tel. 93 403 55 30
Fax 93 403 55 31

ÍNDICE

Presentación 9

CAPÍTULO I
Últimos avances en genética
La bioética ante las nuevas tecnologías genéticas 15
María Casado. Universitat de Barcelona
Aislamiento y caracterización de genes humanos. Aplicaciones terapéuticas. 25
Roser Gonzàlez-Duarte. Universitat de Barcelona
Estrategias en el diagnóstico molecular de las enfermedades hereditarias 39
Joan Fibla Palazón. Universitat de Lleida
Priones: vacas locas y encefalopatías humanas 75
Jordi Garcia-Fernández. Universitat de Barcelona

CAPÍTULO II
Repercusiones sociales y jurídicas
Genoma, cultura y riesgo 95
Mª Jesús Buxó i Rey. Universitat de Barcelona
Planteamientos y posicionamiento social ante el Proyecto Genoma: impacto social de los datos genéticos 105
Albert J. Jovell. Fundació Laporte. Universitat Autònoma de Barcelona
El valor de la huella genética como prueba biológica 115
Marian M. de Pancorbo, Azucena Castro, Isabel Fernández-Fernández. Universidad del País Vasco
Las repercusiones jurídico-penales de las nuevas tecnologías genéticas. Aproximación general 133
Jaime Miguel Peris Riera. Universidad de Murcia
La patentabilidad de las invenciones tecnológicas: consideraciones éticas..... 145
Octavi Quintana. INSALUD
Reflexiones desde el medio ambiente 149
María Jesús Montoro Chiner. Universitat de Barcelona

Las nuevas tecnologías genéticas y la ética 157
Víctor Méndez Baiges. Universitat de Barcelona

CAPÍTULO III
El futuro de la genética
¿Hay que poner límites a la investigación genética? 169
Francesca Puigpelat Martí. Universitat Autònoma de Barcelona
Modelos animales de enfermedades hereditarias 181
Gemma Marfany. Universitat de Barcelona
Transgénesis y mejora animal 193
Armand Sánchez Bonastre, Josep M. Folch Albareda. Universitat Autònoma de Barcelona
La clonación de Dolly 203
Harry Griffin. Roslin Institute
Ética para las aplicaciones bioéticas.. 213
Ramon Valls. Universitat de Barcelona

PRESENTACIÓN

Los trabajos que aquí se recogen tienen un doble nexo de unión. Por una parte se sustentan en una concepción de la bioética que considera necesario extender la discusión sobre los problemas que suscitan las biotecnologías a la sociedad en su conjunto y, a la vez, propugna aunar la reflexión moral y jurídica al fuerte soporte científico necesario para que la rigurosa información haga posible la racionalidad del debate.

Por otra parte tienen en común su origen, ya que fueron elaborados inicialmente para las Jornadas "Genética y bioética: los retos de la genética en el siglo XXI", realizadas durante los días 5, 6 y 7 de noviembre de 1997, en la Facultad de Biología de la Universidad de Barcelona. Este simposio fue un lugar de encuentro pluridisciplinar en el que intervinieron científicos, filósofos, juristas, antropólogos y periodistas. De la aportaciones y debates que allí se realizaron se enriquecen los textos que ahora presentamos en este libro.

Los retos de la genética en el siglo XXI no son sólo retos que se refieran a descubrimientos científicos o técnicos; hay otros aspectos importantes en este desafío: valorar el sentido y las consecuencias de la investigación y dirigirla a mejorar la calidad de vida de los seres humanos.

Las dos últimas décadas podrían caracterizarse tanto por el auge de la nueva genética como por el de la bioética y, desde luego, no existe ningún otro terreno en el cual se ejemplifique mejor la necesidad de una reflexión plural y pluridisciplinar que nos ayude a afrontar los cambios que conllevan las biotecnologías.

Los seres humanos del tercer milenio tienen ante los adelantos científicos una actitud más cautelosa de la que se sostuvo en las décadas anteriores en las que no habíamos sido conscientes de lo obvio: el crecimiento continuo no es sostenible y los adelantos científicos pueden tener consecuencias perversas no buscadas. El científico, por su parte, se enfrenta a situaciones nuevas: el especialista enclaustrado en un laboratorio cuyos descubrimientos están muy lejos de una aplicación inmediata, y por tanto no generan un interés social ni económico, se ha convertido en muy poco tiempo en un potencial promotor de empresas biotecnológicas. Como ejemplo, las modernas tecnologías permiten generar bancos de datos genéticos para la identifi-

cación criminal y son además un material valiosísimo para las compañias de seguros y el mercado laboral; se pueden determinar las causas de susceptibilidad a enfermedades frecuentes, con implicaciones económicas obvias en la política de salud pública; se están obteniendo nuevas variedades vegetales "modificando" el patrimonio genético de especies que se cultivan a gran escala para consumo humano. Y, muchos de estos avances han sido proclamados y presentados de forma inexacta, exagerando y deformando sus posibilidades, dando la impresión que las nuevas metodologías genéticas son un "arma letal" invencible, generando desconfianza en nosotros mismos.

La indagación que en las siguientes páginas se desarrolla quiere aportar luz a un debate informado y para ello pone en contacto directo dos formas de conocimiento que habitualmente permanecen encerradas en compartimentos casi estancos: el mundo científico y el mundo de la reflexión filosófico-jurídica. De esa relación surgen disonancias: cada tribu tiene sus propias reglas y no suele reconocer las de las tribus vecinas. Pero, una vez superados esos estrechos marcos y admitida la necesidad de ponernos de acuerdo, podemos darnos cuenta de que las divergencias son cara de un mismo poliedro; de que todas esas facetas no rompen sino que forman el conjunto. De que no puede haber reflexión si no se tiene en cuenta la realidad de la cosa sobre la que pensamos.

Como decía Norberto Bobbio, el jurista-filósofo que en su tarea no parte de la realidad del fenómeno que analiza acaba construyenco castillos de arena. Pero, a la inversa, el científico tampoco puede inhibirse de considerar las cuestiones valorativas, los juicios sobre los resultados de su trabajo, sobre su financiación, o sobre la realidad política en que está inserto, ya que ni la ciencia ni los científicos son neutrales.

Conviene tener en cuenta que las personas que colaboran en este libro pertenecen al ámbito académico y desarrollan su labor en universidades públicas. Es por ello que las cuestiones se abordan desde la racionalidad propia de la función intelectual, que consiste básicamente en encontrar y sacar a la luz las ambigüedades y definir los términos de los problemas para poder extraer conclusiones válidas. Habitualmente esta función del estudioso, del teórico, se desarrolla con retraso –sobre lo que ha sucedido–, o con adelanto –sobre lo que podría suceder–. En el terreno de la biotecnología y la biomedicina la reflexión se enfrenta hoy a la dificultad añadida de que se realiza sobre lo que está sucediendo, sin posibilidad ni tiempo para el distanciamiento.

La clarificación del debate social que se preconiza desde estas páginas intenta propiciar el pensamiento autónomo. La actitud crítica –el racionalismo de los ilustrados– es a menudo sospechosa en un mundo de dogmatismos para los que la discrepancia es traición. Para nosotros el desacuerdo es señal de diversidad, las distinciones de modernidad, las soluciones mágicas inexistentes, los mensajes neutros y tranquilizadores ineficaces. Consideramos preferible explicitar los problemas, decir en que se discrepa, marcar los límites del acuerdo concreto, que asentir a las palabras huecas de los acuerdos vacios.

El respeto a la libertad de las personas y a los derechos humanos –reconocidos en los tratados internacionales y en la propia Constitución–, son el contenido y el límite del consenso. Son los principios en que se basa la convivencia y el límite de lo que consideramos tolerable; tanto en la libertad de investigación, como en la utilización de los datos, como en la comercialización de los productos del cuerpo humano, como en cualquier aplicación de la biotecnología. Los distintos grupos que conforman nuestra sociedad –pluralista e incluso multicultural–, pueden tener valoraciones distintas y posiciones morales y religiosas de contenido diverso, pero si bien pueden dentro del sistema profesarlas e inclusive difundirlas, no pueden imponerlas a toda la comunidad.

María Casado y
Roser Gonzàlez-Duarte
Universitat de Barcelona

Capítulo I
ÚLTIMOS AVANCES EN GENÉTICA

LA BIOÉTICA ANTE LAS NUEVAS TECNOLOGÍAS GENÉTICAS

María Casado
Universitat de Barcelona

Introducción

Las biotecnologías están sujetas actualmente a un intenso debate social: buena muestra de ello representa la continua presencia en los medios de la saga de la oveja Dolly, cuya actualidad se vio acrecentada con la pretensión del *científico* Dr. Seed de clonar seres humanos "en cualquier lugar del mundo".

El ejemplo es ilustrativo pues sintetiza muchas de las cuestiones que las biotecnologías plantean. Sus noticias reciben tratamiento estelar, se banaliza frecuentemente sobre los aspectos científicos del tema para hacer hincapié en aquello que puede tener mayor repercusión como noticia-espectáculo. Se generan grandes expectativas en la sociedad que seguidamente son defraudadas, pues el ritmo de la validación de los descubrimientos y sus aplicaciones es necesariamente mas lento de lo que desearían los posibles beneficiarios de los mismos. En muchos casos, además, se extrapolan los avances realizados más allá de las posibilidades científicas reales, inferencias que incluso promueven algunas veces los mismos autores para dar una máxima transcendencia e importancia a sus trabajos.

El impacto social de las noticias científico-médicas es enorme ya que tras cada información sobre "el gen de la semana" se suscitan esperanzas de curación de personas cuya enfermedad no tenía terapia eficaz. A partir de cada una de estas noticias se producen miles de llamadas de ciudadanos afectos que solicitan tratamientos, que frecuentemente aun solo están en el terreno de lo previsible y en plena fase experimental, como si hubiesen sido incluidos en los protocolos hospitalarios.

Llama, pues, la atención el papel de los medios de comunicación –y sobre todo de la prensa escrita– en la transmisión de las informaciones y en la educación científica de los ciudadanos. Interesa resaltar que la comunicación entre la ciencia y la sociedad, a quien los descubrimientos van destinados, es generalmente escasa y frecuentemente poco rigurosa. De ello suele culparse a los periodistas; pero debemos reconocer que también los científicos y estudiosos, en busca de reconocimiento social y de fuentes de financiación para proseguir su trabajo, tienen una importante responsabilidad a la hora de informar a sus conciudadanos del alcance de su trabajo.

Las nuevas tecnologías genéticas reclaman la realización de un debate social informado en el que participen los diversos sectores implicados: científicos, humanistas, políticos, informadores... Así, tras valorar las distintas cuestiones en juego, será posible tomar decisiones sobre las repercusiones de descubrimientos que a todos nos afectan.

Este es precisamente uno de los objetivos de la bioética y uno de los componentes del reto que da nombre a nuestro trabajo. Entrando en el siglo XXI la genética no solo se enfrenta a importantes desafíos científicos sino a la tarea de valorar el sentido y las consecuencias de la biotecnología que desarrolla.

1. La bioética: concepto y características

La bioética surgió ante la necesidad de dar respuesta a estos nuevos problemas: una disciplina que pusiera en relación los distintos campos del conocimiento e indujera a científicos y filósofos a superar el tradicional aislamiento disciplinar. Una nueva disciplina que salvara las fronteras de materias encerradas en sí mismas, e incluso a veces enfrentadas, y que fuese capaz de crear un lenguaje común con el que abordar los nuevos problemas.

La bioética se caracteriza también por un segundo componente: el pluralismo. La sociedad en que vivimos se define por ser plural e incluso multicultural y en este contexto las soluciones dogmáticas y homogéneas no son válidas. Si bien durante siglos las respuestas a los grandes interrogantes de la vida se habían transmitido de generación en generación, hoy la magnitud de los cambios es tal que las viejas contestaciones resultan insuficientes.

En el marco de los sistemas liberales y socialdemócratas la autonomía individual, el respeto a la persona y sus derechos se erigen en valores primordiales y no resultan admisibles las respuestas basadas en el valor de una autoridad externa, ya que la aceptación de los puntos de vista distintos forma parte de los valores que la sociedad asume y protege. Por ello la bioética se centra en la defensa de estos principios en el ámbito de la biotecnología y la biomedicina.

La bioética tiene, además, un alto contenido político que transciende a las meras implicaciones de la decisión ética o de la moral individual: las biotecnologías nos plantean dilemas cuya decisión implica optar por un estilo de vida frente a otros, por un modelo determinado de sociedad; lo que constituye evidentemente una opción política.

Por otra parte, la bioética requiere del bioderecho. Dado que los planteamientos y soluciones ante un problema pueden ser diversos, en ocasiones el acuerdo no se produce y es preciso que venga el derecho a establecerlo. Entendiéndose aquí al derecho como un sistema de organización social y de tratamiento de los conflictos. Este punto de vista ante el derecho tiene en cuenta, más que los aspectos meramente represivos, sus funciones promocionales y educativas, propias del estado de derecho actual.

Así entendida la bioética se constituye en lugar de debate y reflexión sobre las biotecnologías desvinculado del discurso dogmático. Y parte de considerar como el único acuerdo general aceptable el que establece el derecho a discrepar, a no estar de acuerdo y a no imponer otro límite que el respeto a los derechos humanos, amparados por las constituciones y los instrumentos internacionales.

Esta concepción de la bioética, pluridisciplinar, plural y laica, insiste en la necesidad de racionalidad en la discusión. Para ello es necesaria la información que, en primer lugar, deben suministrar los científicos, que conocen los auténticos problemas puesto que trabajan materialmente con las tecnologías que cuestionamos. Después, con esos datos, la reflexión debe hacerse en común. Aportando cada una de las disciplinas sus específicas herramientas de análisis: antropológicas, sociológicas, jurídicas, éticas... Información y transparencia son requisitos necesarios para la democrática toma de las decisiones que a todos nos afectan.

2. La ambivalencia de las nuevas tecnologías

Las tecnologías avanzadas, y en especial las genéticas, provocan en el sentir de la colectividad temor y esperanza como se ha señalado en la presentación. Precisamente por ello el paradigma que se ha dado en llamar bioético se sitúa entre el paradigma conservacionista y el tecnológico. Entre el temor a los cambios –el inmovilismo atenazado en una determinada idea de la *naturaleza* y de lo *natural*– y la esperanza en que la biotecnología y los expertos nos arreglen la vida. Trata de evaluar con cautela los riesgos y decidir el camino a seguir tomando las decisiones a partir de la informaciones recibidas. Toda cultura está obligada a pactar con la biotecnología y debe hacerlo conociendo las consecuencias del envite, sabiendo qué nos da y qué nos toma y asumiendo que en la "naturaleza" humana está el ser "culturales" y por ello "manipuladores" y adaptadores del entorno[1].

En nuestra cultura de fin de siglo, la calidad de vida se ha constituido como un valor y puede tomarse como principio informador a la hora de establecer las relaciones entre el medio ambiente –la "naturaleza"– y la genética[2]. Calidad de vida y protección al medio en que vivimos y que hemos de legar habitable a las generaciones futuras. Esta referencia a las responsabilidades para con las generaciones futu-

---

1. Como se explicita en el capítulo II, págs. 95 a 103, a cargo de la Dra. MªJesús Buxó.
2. Así se pone de manifiesto en el capítulo II, págs 149 a 155, a cargo de la Dra. Mª Jesús Montoro.

ras es una constante con que la generación presente se encuentra comprometida; ninguna de las precedentes tuvo a su alcance una posibilidad tan grande y cierta de condicionar con sus decisiones el futuro de las demás. La solidaridad intergeneracional e interterritorial, aún escasa, es una obligación bioética básica[3].

Esta evaluación de los riesgos nos obliga a reflexionar sobre qué cosas son las que se deben regular, con qué criterios se establecen las limitaciones y quienes han de ser los que las establezcan. Para ello se requiere ahondar en el sentido de esas hipotéticas restricciones, tratando de conciliarlas con la necesidad de investigar libremente. Son cuestiones relevantes en este terreno las que analizan cómo deben llevarse a cabo los trabajos experimentales, cómo se trasmiten sus resultados –a los interesados y a la sociedad– y las que se derivan de la utilización de los conocimientos obtenidos, que inexorablemente se unen a las preguntas sobre cómo se financian[4].

3. Principales conflictos que plantean las nuevas tecnologías genéticas

Como se pone de manifiesto en el siguiente capítulo[5], la genética molecular humana tiene por objetivo averiguar la función de los genes. El descubrimiento de su localización y estructura es solo un primer requisito para poder averiguar qué hace un gen, donde y cuando se expresa, con que productos interactúa, etc., factores todos ellos indispensables para abordar con éxito la terapia génica. La completa descripción de algunos genomas, como intentan diversas iniciativas entre ellas el propio "Proyecto Genoma Humano", supone disponer de una información que, en sí misma, ya plantea cuestiones de compleja resolución y que se incrementan a la hora de valorar sus aplicaciones.

Preguntas como ¿a quién pertenece el material de que se partía en la investigación? ¿se ha de requerir el consentimiento de aquellos de quienes se obtienen las muestras? ¿quién se beneficiará económicamente del posible descubrimiento? ¿en qué medida? ¿cómo se protegerá la confidencialidad? ¿debe ésta preservarse en todos los casos? ilustran la complejidad de las cuestiones planteadas.

Por otro lado, la controversia sobre la patentabilidad de los descubrimientos genéticos y sus implicaciones sigue abierta. En ella subyace no solo la rentabilidad de las cuantiosas inversiones que este tipo de investigación requiere y la cuestión de

---

3. Como se evidencia en el capítulo II, págs. 157 a 166, a cargo del Dr. Víctor Méndez.
4. Así lo hace el capítulo III, págs. 169 a 179, a cargo de la Dra. Francesca Puigpelat.
5. A cargo de la Dra. Roser González Duarte.

la financiación pública o privada de la ciencia, sino la consideración del cuerpo humano como "res extra comercium", que ha ido consolidando el principio de la gratuidad en las donaciones de órganos y tejidos; la no comercialización del cuerpo humano como una señal de civilización y progreso moral[6].

La identificación genética y el establecimiento de la llamada "huella genética" permite a su vez reconocer a los individuos. Esto nos acarrea ventajas e inconvenientes: disponer de sistemas fiables de identificación es una garantía para el individuo y para el estado. Pero al mismo tiempo ocasiona temor a como serán usados esos datos, por los poderes públicos y por otros ciudadanos. Dictada para la protección de los datos informatizados, en general, la Ley Orgánica 5/92, de 29 de octubre, sobre el tratamiento automatizado de datos de carácter personal –LORTAD–, constituye la reacción jurídica a un problema real: nuevos tipos de intromisiones en el derecho a la intimidad posibilitados por las nuevas tecnologías informáticas.

Así, el conocimiento de la huella genética tiene repercusiones múltiples en el mundo del derecho al poder ser utilizada en el marco de los procesos civiles y penales. Esta misma utilización refleja algo que interesa tener presente: la ciencia busca la verdad a un precio distinto del derecho, la prueba científica requiere de la valoración del juez y no constituye por si sola argumento jurídico suficiente.

En la información genética no solo se hallan datos meramente identificativos, también pueden detectarse genes causantes de enfermedades, presentes o futuras, y genes que conlleven suceptibilidad para padecer ciertas enfermedades. En uno y otro caso existe la posibilidad de realizar cribados genéticos, pero ¿en beneficio de quién? El propio individuo puede estar interesado en saber, pero en muchos casos el diagnóstico no va acompañado de una terapia; en estas condiciones el individuo puede preferir no saber. Pero ¿y el resto de los familiares posiblemente afectados? ¿y las compañías aseguradoras? ¿los hipotéticos empleadores o las empresas en que trabajen? ¿y los encargados de velar por la salud pública que quizá deberán prever campañas y políticas sociosanitarias? La información de este tipo es especialmente delicada –se trata de "datos sensibles"– y requiere específicas cautelas para evitar que sea un nuevo motivo de discriminación.

Los análisis genéticos pueden realizarse también con carácter de diagnóstico prenatal, preconcepcional e incluso preimplantatorio –en los procesos de reproducción asistida–. Estos diversos supuestos generan problemáticas específicas que van desde la tradicional discusión en torno al aborto terapéutico, a los posibles atentados a la intimidad y a la libertad en la elección de la pareja, el tipo de familia y el número y las características de los hijos que se desea tener.

Esta problemática enlaza con la discusión sobre los distintos aspectos eugenésicos que pueden implicar la selección de características genéticas determinadas. El miedo a la ingeniería genética deriva fundamentalmente de la nueva posibilidad

---

6. Como se pone de manifiesto en el capítulo II, págs. 145 a 148, a cargo del Dr. Octavi Quintana.

de manipular el patrimonio genético que transmite un individuo y condicionar la evolución de la especie. Al margen de lo remota que esta posibilidad pueda resultar, especialmente para manipular genomas complejos, éste es un aspecto que asusta a la sociedad y que destapa los fantasmas del inconsciente colectivo.

Existen en nuestro país y también a nivel internacional, ciertas prohibiciones tabú, como la selección de sexo, prohibiciones que se conciben como un escudo que cierre el paso a cualquiera de aquellas conductas que, en principio, asustan. Así estas prohibiciones generales pretenden evitar la "pendiente resbaladiza", el efecto palanca que, según dicen, se produciría si aceptásemos "ciertas cosas".

Hay que señalar que tanto la comunidad científica como la comunidad internacional –jurídicamente hablando en este caso–, han rechazado la terapia génica humana en la línea germinal, dado el actual estado del conocimiento en este campo. Esto permite poner de manifiesto algo propio de las normas sobre bioética: su carácter provisional y la necesidad de que sean revisadas periódicamente. Pero, desde un punto de vista filosófico, sería conveniente cuestionar cual es la razón intrínseca de la perversidad moral que se le adjudica a tal conducta.

El rechazo generalizado de la clonación, aunque no requiera de manipulación genética estrictu sensu, será adecuado para ilustrar este análisis, puesto que además se ha propuesto como caso paradigmático dada la repercusión social de sus noticias.

La clonación de seres humanos, que ha sido prohibida internacionalmente en el primer Protocolo adicional al Convenio de 19 de noviembre de 1996 –para la Protección de los Derechos Humanos y la Dignidad Humana frente a la Biología y la Medicina–, del Consejo de Europa, ya estaba prohibida en la legislación española por la ley sobre técnicas de reproducción asistida humana, 35/88 de 22 de noviembre, y también en el nuevo código penal, Ley Orgánica 10/ 95, de 23 de noviembre. Pese a ello cuando tras el verano de 1997 se intensificó el debate, la petición generalizada era de prohibición total sin especificarse el tipo de clonación de que se tratase.

No obstante, es evidente la necesidad de distinguir entre los diversos supuestos posibles: la clonación como metodología experimental, la clonación de especies vegetales, animales modelo, en general mamíferos, o la clonación de humanos. No pueden ser colocadas en el mismo plano del análisis la clonación como soporte de técnicas de reproducción asistida o la clonación masiva de seres humanos. Tampoco resulta equiparable hablar de clonación por transferencia nuclear que de división embrionaria, al menos desde el punto de vista del balance de los riesgos que se asumen, del conocimiento que se posee de cada técnica y de los objetivos particulares.

Pero, como hemos tratado de poner de manifiesto en la presentación de este libro, el hacer distinciones ya obliga a matizar; implica no homogeneizar, exige ser crítico y asumir que la diversidad de situaciones no acepta ni anatemas ni patentes de corso.

Si bien se puede llegar a un acuerdo sobre el establecimiento de una prohibición generalizada de clonar seres humanos, como la existente, y discutir después si pueden establecerse excepciones y cuáles serían éstas, es cuestión distinta si el supuesto en discusión es de clonación de vegetales -técnica reproductiva de amplia tradición en este campo-, o incluso de animales. En este ultimo supuesto es necesario tomar en cuenta las reglas sobre experimentación con animales y la obligación de minimizar el sufrimiento y los daños que pudieran padecer –como por otra parte se exige en múltiples normas estatales y autonómicas–; además de valorar, en todos los casos, las consecuencias que para la biodiversidad pudiera tener una aplicación sistemática de la técnica.

La importancia de los factores genéticos y de los ambientales es otra de las cuestiones a discutir: ¿son los seres humanos iguales a lo que es su dotación genética? A esta pregunta suele responderse que no, pues decir que sí sería aceptar la predeterminación. Pero al mismo tiempo, de una forma poco consistente se aducen como fidedignas razones que equiparan la carga genética al individuo. Así sucede cuando se considera que la clonación, o la ingeniería genética incluso, atentan contra la libertad de elección y la irrepetibilidad del ser humano. La dignidad humana requiere libertad en la elección del propio modelo de vida, el mejor, no por ser objetivamente superior sino por ser el propio. La personalidad no depende sólo de la herencia biológica como pueden atestiguar, sin ir mas lejos, los hermanos gemelos.

Por otro lado, en el polo opuesto a aquellos fantasmas y temores que hacen imaginar sociedades antiutópicas, en la línea del mundo feliz que planteó Huxley, se encuentran las grandes esperanzas depositadas en la terapia génica somática. Aunque se considera que los mas grandes avances terapéuticos de las próximas décadas vendrán por este camino, los logros aun no han hecho mas que empezar y se circunscriben a determinadas patologías, como algunas enfermedades monogénicas, patologías producidas por virus y ciertos tipos de cáncer. El control de esta faceta de las nuevas tecnologías genéticas se ciñe a las reglas de la buena práctica en los tratamientos experimentales y en los ensayos clínicos. Es de señalar que en la actualidad los principales problemas no los desencadena en este campo el respeto al principio de autonomía –la información y el consentimiento de los pacientes que se someten a las terapias–, sino que el problema principal se ocasiona respecto al principio de justicia –en el acceso y la asignación de unos recursos que son escasos y costosos–.

La necesidad de evaluar cautelosamente las consecuencias de los cambios –a corto, medio y largo plazo–, se pone de manifiesto con especial claridad en el caso de las encefalopatías causadas por priones[7].

Además, este ejemplo evidencia como la difusión de los conocimientos queda condicionada por sus implicaciones económicas. Y de la misma manera se cuestiona la neutralidad de la ciencia: la investigación, sus aplicaciones y la divulgación de las mismas no son un asunto privado del científico sino que conciernen a toda la sociedad.

---

8. Que trata el Dr. Jordi Garcia-Fernández, en el capítulo I, págs. 75 a 92.

4. Una bioética laica: los Derechos Humanos como marco de referencia

La discusión bioética precede a la toma de posición normativa. Como tantas otras cuestiones que entran en el campo de la filosofía jurídica y social, tiene un carácter prejurídico y metajurídico. Su contenido viene dado por la existencia de problemas ante los que, frecuentemente, se precisa una decisión de política legislativa, o ante los que es preciso dar una solución concreta aplicando el derecho existente[8]. Estos dos momentos son precisamente aquellos en los que el derecho positivo se pone en conexión directa con la idea de justicia vigente en la sociedad en que han de ser aplicadas las normas.

En estos casos la vieja pregunta sobre la finalidad de la ley toma nuevo interés. Si esa finalidad ya no es "hacer buenos a los súbditos" como planteó Vitoria, si su finalidad es el ordenar la convivencia hacia la paz y la prosperidad, si lo que se pide del derecho es que colabore en el tratamiento pacífico de los conflictos y establezca un marco que permita el desarrollo de los diversos planes de vida de los ciudadanos[9], entonces sería necesario volver sobre otro de los viejos problemas de la filosofía: el de las relaciones entre la ética y el derecho. Aunque sobre este asunto se han escrito páginas y tomos enteros, ahora bastará aquí con convenir que es en el respeto a los derechos humanos –reconocidos en las constituciones y declaraciones internacionales–, donde se sitúa el nexo de estas relaciones. Los derechos humanos son hoy el mínimo ético y jurídico sobre el que, al menos en teoría, se asienta nuestra convivencia.

Pero, si bien el respeto a los derechos humanos nos proporciona un marco adecuado para situar el análisis y establecer límites a las nuevas tecnologías genéticas, estos derechos tampoco son absolutos. Y tampoco lo es, por ejemplo, la libertad de investigación considerada en nuestra Constitución como un derecho fundamental pero que debe ser ponderada con los derechos y la dignidad de los sujetos sometidos a la misma.

Los derechos fundamentales implicados en el ámbito de las biotecnologías marcan el límite a la utilización de esas mismas biotecnologías, y tal límite estriba en la inviolabilidad de la persona y su dignidad: todo aquello que convierta a la persona en objeto debe ser rechazado.

La eficacia en la protección de la persona requiere normas jurídicas que son las únicas que pueden ser impuestas coactivamente y ser exigidas ante los tribunales. Pero eso no obsta para que sea conveniente que la sociedad se dote a sí misma de un entramado normativo en el que las normas sociales, deontológicas y éticas colaboren juntas en esa función común de control y contribuyan a crear un entramado social

---

8. Como claramente pone de manifiesto el capítulo II, págs. 133 a 144, al cuidado del Dr. Jaime Peris.
9. Como el capítulo III, págs. 213 a 232, a cargo del Dr. Ramón Valls explicita.

cohesionado. Constituyendo, en suma, la trabazón básica de la sociedad civil. Aplicar los principios de la bioética, los principios constitucionales y los derechos humanos a cada caso concreto nos permitirá disponer de un adecuado marco de referencia en la toma de decisiones. El abanico normativo suministra a su vez un abanico de sanciones, jurídicas, éticas o deontológicas.

Es en el acuerdo y el desarrollo de los derechos humanos, y no en otro tipo de principios no universalizables, donde puede encontrarse el consenso a partir del cual afrontar el reto de las biotecnologías. Buscar acuerdos vacíos o recetas tranquilizadoras no es la propuesta que en estas páginas se defiende. La postura común de que partimos consiste en preconizar la necesidad de conocer a fondo los problemas para distinguir los reales de los imaginarios, analizar los riesgos que verdaderamente existen y considerar que es en el respeto a la libertad de las personas y sus derechos donde están los límites a las tecnologías genéticas.

Dentro de este marco, entendemos que la divergencia es un valor, por ser antidogmática y fomentar el pensamiento autónomo. La grandeza de la libertad radica en la responsabilidad de la asunción de las consecuencias de las propias decisiones. Sin ampararse en dogmas, ni en expertos tecnócratas que con su autoridad y sabiduría nos releven de tomar las riendas de nuestra propia vida.

Bibliografía

CASADO, María (ed.)(1996). *Materiales de Bioética y Derecho*, Barcelona, Cedecs.

• (1996) "El conflicto entre bienes jurídicos en el campo de la genética clínica: exigencias de salud pública y salvaguarda de la dignidad humana", *Revista de Derecho y Genoma Humano*, Universidad de Deusto, nº 4, Enero-junio, págs. 24-41.

• (1998). *Bioética, Derecho y sociedad,* Madrid, Trotta.

• (1998). "Bioética y Derechos Humanos", en *Derecho biomédico y bioética* a cargo de C. Romeo Casabona, Granada, ed. Comares/Ministerio de Sanidad.

CHARLESWORTH, Max (1996). *La bioética en una sociedad liberal,* Cambridge Univpress.

ENGELHARDT, T.H. (1996). *The foundations of bioethics.* Oxford Univ. Press, New York, 1986; hay trad. castellana de la 2ª ed. Barcelona, Paidós.

GROS, François (1991). *La ingeniería de la vida,* Madrid, Acento ed.

HOTTOIS, G. (1991). *El paradigma bioético, una ética para la tecnociencia,* Barcelona, Ed. Anthropos.

• (1993). *Les mots de la bioéthique*- con Mª H.Parizeau-, Bruselas, Deboek.

IGLESIAS PRADA, José Luis (1993). *La protección jurídica de los nuevos descubrimientos genéticos y el proyecto genoma humano,* Madrid, Civitas.

JONAS, Hans (1997). *Técnica, medicina y ética,* Barcelona, Paidos.

KIEFFER, G.H. (1983). *Bioética.* Madrid, Alhambra.

MARTIN MATEO, R. (1987). *Bioética y Derecho.* Barcelona. Ariel.

PERIS RIERA, Jaime (1992). "La identificación genética y los derechos fundamentales", *Rev. Arbor*, CXLIII, 564, págs. 45-79.

• (1995). *La regulación penal de la manipulación genética en España*, Madrid, Civitas.

REICH, W.T. (1997). *Encyclopedia of Bioethics.* New York, The Free Press, 2ª ed.
ROMEO CASABONA, Carlos (Ed.)(1997). *Código de Leyes sobre Genética,* Bilbao, Fundación BBV-Universidad de Deusto-Diputación Foral de Bizkaia.
SADABA, J. Y VELAZQUEZ, J.L. (1998). *Hombres a la carta*, Madrid, ed. Temas de Hoy.
SUZUKI, D. Y KNUDTSON, P. (1991). *Gen-Etica. Conflictos entre la Ingeniería genética y los valores humanos*, Madrid, Tecnos.

AISLAMIENTO Y CARACTERIZACIÓN DE GENES HUMANOS. APLICACIONES TERAPÉUTICAS

Dra. Roser Gonzàlez-Duarte
Universitat de Barcelona

Introducción

La Ingeniería Genética ofrece un número creciente de herramientas muy potentes para diseccionar los genomas complejos, determinar la estructura de regiones cromosómicas grandes y descubrir en ellas las regiones funcionales, o genes. Gracias a ello, se ha realizado un avance extraordinario en los últimos 15 años sobre el conocimiento del genoma humano. Se han caracterizado unos 16.000 genes, disponemos de más de 5.500 marcadores moleculares polimórficos y se conoce la base genética de más de 5.000 patologías. Sin embargo, aún estamos muy lejos de poder explicar la función de la mayor parte de los más de 50.000 genes que constituyen el genoma humano. Las homologías con secuencias de ADN caracterizadas en otros organismos son a menudo parciales, y la relación genotipo-fenotipo muy difícil de establecer en la mayor parte de los casos analizados. El análisis funcional es, sin duda, el gran reto de la genética molecular humana en el siglo XXI.

El estudio de la base genética de las enfermedades hereditarias revela la complejidad de los procesos biológicos, no siempre evidente desde una perspectiva clínica. Los productos de los genes, el ARN o las proteínas, no actúan aisladamente, sino que interaccionan entre ellos para realizar con precisión y eficacia su función: los complejos mecanismos celulares de respuesta en cascada frente determinados estímulos ambientales son un buen ejemplo de ello. No es pues de extrañar que alteraciones en distintos genes conduzcan a una misma patología. Además, las proteínas forman complejos, agregados moleculares entre subunidades de ellas mismas y con subunidades de otras proteínas. El tipo y localización de la mutación, la carga genética del individuo y el ambiente, son factores que juegan un papel muy importante en la manifestación de un carácter. El descubrimiento de las causas genéticas de una enfermedad es muy importante para el diagnóstico, pronóstico y el tratamiento de la misma. Frecuentemente, con la ayuda de modelos animales y ensayos funcionales *in vitro* e *in vivo* podemos analizar las relaciones causa-efecto en el tejido u órgano correspondiente. Y a partir de aquí ensayar nuevas estrategias terapeúticas. Este es el camino inverso al de la farmacología convencional, que ha diseñado terapias para paliar los efectos sin conocer el origen molecular del mismo.

1. La complejidad del genoma humano

El genoma humano está formado por un ADN de 3 x 10^9 nucleótidos de longitud, organizado en 23 cromosomas distintos, y un número elevado de genes, entre 50.000 y 100.000. Es un genoma de tamaño elevado, únicamente le superan los de algunas especies de anfibios y plantas fanerógamas. Además, el 80% de su logitud no corresponde a genes, sino a secuencias que pertenecen a familias de ADN repetido, de función desconocida la mayor parte de ellas. Este gran tamaño, por una parte, y la abundancia de secuencias repetidas, por otra, dificultan enormente la búsqueda de genes. Mucho del camino que hay que recorrer físicamente –analizando la molécula de ADN paso a paso– a través de un segmento de ADN está salpicado de repeticiones que frenan el avance y conducen a "pistas falsas". Buscar un gen en determinadas subregiones cromosómicas es tan arduo como "encontrar un aguja en un pajar".

Gran parte del ADN sobrante –que no forma parte de los genes- corresponde a distintas familias de ADN repetido de función desconocida. A veces, se encuentra asociado a regiones cromosómicas sobreempaquetadas, localizadas preferentemente en los centrómeros y telómeros de los cromosomas. Otras repeticiones corresponden a secuencias SINEs (short interspersed nuclear elements) y LINEs (long interspersed nuclear elements), dos tipos de elementos genéticos transponibles que se originaron por retrotranscripción. Además, la mayor parte de los genes eucariotas, y los humanos no son una excepción, están formados por secuencias codificantes (exones) separadas entre sí por largas secuencias no codificantes (intrones). Estas últimas, aunque forman parte de la estructura interna del gen, no se traducen y por tanto no aportan información al producto final, la proteína. Sin embargo, la longitud de los intrones puede llegar a ser 10 veces mayor que la de los exones. En conjunto, la suma de estos tipos de secuencias representan más del 90% de la longitud del genoma humano.

2. Estrategias generales para la búsqueda de genes

2.1 Mapas genéticos

Entre las secuencias repetidas del genoma humano, los microsatélites han jugado un papel muy importante para construir un mapa genético de referencia (Figura 1). Se trata de unas secuencias cortas, formadas por una unidad de repetición de 2 a 7 nucleótidos de longitud, muy abundantes en el genoma y repartidas a lo largo de todos los cromosomas. Se localizan principalmente en los intrones y en las regiones flanqueantes de genes funcionales. Su característica principal es su elevado grado de polimorfismo, es decir de una misma secuencia se presentan muchas variantes distintas en la población. La variación consiste en el número de unidades de repetición. Como cada individuo hereda una dosis cromosómica de cada progenitor, dado este elevado número de variantes, es muy probable que para un marcador determinado haya heredado dos variantes distintas. El estudio de la herencia de cada variante en una familia permitirá seguir la transmisión del cromosoma paterno y materno a lo largo de varias generaciones.

El principio de herencia conjunta, cosegregación, de dos genes es la base de la elaboración de mapas genéticos en todos los organismos. Dos genes que están próximos -cosegregan- tienden a transmitirse juntos. Y este principio aplica también a la herencia de un gen con un marcador polimórfico. El primer paso para la búsqueda de un gen del cual no tenemos pista previas de su localización en el cromosoma es determinar su relación de proximidad genética respecto a los marcadores polimórficos, estudiando la herencia del gen y el marcador en una familia concreta (Figura 2). La frecuencia de los gametos que presentan las combinaciones

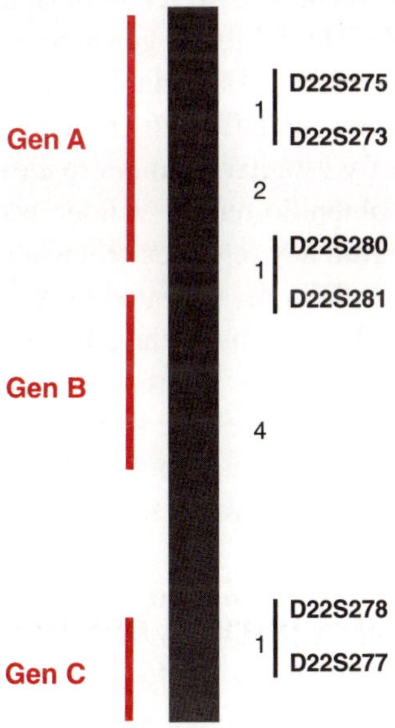

Figura 1. Ejemplo de mapa genético. Se indica la posición de 6 marcadores de tipo microsatélite sobre el cromosoma 22. Los números a su izquierda indican las distancias genéticas expresadas en centimorgan (cM). También se señala la posición física de los genes A, B y C

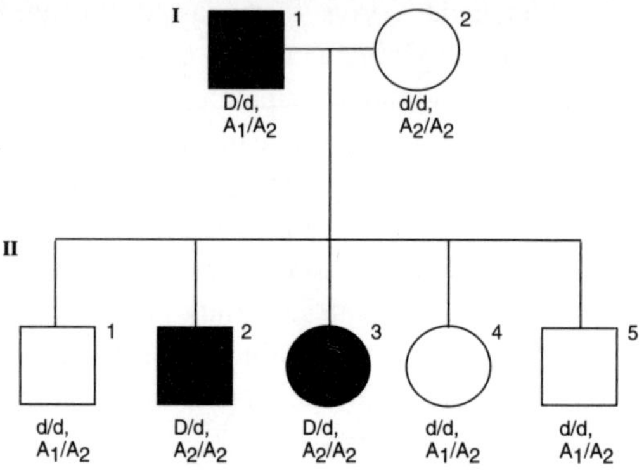

Figura 2. Ligamiento genético entre un gen (D/d) y un marcador polimórfico (A1/A2). El individuo I1 es portador del gen (desconocido) que causa enfermedad. El análisis de la herencia de la enfermedad indica que ésta se transmite según un patrón dominante. Además se sabe que gen y el marcador están ligados -muy próximos-. En esta familia, el gen defectivo se transmite junto con la variante A2 del marcador A. Los individuos que heredan A2 del padre son afectos, si heredan A1 serán sanos.

paternas nos indica el grado de proximidad genética. Ésta se expresa como frecuencia de recombinación y se define la unidad de mapa genético (m.u.) como la distancia equivalente a una frecuencia de recombinación del 1%, o 1 centimorgan (1cM). Una consecuencia directa del mapa genético es que la distancias se suman y así podemos establecer el orden y distancia de los genes a lo largo de un cromosoma. La elaboración de mapas genéticos en animales modelo requiere programar unos cruzamientos genéticos y estudiar un número elevado de descendientes. Sólo así el valor de ligamiento obtenido tendrá validez estadística. En humanos, esta información es incompleta. Aún hay regiones cromosómicas con pocos marcadores y/o genes descritos. Además, los cruzamientos no pueden ser programados y las familias no tienen, en general, un número elevado de descendientes. Sin embargo, se ha establecido un mapa genético de referencia del genoma humano con más de 5000 marcadores microsatélites sobre el que se van mapando los nuevos genes. Por tanto, la utilidad de estos marcadores es enorme. Y en muchos casos permiten realizar un diagnóstico genético fiable, aún desconociendo el gen que causa la enfermedad (Figura. 3).

Las distancias genéticas y la longitud física del fragmento de ADN que separa dos genes, o un gen y un marcador, no son equivalentes. Aunque se considera 1 cM = 1Mb (1Mb=10^6 pares de bases), existen regiones cromosómicas en las que la frecuencia de recombinación está prácticamente inhibida y esto no significa que el gen y el marcador estén adyacentes. Para identificar un gen es necesario disponer del fragmento de ADN que lo contiene. Pero la distancia genética entre gen y marcador sólo nos aproxima a la distancia física, que es la verdaderamente importante. Varias

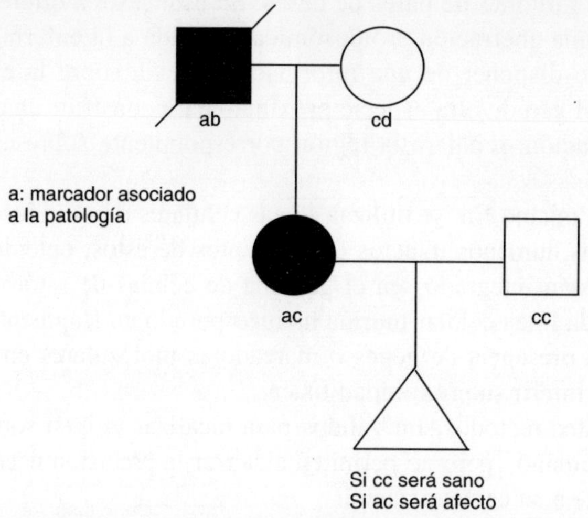

Figura 3. Diagnóstico prenatal con marcadores polimórficos. La hija (afecta) ha heredado el marcador c de su madre (sana) y el a de su padre (afecto). El cromosoma paterno que transmite el gen defectivo es el que contiene el marcador a. El estudio de la herencia de estos marcadores nos permitirá establecer el diagnóstico del feto. Si éste es cc será sano y si es ac será afecto.

metodologías permiten conocer la posición física de un marcador y acotar la posición del gen. Esta será la subregión cromosómica que se utilizará como punto de partida para iniciar su búsqueda.

2.2 Mapas físicos

En algunos casos, desgraciadamente no con la frecuencia deseada, se dispone de datos que indican directamente la región cromosómica en la que se encuentra el gen responsable de una enfermedad. Esto ocurre cuando la patología está asociada a una alteración cromosómica, por ejemplo, la duplicación, translocación o deleción de un fragmento cromosómico. En los casos en que se establece una relación directa gen-localización cromosómica, el mapaje con marcadores polimórficos es mucho más simple. Además, el estudio de las alteraciones clínicas puede incluso proporcionar pistas sobre el tipo de gen implicado.

Existen dos grandes tipos de mapas físicos, los de baja y alta resolución (poca y mucha precisión, respectivamente). Las técnicas de mapaje *in situ* sobre cromosomas metafásicos con fragmentos de ADN clonados –FISH y sus diversas variantes–, permiten localizar genes en regiones amplias de ADN, dentro de un rango de varios millones de pares de bases. En este caso, a diferencia del anterior, no se parte de una aberración cromosómica asociada a la enfermedad. Sin embargo, es necesario disponer de una información previa sobre la estructura del gen –por ejemplo, el gen de otra especie próxima– para construir una sonda específica que, por hibridación, señalará la región correspondiente sobre el cromosoma humano.

Con este mismo fin, se utilizan líneas celulares de híbridos somáticos en los que cromosomas humanos intactos o fragmentos de éstos, obtenidos por radiación con rayos X, están integrados en el genoma de células de ratón, cultivables en el laboratorio. Cada línea celular murina ha incorporado un fragmento de ADN humano distinto y la presencia de genes o marcadores moleculares en una misma línea celular permite inferir su proximidad física.

Todos estos métodos son válidos para localizar un gen sobre fragmentos de ADN de gran tamaño, pero no permiten alcanzar la precisión necesaria para proceder directamente a su caracterización.

Para el análisis del genoma humano se requieren mapas físicos de alta resolución. Estos se construyen con segmentos de ADN clonados procedentes de un cromosoma o un subfragmento cromosómico. El conjunto de fragmentos de ADN ordenados, procedentes de la digestión de un ADN genómico con un enzima de restricción, es lo que se denomina "mapa físico" del genoma. La ordenación de los fragmentos es relativamente sencilla en el caso de organismos con poco ADN, como las bacterias, pero muy compleja en el caso de genomas de gran tamaño como el humano. En este caso, la gran cantidad de fragmentos de ADN producidos por digestión enzimática imposibilita su identificación. Por ello es necesario construir genotecas -o conjuntos de clones- en los que cada fragmento de ADN de la región -o en su caso de todo el genoma- se encuentre representado como mínimo una vez. La clonación consiste en la obtención de muchas copias de ADN idénticas al fragmento original y se consigue dentro de células huésped, bacterias o levaduras, que se cultivan en el laboratorio (Figura 4). Para introducir el ADN exógeno y para que éste se multiplique en el interior del huésped es necesario enlazarlo a un vector. Existen muchos tipos de vectores y la elección en cada caso dependerá del tamaño del fragmento. Para el ADN humano, los vectores más utilizados son los que permiten clonar fragmentos de ADN de 40-50 Kb. La clonación permitirá obtener cantidades suficientes de cada subfragmento para proceder a su análisis. El estudio de los clones individuales revelará unas regiones de solapamiento entre ellos que definen el orden correlativo dentro de la región. Así, para aislar un gen, partiendo del fragmento físico que contiene un marcador polimórfico muy próximo a él, se inicia el recorrido por todos los fragmentos clonados de la región hasta encontrar una secuencia codificante (Figura 5).

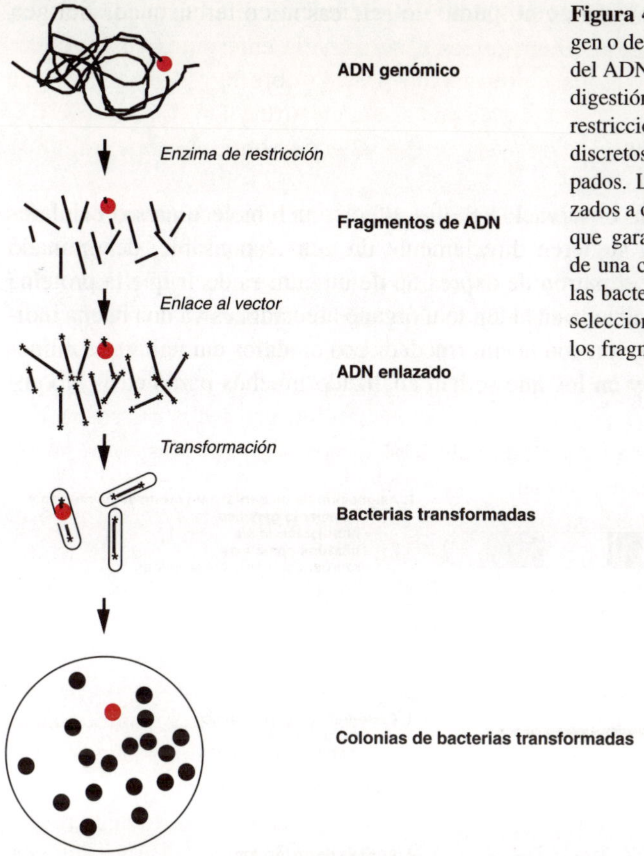

Figura 4. Etapas de la clonación de un gen o de un fragmento de ADN. Se parte del ADN genómico del organismo. Una digestión controlada con una enzima de restricción permitirá obtener fragmentos discretos, de la medida adecuada y solapados. Los fragmentos deben ser enlazados a otra molécula de ADN, o vector, que garantiza su multiplicación dentro de una célula huésped. Se hacen crecer las bacterias en el medio adecuado y se selecciona el fragmento que contiene los fragmentos del gen de interés.

2.3 Identificación de genes responsables de enfermedades

2.3.1 Clonaje posicional

La estrategia del clonaje posicional consiste en aislar un gen partiendo únicamente de su localización subcromosómica obtenida por los ensayos *in situ* o deducida de una aberración cromosómica asociada a la enfermedad. Sin embargo, la región "candidata" es a menudo muy grande y hay que acotar subregiones antes de iniciar la búsqueda detallada. El estudio del ligamiento genético con los marcadores polimórficos señalados anteriormente puede aportar pistas muy valiosas para esta primera aproximación. Cada segmento cromosómico estará representado por un conjunto de clones ordenados (contig) sobre los que se habrán anclado los marcadores genéticos que servirán como punto de referencia en la búsqueda del gen (Figura 5).

2.3.2 Genes Candidatos

En algunos casos, la observación de las alteraciones moleculares o celulares asociadas a una patología sugieren directamente un gen responsable, denominado "candidato". Por ejemplo, el patrón de expresión de un gen, es decir que la proteína que sintetiza haya sido localizada en el tejido u órgano afectado, es ya una buena indicación de su posible asociación con la enfermedad. Los modelos animales que mimetizan patologías humanas y en los que se han analizado muchos parámetros bioquí-

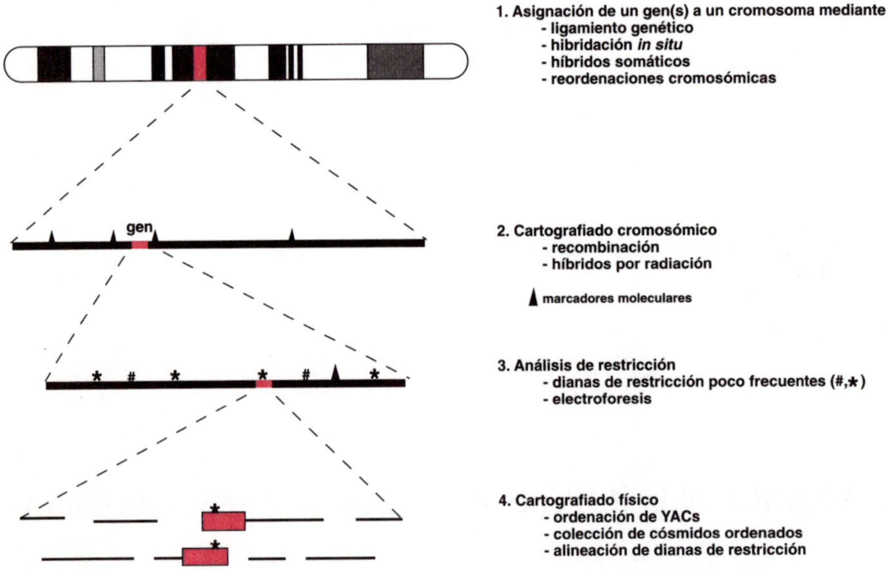

Figura 5. Pasos a seguir para la caracterización de un gen. Las primeras pistas sobre su localización cromosómica se obtienen a partir de los datos del ligamiento genético con marcadores polimórficos, híbridos somáticos, hibridaciones *in situ* o asociación de la enfermedad con reordenaciones cromosómicas conocidas. Cuando ya se ha limitado la región cromosómica que contiene el gen se construye un conjunto ordenado de clones con fragmentos de ADN solapados que cubren toda la región. La búsqueda del gen en estos fragmentos puede realizarse siguiendo estrategias metodológicas diversas según los datos de partida. En ausencia de pistas previas, se inicia un recorrido físico sobre cada fragmento y por secuenciación se determinan las regiones que podrían formar parte de un gen.

micos y fisiológicos son también una buena referencia para la búsqueda de genes. No todos los modelos animales han aparecido espontáneamente, algunos han sido producidos por mutagénesis química o inducidos por radiación. Otros han sido obtenidos por manipulación genética, transgénicos. El objetivo y la utilidad es la misma, estudiar las alteraciones moleculares-celulares-fisiológicas que subyacen a la patología y descubrir las causas genéticas.

El análisis de los genes candidatos representa un trabajo largo y duro. Se procede al análisis del gen, exón por exón, y en el caso que se detecten posibles alteraciones, hay que proceder a la secuenciación del fragmento implicado. Dado que el número de candidatos para una patología es generalmente muy elevado y que los genes humanos son grandes –están formados por muchos exones– esta aproximación requiere un gran esfuerzo. Además, la mayor parte de las veces, más que identificar el gen causante de la enfermedad, se obtiene la evidendencia contratria, esto es, se descarta su contribución a la patología. Finalmente, en el caso que se demuestre que existe una alteración en el gen, sólo la comprobación de la ausencia de dicha mutación en los individuos sanos de la misma familia y en una muestra amplia de individuos sanos no emparentados, permitirá proponer una relación directa gen-enfermedad.

Una estrategia complementaria es la que combina el clonaje posicional con la de los genes candidatos. Si, por ligamiento genético u otro tipo de evidencia, se obtiene información sobre la subregión cromosómica implicada en una enfermedad, se puede aplicar la estrategia de candidatos a los genes descritos en la misma región y cuya función sugiere una posible contribución a la patología. El conjunto de estrategias comunes para la búsqueda de genes y las relaciones entre ellas se resume en la Figura 6.

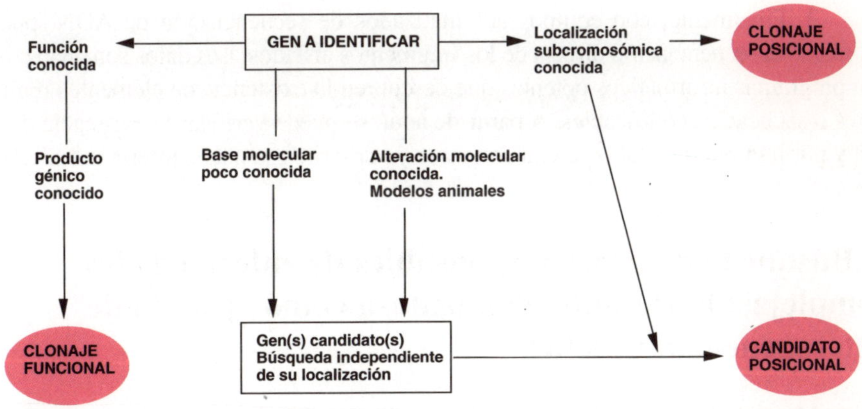

Figura 6. Estrategias para la identificación de genes. Partiendo tan sólo de su localización subcromosómica (clonaje posicional), del conocimiento de su función (clonaje funcional), del estudio de modelos animales, o de las alteraciones clínicas que se asocian a la enfermedad (gen candidato). Si además, en este último caso, se conoce la localización cromosómica se podrá abordar la estrategia del candidato posicional.

3. Metodologías para la caracterización de genes

La caracterización de regiones potencialmente implicadas en la síntesis de una proteína (regiones codificantes o exones) en un conjunto de fragmentos de ADN clonados y ordenados (contig) de una subregión cromosómica constituye la primera evidencia directa de la existencia de un gen. Pero, como se desprende de lo anterior, el camino hacia esta secuencia codificante se inicia con el aislamiento del fragmento de ADN que la contiene. Una vez caracterizado dicho fragmento, la búsqueda de secuencias codificantes se realiza siguiendo estrategias muy diversas que pueden ser agrupadas en tres grandes tipos.

1. La búsqueda del gen se realiza por hibridación entre los fragmentos de ADN aislados y genotecas de cADN de diferentes tejidos. Esta es la base de la técnica de "cADN selection". La hibridación positiva revela homología estructural entre los fragmentos ensayados y los productos de expresión, mARNs, que están representados en las genotecas. En caso positivo, se procederá al análisis estructural del fragmento de ADN hibridado. Y, posteriormente, habrá que demostrar que éste es el gen que causa la enfermedad.

2. Existen elementos estructurales conservados en los genes eucariotas. La detección de elementos reguladores próximos a un gen y/o la presencia de motivos estructurales de región frontera exón-intrón son pistas importantes. En estos principios se basan las estrategias denominadas Alu-splice PCR, amplificación de exones e islas CpG.

3. Finalmente, con equipos automatizados de secuenciación de ADN, puede abordarse la secuenciación directa de los fragmentos aislados. Los datos son analizados con programas informáticos potentes que descubren la existencia de elementos reguladores o secuencias codificantes. A partir de aquí, se puede verificar la existencia de un gen y por homología total o parcial con otros ya descritos se puede inferir su función.

4. Búsqueda de genes responsables de enfermedades complejas: la Retinitis Pigmentosa como ejemplo de heterogeneidad genética

Muchas de las patologías que se estudiaron cuando se inició el análisis del genoma humano presentaban una relación unívoca gen-enfermedad. Todos los afectos tenían el mismo gen defectivo o lo que es lo mismo, un sólo gen era el responsable de la patología. Esto aplica a un gran número de enfermedades metabólicas y otras asímismo frecuentes como las talasemias, la hemofilia, la fibrosis quística y la distrofia miotónica. En la actualidad, se abordan enfermedades más complejas y un tipo de ellas son las que tienen una base genética heterogénea, es decir las que son causadas por más de un gen. Esto se explica porque muchos procesos biológicos proceden por pasos, y cada uno de ellos está controlado por un gen distinto. La interrupción de la cadena de sucesos puede ocurrir en cualquier eslabón –cualquiera de los genes– pero el resultado será siempre el mismo: ausencia de producto final.

Uno de los casos extremos es la Retinitis Pigmentosa, enfermedad hereditaria responsable del 30% de las cegueras que se presentan en el estado adulto. La incidencia global es de 1/4000 individuos, lo que equivale a más de 1,5 millones de afectos en todo el mundo. Se transmite según distintos patrones de herencia: autosómico dominante, autosómico recesivo y ligado al sexo y se conocen formas patológicas aisladas y sindrómicas. De hecho, se trata de un grupo de enfermedades que todas ellas cursan con una pérdida progresiva de la visión y cuya causa primaria es la degeneración de los fotoreceptores de la retina.

La heterogeneidad, tanto a nivel clínico como genético (distintos patrones de herencia-distintos genes en cada patrón-distintos alelos causan distintas patologías-, es una característica diferencial de la RP. Hasta hoy se han identificado más de 35 genes o loci responsables de patologías que implican sólo afectación visual (12 loci y 9 genes) y de las asociadas a otras anomalías.

En casos como éste, la búsqueda de genes responsables no puede abordarse mediante un análisis de ligamiento en un conjunto de familias afectas ya que, debido a la heterogeneidad mencionada, la causa de la enfermedad puede ser distinta en cada familia. El análisis de ligamiento con marcadores polimórficos se realiza en familias aisladas, en las que se haya establecido el diagnóstico y tipo de herencia. Además, deberán ser familias grandes, en las que el número de descendientes analizados sea suficientemente elevado como para obtener valores de ligamiento genético fiables.

Por otra parte, el clonaje funcional tampoco es una herramienta muy útil para descubrir los factores genéticos responsables, ya que éste se basa en el conocimiento de la función del gen o del defecto molecular que subyace a las diversas formas patológicas. Lo que en esta enfermedad, es aún hoy desconocido. Finalmente, una estrategia algo más fructífera es la del análisis de genes candidatos. En este caso, el estudio de genes clonados y caracterizados, que codifican para proteínas implicadas en la estructura de las células fotoreceptoras de la retina o en el proceso de la transducción de la señal luminosa.

5. Terapia génica

La caracterización del gen responsable de una enfermedad es el paso previo para abordar una terapia génica. Ésta tiene como objetivo introducir un gen exógeno en el organismo afecto para que realice la función que le correspondería y subsane la deficiencia. La transferencia de un gen a un tejido u órgano no presenta problemas insalvables. Sin embargo, la mayor parte de los genes no se expresan de forma continua, sino que están sujetos a unos procesos de regulación muy estrictos que limitan el lugar y tiempo de actuación. Así, para que la terapia génica sea eficaz se requieren conocimientos adicionales sobre los factores (genes/ambiente) que directa o indirectamente modulan la expresión del gen terapéutico. Si a esto añadimos la conveniencia de que el gen exógeno se integre en una localización cromosómica de la célula huésped y garantice una dosis adecuada del producto, ya podemos intuir que la metodología necesaria para alcanzar este conjunto de requisitos no es precisamente sencilla.

Existen dos grandes tipos de terapia génica, terapia *in vivo* y *ex vivo*. En la primera se introduce el gen directamente en el tejido u órgano afectado. En la segunda, el material genético es tranferido a células extraídas del propio paciente. Las células son modificadas *in vitro*, cuidadosamente seleccionadas y posteriormente reintroducidas al enfermo, generalmente por vía endovenosa. Ambas están siendo aplicadas según protocolos experimentales aprobados por organismos oficiales, principalmente en Estados Unidos. Estas terapias van dirigidas tanto a enfermedades genéticas hereditarias como no hereditarias, la mayor parte son terapias contra el cáncer. Es en este último caso en el que los éxitos son más notables y las expectativas de futuro más prometedoras. La complejidad y la heterogeneidad de las enfermedades hereditarias requiere, en la práctica, estrategias terapéuticas individualizadas. En cambio, para algunos tipos de cáncer muy bien caracterizados a nivel celular y fisiológico se han podido diseñar estrategias terapéuticas comunes.

Los resultados están siendo evaluados y es difícil establecer el tiempo mínimo necesario para que estas terapias superen con éxito las fases de ensayos clínicos. Sin duda, estas metodologías representan un nuevo enfoque y abren un conjunto de posibilidades enormes para el tratamiento de enfermedades incurables. No en vano los principales inversores provienen del sector privado y de las multinacionales farmacéuticas. Pero como ocurre muchas veces, la complejidad real es mucho mayor que la esperada. Y esto es especialmente cierto en los procesos biológicos regulados y dirigidos por los genes. Los resultados obtenidos hasta el presente aportan mucha luz sobre el comportamiento y metabolismo celular y desvelan no sólo su elevado grado de optimización, lo que les convierte en extremadamente vulnerables, sino aún más importante, descubren lo mucho que aún nos queda por conocer.

Bibliografía

Libros

COOPER DN & KRAWCZAK M. (1993). *Human Gene Mutation.* Bios Scientific Publishers.

THOMPSON & THOMPSON (THOMPSON MW, MCINNES RR, WILLARD HF)(1991). *Genetics in Medecine 5th ed.* Saunders.

TRENT RJ (1997). *Molecular Medicine (2nd ed.)* Churchill Livingstone.

STRACHAN T. & READ P. (1996). *Human Molecular Genetics.* Bios Sci Publ.

Artículos

DELOUKAS P, SCHULER GD, GYAPAY G ET AL. (1998). A Physical Map of 30,000 Human Genes. *Science* 282: 744-746.

HARRIS JD & LEMOINE NR. (1996). Strategies for Targeted Gene Therapy. *Trends in Genet.* 12: 400-405.

SCHULER GD , BOGUSKY MS, STEWART EA ET AL. (1996). A Gene Map of the Human Genome. *Science* 274: 540-546.

VERMA IM & SOMIA N. (1997). Gene therapy- Promises, Problems and Prospects. *Nature* 389: 239-242.

ESTRATEGIAS EN EL DIAGNÓSTICO MOLECULAR DE LAS ENFERMEDADES HEREDITARIAS

Joan Fibla Palazón
Universitat de Lleida

El diagnóstico basado en el estudio del ADN ha experimentado un avance considerable en el último decenio fruto de la identificación, caracterización y cartografiado de un elevado número de genes implicados en patologías humanas. En la actualidad, el análisis de numerosas patologías genéticas puede ser abordado en los laboratorios de genética molecular humana, tanto con una finalidad clínica como de investigación básica.

Las estrategias para el diagnóstico genético las podemos clasificar como directas o indirectas en función de si se detecta o no el gen implicado. En el primer caso podremos realizar el diagnóstico identificando en los pacientes las diferentes mutaciones del gen en cuestión. Desgraciadamente, el número de enfermedades producidas por más de un tipo de mutación en un mismo o diferentes genes supera a aquellas que son consecuencia de una única mutación. Ello hace que el diagnóstico directo presente en muchas ocasiones problemas prácticos.

La segunda estrategia es independiente del conocimiento del gen implicado, pues se fundamenta en el estudio de la herencia conjunta de marcadores anónimos y el locus de la enfermedad estudiada. Para este fin, es preciso que el marcador utilizado presente un fuerte ligamento con el locus de interés, además de otras características que lo harán más o menos adecuado para el diagnóstico.

Introducción

El objetivo de todo proceso de diagnóstico médico es la determinación de la causa de una enfermedad. Normalmente el proceso de diagnóstico afecta a un único individuo, el paciente, y se realiza mediante unos protocolos preestablecidos y estandarizados. El diagnóstico de las enfermedades hereditarias pretende los mismos objetivos que cualquier otro proceso diagnóstico, sin embargo presenta características diferenciales muy significativas.

En primer lugar, el resultado de un diagnóstico genético tiene no sólo efectos sobre el paciente (al que denominamos *propositus*) sino que todos los individuos emparentados con éste se ven afectados. Así, la unidad de estudio en el diagnóstico genético es la familia y todo proceso de diagnóstico implica un estudio familiar.

En segundo lugar, los protocolos de diagnóstico se desarrollan de forma paralela a la investigación básica y están generalmente poco estandarizados. Los laboratorios de diagnóstico genético tienen por lo general un carácter híbrido, al desarrollar actividades de investigación básica conjuntamente con la aplicación directa de la misma en el ámbito clínico. Frecuentemente el desarrollo de una nueva estrategia diagnóstica es en sí misma una línea de investigación básica, en la cual está implicada la caracterización de un gen y el espectro de mutaciones que causan la patología en estudio. Esta situación confiere a los laboratorios de diagnóstico genético una gran flexibilidad y adaptación a nuevas estrategias metodológicas que revierten de forma muy positiva en la calidad del servicio.

En tercer lugar, el diagnóstico genético debe dar respuesta en determinadas ocasiones a necesidades clínicas urgentes con una dimensión ético-social importante. El diagnóstico durante los períodos prenatal y neonatal requiere de una respuesta rápida y precisa. En el primer caso para dar a los padres una información completa y fiable que les permita tomar decisiones durante las primeras semanas de gestación y en el segundo caso para poder dar una rápida respuesta terapéutica al recién nacido.

En cuarto lugar, debemos tener en cuenta que una parte importante del diagnóstico genético es probabilístico. Salvo en el caso de la detección directa de la mutación responsable de la patología, el resto de estrategias diagnósticas tienen una mayor o menor componente probabilística. Por ello, los resultados obtenidos y la "calidad" de la información facilitada al paciente y a su familia deben ser matizados en este sentido.

Finalmente, todo proceso de diagnóstico genético conlleva una precisa caracterización clínica del *propositus*. El diagnóstico genético tiene, en muchas ocasiones, una clara componente de diagnóstico diferencial en el que se pretende confirmar o contrastar, frente a distintas opciones, la causa de una determinada patología previamente caracterizada clínicamente. En este sentido es imprescindible la colaboración entre el personal clínico y el genetista en la elaboración del historial médico del paciente.

1. La elección de una estrategia diagnóstica

En la Tabla I se presenta de forma simplificada un cuadro dicotómico para establecer la estrategia diagnóstica más apropiada en función de las características de la patología estudiada.

Un número importante de patologías genéticas están asociadas a alteraciones en el complemento cromosómico, sobre todo aquellas que se manifiestan de forma

Tabla I.

Cuadro dicotómico para la elección de la estrategia diagnóstica

1	¿Está asociada a una alteración cromosómica ?	NO	ir a 2
		SI	Diagnóstico citogenético
2	¿Presenta herencia mendeliana?	NO	Estudios de asociación y factores de riesgo
		SI	ir a 3
3	¿Locus localizado?	NO	Diagnóstico por patrón de segregación
		SI	ir a 4
4	¿Gen identificado?	NO	Diagnóstico indirecto con marcadores
		SI	ir a 5
5	¿Muchos alelos mutados?	Diagnóstico indirecto con marcadores	
	¿Un alelo prevalente?	Diagnóstico directo	

sindrómica. Si nuestra patología pertenece a este grupo la estrategia diagnóstica más adecuada será la caracterización cromosómica del *propositus* y de su familia. Dicha caracterización consistirá básicamente en la elaboración del cariotipo para el estudio de posibles alteraciones estructurales o numéricas.

Si nuestro caso no pertenece a este grupo, la cuestión que nos debemos plantear es si la patología presenta o no un herencia mendeliana. De tratarse de una patología con herencia multifactorial, como es el caso de numerosas enfermedades con una alta frecuencia en la población, como la hipertensión, la diabetes, las enfermedades cardiovasculares etc., las únicas aproximaciones diagnósticas son los estudios de asociación y la determinación de factores de riesgo.

Si la patología estudiada presenta una herencia mendeliana definida, deberemos preguntarnos si se ha localizado o no el locus implicado. De no ser así, sólo podremos ofrecer un diagnóstico basado en el patrón de segregación. Se trata en este caso de un diagnóstico eminentemente probabilístico y de una baja calidad informativa (Figura 1).

Si el *locus* implicado ha sido localizado tenemos dos escenarios posibles en función de que haya sido identificado o no el gen en cuestión. Si el gen no ha sido caracterizado sólo podemos realizar una estrategia de diagnóstico indirecto basada en la utilización de marcadores polimórficos próximos al locus. De nuevo se trata de una estrategia probabilística pero en este caso de una alta calidad informativa (Figura 2).

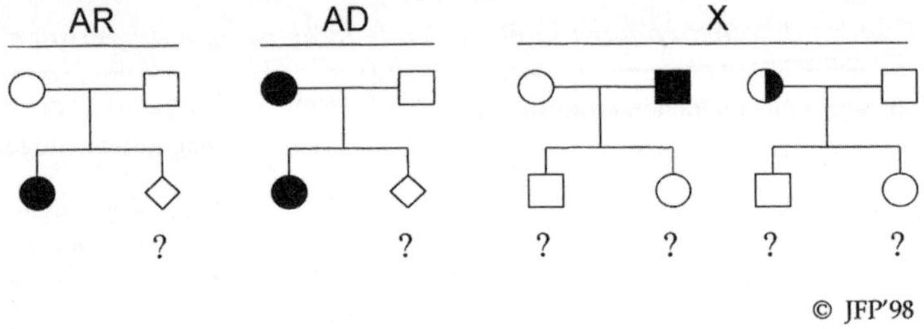

Figura 1. Si el patrón de herencia es autosómico recesivo (AR), la existencia de un hijo afectado nos indica que los padres son heterozigotos y por lo tanto la probabilidad de que el feto esté afectado será de un 25%. Si el patrón de herencia es autosómico dominante (AD), la probabilidad de que el feto esté afectado será de un 50%. Finalmente si presenta una herencia ligada al cromosoma X (X) y el padre está afectado, todas sus hijas serán heterozigotas (portadoras) y todos sus hijos serán normales; si la madre es portadora, sus hijas tendrán una probabilidad del 50% de ser normales o portadoras y sus hijos una probabilidad del 50% de ser normales o afectados.

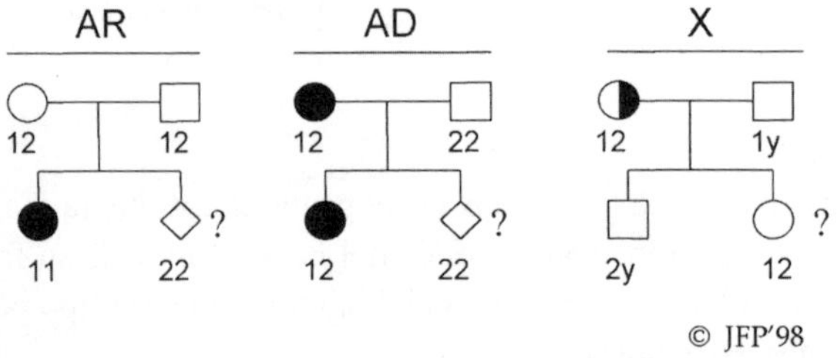

Figura 2. El diagnóstico de la figura 1 se realiza ahora mediante la utilización de marcadores anónimos íntimamente ligados a cada uno de los loci implicados. En la primera genealogía (AR), el hijo afectado ha heredado de cada progenitor el alelo 1 del polimorfismo junto con el alelo mutante, así pues el feto que ha heredado el alelo 2 de cada padre será homozigoto para el alelo normal de la enfermedad. En la segunda genealogía (AD), el hijo afectado ha heredado de su madre el alelo de la mutación junto con el alelo 1 del polimorfismo, por lo tanto, el feto que ha heredado el alelo 2 de cada progenitor será homozigoto normal. Finalmente, en la genealogía con herencia ligada al cromosoma X, la hija es homozigota para el alelo normal de la enfermedad, dado que su hermano ha heredado de su madre el mismo alelo del polimorfismo y es fenotípicamente normal

Si el gen ha sido caracterizado y se conoce la mutación o mutaciones responsables de la patología, podemos encontrarnos con dos situaciones: existe una única mutación que causa la enfermedad o su número es muy limitado siendo una de ellas muy prevalente, o bien, existe un gran número de mutaciones distintas que causan la enfermedad y su frecuencia es equitativa.

En el primer caso, es posible abordar una estrategia de diagnóstico directo mediante la detección de la mutación única o la más prevalente. En el segundo supuesto, la existencia de un número elevado de mutaciones desaconseja un diagnóstico directo siendo mucho más apropiado un diagnóstico indirecto mediante la utilización de marcadores polimórficos.

Estas estrategias podrán ser aplicadas en la detección y caracterización de una enfermedad hereditaria en distintas etapas del desarrollo o bien a distintos colectivos de enfermos, definiéndose los distintos tipos de diagnóstico genético (Figura 3). Así por ejemplo, en función de la etapa del desarrollo del individuo analizado tendremos un *diagnóstico preimplantacional*, cuando se analiza el genotipo en las primeras etapas embrionarias con el objeto de detectar una determinada alteración genética, un diagnóstico prenatal cuando el genotipo es analizado durante las primeras semanas de desarrollo fetal, un *diagnóstico postnatal* cuando el genotipo se determina después del nacimiento, normalmente durante los primeros días después del parto (neonatal) o en períodos posteriores durante la infancia o en el adulto. Así mismo podemos referirnos a un diagnóstico individual, familiar o poblacional según sea el colectivo estudiado.

2. Análisis del patrón de segregación

La aproximación más simple que podemos hacer en el diagnóstico de una enfermedad hereditaria es el estudio de su patrón de herencia. Como hemos visto anteriormente, ésta será la única aproximación diagnóstica en muchas de las enfermedades hereditarias todavía no caracterizadas. Sin embargo no sólo en este caso será preciso el estudio del patrón de herencia sino que este será una etapa imprescindible en todo diagnóstico genético, sea cual sea la estrategia utilizada.

Los patrones mendelianos clásicamente definidos no son siempre tan diáfanos y transparentes cuando se analizan en genealogías humanas. Para empezar, el núme-

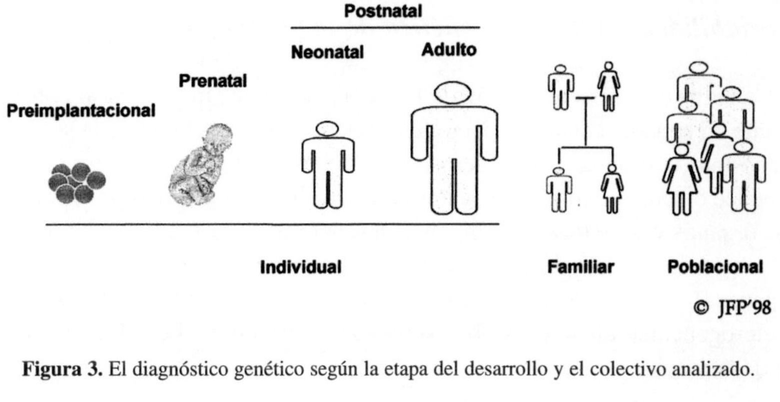

Figura 3. El diagnóstico genético según la etapa del desarrollo y el colectivo analizado.

ro de descendientes que podemos estudiar en una familia es, por lo general, muy reducido y ello dificulta en muchas ocasiones el establecimiento de un patrón de herencia concreto. Por otra parte, diversos factores pueden alterar o modificar la presentación del fenotipo en los miembros de una familia y enmascarar un determinado patrón de herencia. Discutiremos a continuación algunos de estos factores.

2.1. Variabilidad en la manifestación clínica

La manifestación clínica de una enfermedad hereditaria presenta, en la mayoría de los casos, una gran variabilidad que dificulta el establecimiento del patrón de herencia. Un carácter presenta expresividad variable cuando su manifestación clínica es heterogénea entre individuos afectados. Un ejemplo de esta situación lo tenemos en la neurofibromatosis tipo 1, cuya manifestación clínica puede ir desde manchas oscuras en la piel (manchas "cafè-au-lait") o pequeños neurofibromas cutáneos hasta enormes deformaciones óseas (el protagonista de la conocida película "The Elephant Man" del director David Lynch, es un caso extremo de neurofibromatosis). La expresividad no debe confundirse con la penetrancia del carácter. Un carácter será penetrante cuando todos los individuos portadores del alelo mutado manifiestan el carácter en uno u otro grado de expresividad. En caso contrario, cuando individuos portadores del alelo mutado no manifiestan el carácter, diremos que este es no penetrante (Figura 4).

Las razones que justifican la baja penetrancia de un carácter son en muchas ocasiones desconocidas. Puede tratarse de una caracterización clínica incompleta, o bien ser el resultado del efecto de factores ambientales o genéticos que impiden la manifestación del carácter en el individuo en cuestión. Así mismo, la penetrancia puede variar en función de la edad del individuo portador del alelo mutado. Este es el caso de las enfermedades de manifestación tardía como la poliquistosis renal del adulto o la enfermedad de Huntington.

2.2. Variabilidad en la base genética de la patología

Cuando se analiza un patrón de herencia, se suele simplificar al considerar el modelo de un gen que causa un efecto fenotípico. Desgraciadamente la situación real es mucho más compleja. En numerosas ocasiones la alteración en un determinado gen produce efectos pleiotrópicos dando lugar a alteraciones fenotípicas en distintos tejidos, órganos o sistemas. Así mismo, una determinada manifestación fenotípica presenta heterogeneidad genética cuando puede producirse por alteraciones en distintos genes (heterogeneidad de *locus* o génica) o distintas mutaciones de un mismo gen (heterogeneidad alélica). Ambas situaciones dificultan el establecimiento de un patrón de herencia.

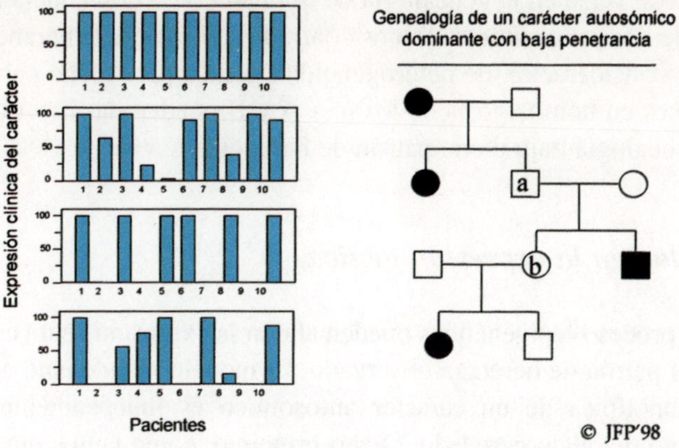

Figura 4. Penetrancia y expresividad. En el histograma de la izquierda se representan en el eje de las ordenadas valores arbitrarios de la expresión de distintos caracteres y en las abcisas distintos individuos que presentan el alelo correspondiente al mismo. De arriba a abajo, el primer histograma se corresponde con un carácter que se manifiesta y expresa por igual en todos los individuos, es decir, un carácter penetrante con expresividad constante. El segundo histograma hace referencia a un carácter que se manifiesta en todos los individuos pero su grado de expresión es variable, es decir, un carácter penetrante con expresividad variable. En el tercer histograma se presenta un carácter que no se manifiesta en todos los individuos (en 4 de 10 no hay manifestación del carácter), pero cuando se expresa lo hace por igual en todos ellos, es decir un carácter con baja penetrancia (60%) y expresividad constante. Finalmente el cuarto histograma se refiere a un carácter que no se manifiesta en todos los individuos (en 3 de 10 no lo hace) y con un grado de expresión variable, es decir un carácter con baja penetrancia (70%) y expresividad variable. En la genealogía de la derecha se presenta una familia en la que se está heredando un carácter autosómico dominante. El fenotipo normal de los individuos "a" y "b" y la aparición del carácter en la descendencia de ambos, nos indica que se trata de un carácter con baja penetrancia.

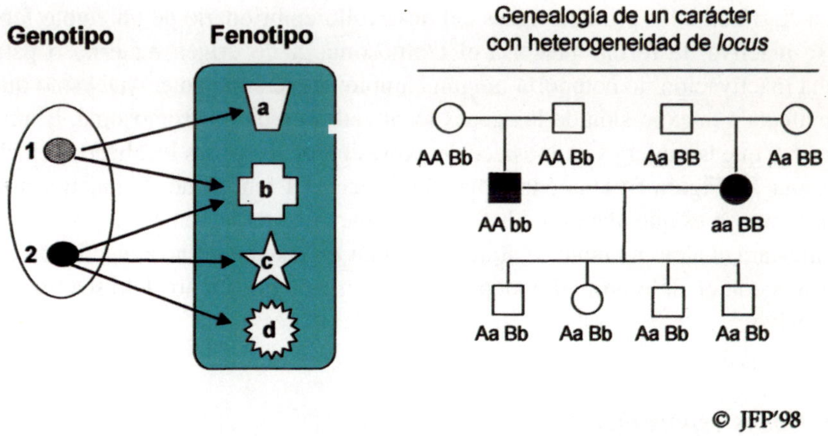

Figura 5. La base genética de una enfermedad presenta en numerosas ocasiones heterogeneidad. En el esquema de la izquierda se indica que los loci 1 y 2 tienen efectos pleiotrópicos al dar lugar a distintas manifestaciones fenotípicas. Así mismo, el carácter "b" presenta heterogeneidad genética, pues su manifestación puede producirse tanto por alteraciones en el locus 1 como en el 2. A la derecha se presenta una genealogía en la que se hereda el carácter albinismo (autosómico recesivo). Véase en el texto para su explicación.

Como puede verse en la genealogía de la Figura 5, la descendencia de individuos normales de dos progenitores albinos contradice el patrón de herencia recesivo. Sin embargo, la consideración de heterogeneidad génica para dicho carácter, según la cual mutaciones en homozigosis de los *loci* A y B pueden dar lugar a albinismo, explican esta genealogía bajo dicho patrón de herencia.

2.3. Variabilidad en la expresión génica

Diversos procesos epigenéticos pueden alterar la expresión de un carácter y por ello modificar el patrón de herencia observado. El modelo mendeliano asume que la manifestación fenotípica de un carácter autosómico es independiente del origen materno o paterno del alelo heredado. Dicho principio, como tantos otros, no puede generalizarse de acuerdo con la información actualmente disponible sobre la impronta del genoma. Dicho fenómeno se refiere al hecho de que para algunos genes un mismo alelo presenta una actividad génica distinta según sea heredado por la línea materna o paterna. La naturaleza molecular de la impronta es en muchos aspectos desconocida, aunque parece estar relacionada con el grado de metilación del ADN.

Otro proceso capaz de alterar la expresión génica, en este caso de genes localizados en el cromosoma X, es el fenómeno de inactivación de dicho cromosoma que se presenta en el sexo femenino.

Hombres y mujeres difieren en el número de cromosomas X. Así, el hombre presenta una sola copia de dicho cromosoma mientras que la mujer presenta dos. Con el objeto de compensar la dosis de expresión de los genes localizados en el cromosoma X, durante las primeras fases del desarrollo embrionario de un zigoto femenino se inactiva de forma aleatoria el cromosoma X de origen materno o paterno. Dicha inactivación no comporta ningún cambio irreversible en el ADN sino que tan solo afecta a la expresión de los genes localizados en dicho cromosoma. El resultado es tal, que la mujer es un mosaico de expresión de los genes localizados en el cromosoma X (Figura 6) Una consecuencia directa del fenómeno de inactivación del cromosoma X es que una mujer heterozigota para una mutación en el cromosoma X, manifestará el alelo mutante en aquellas células en las que se haya inactivado el cromosoma con el alelo normal, independientemente de que dicho alelo sea dominante o recesivo.

2.4. Casos esporádicos

El nacimiento de un individuo afectado de una patología hereditaria en una familia en la que dicha patología no ha sido detectada previamente, genera serias dificultades en el momento de establecer el patrón de herencia.

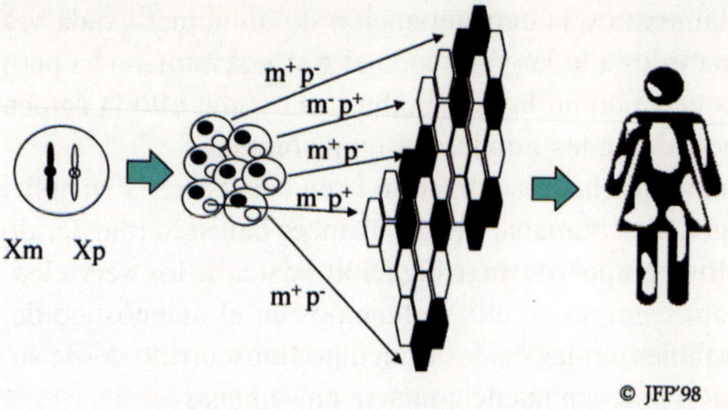

Figura 6. Inactivación del cromosoma X. Durante las primeras etapas del desarrollo embrionario se inactivan de forma aleatoria el cromosoma X de origen materno (p+m-) o paterno (p-m+). Dicha inactivación se mantiene en todo el linaje de cada una de las células. El resultado final es un mosaico de expresión en el cual cada tejido u órgano expresará los alelos situados en el cromosoma X no inactivado.

En primer lugar, puede tratarse de un carácter recesivo y que ambos padres sean heterozigotos y por lo tanto asintomáticos, o bien, de un caso de mutación de novo producida en la línea germinal de uno de los padres que se manifiesta en el hijo afectado. Es obvio que el escenario es distinto en uno u otro caso. En la primera hipótesis se trataría de un carácter con un riesgo de recurrencia del 25%, mientras que en el segundo el riesgo de recurrencia dependería del número de gametos mutados presentes en el progenitor y por lo general seria mucho menor que el 25%.

La mutación de *novo* puede afectar a la línea germinal o a la línea somática. En el primer caso, el individuo en cuestión no manifestará la enfermedad pero transmitirá a su descendencia el alelo mutado. En el segundo caso, el individuo manifestará la enfermedad pero no la transmitirá a su descendencia. En este último caso, el grado de manifestación dependerá del número de células somáticas afectadas y del tipo de mutación.

Las mutaciones de *novo* o espontáneas son eventos poco frecuentes, sin embargo determinados genes presentan frecuencias de mutación significativamente altas, bien porque se trata de genes grandes que ocupan cientos de kilobases y en los cuales es más probable un evento mutacional, bien porque estén localizados en regiones hipermutables o "puntos calientes" del genoma. La incidencia de mutaciones de novo es importante en patologías con una herencia dominante como son la osteogénesis imperfecta o la acondroplasia.

3. El diagnóstico molecular

Sin duda alguna, la aplicación en genética humana de la tecnología del ADN recombinante y de los métodos de amplificación enzimática de ácidos nucleicos han supuesto una auténtica revolución metodológica. Paralelamente a este desarrollo tecnológico, el aislamiento y la caracterización de un número cada vez mayor de *loci* polimórficos repartidos a lo largo de todo el genoma humano ha permitido la aplicación del análisis genético en la especie humana y con ello la caracterización de un importante número de genes implicados en patologías.

Gracias a la estrecha relación entre la ciencia básica y su aplicación clínica en el ámbito de la genética humana, dichos avances han sido transferidos de forma casi instantánea de los equipos de investigación básica a los servicios de diagnóstico genético. Un claro ejemplo de ello lo tenemos en el diagnóstico de las mutaciones por tripletes inestables, en las cuales el tiempo transcurrido desde su caracterización hasta su utilización práctica puede contarse en semanas.

El diagnóstico molecular pretende la caracterización, con la mayor precisión posible, del genotipo de un individuo. Dicha caracterización la podemos realizar mediante dos aproximaciones básicas, i) el diagnóstico directo, mediante la detección del cambio producido a nivel del ADN, ii) el diagnóstico indirecto, mediante el estudio de la cosegregación del carácter estudiado y marcadores polimórficos íntimamente ligados a éste.

3.1. El diagnóstico directo

El máximo nivel de precisión del diagnóstico directo se obtiene con la secuenciación de los nucleótidos correspondientes al locus mutado. Sin embargo, la aplicación de esta estrategia diagnóstica de forma generalizada es por el momento inviable.

Por lo general el diagnóstico directo de una mutación se realiza mediante el estudio de los cambios que ésta produce en la estructura primaria (secuencia), en las propiedades fisico-químicas de la molécula de ADN o bien en los cambios que se presentan en el producto génico (sea éste ARN mensajero o proteína).

Básicamente podemos distinguir cuatro tipos de cambios o mutaciones del ADN:

a) cambios de nucleótidos. Una base es sustituida por otra distinta. Existen dos tipos de cambios, las transversiones (una purina (A o G) por una pirimidina (C o T)) y las transiciones (una pirimidina por una pirimidina o una purina por una purina),
b) pequeñas deleciones o inserciones. Un número reducido de nucleótidos se pierden o insertan, alterando la secuencia y tamaño de la molécula de ADN,
c) grandes reorganizaciones. Ganancias, pérdidas o reorganizaciones de grandes fragmentos de ADN y
d) mutaciones dinámicas. Repetición inestable de trinucleótidos en distintas regiones de un gen.

Los cambios de nucleótidos y las pequeñas deleciones o inserciones alteran la estructura primaria del ADN y pueden dar lugar a variaciones del tamaño de la molécula o bien, como veremos más adelante, pérdidas o ganancias de dianas de restricción. Así mismo la molécula mutada puede presentar variaciones en sus propiedades fisico-químicas que alteren su movilidad electroforética o sus propiedades de apareamiento. Las grandes reorganizaciones y las mutaciones dinámicas provocan generalmente variaciones en el tamaño de la molécula de ADN. Finalmente, las mutaciones pueden ser detectadas en el producto génico cuando éstas dan lugar a mensajeros inestables o de tamaño distinto o bien a proteínas truncadas.

3.2. Herramientas y metodologías para la detección de mutaciones

Las técnicas y protocolos utilizados en el diagnóstico molecular se circunscriben en el ámbito de la biología molecular básica. No estamos hablando de una tecnología excesivamente compleja y de hecho cualquier laboratorio de biología molecular está capacitado técnicamente para llevar a cabo este tipo de análisis.

Básicamente las técnicas comunes a todos los laboratorios de diagnóstico molecular son:

a) las enzimas de restricción,
b) las técnicas de separación electroforética de ácidos nucleicos,
c) la hibridación de ácidos nucleicos y
d) la amplificación enzimática del ADN (PCR)

Brevemente discutiremos cada una de esta técnicas.

Las enzimas de restricción (ER). Las ER son proteínas que reconocen secuencias concretas del ADN, denominadas dianas de restricción y tienen actividad endonucleásica (cortan la doble hélice del ADN). Existen distintos tipos de ER según sea el tipo de secuencia reconocida y el lugar de corte. Las que tienen una aplicación más generalizada en el diagnóstico molecular son las de tipo II, que reconocen secuencias palindrómicas de entre 4 y 8 nucleótidos (secuencias que se leen igual de izquierda a derecha que de derecha a izquierda) y cortan el ADN en dicha secuencia (Figura 7).

Este tipo de enzimas presenta una total especificidad para la secuencia diana y el cambio de un solo nucleótido produce la pérdida de reconocimiento. Las mutaciones debidas a variaciones nucleotídicas o las pequeñas deleciones o inserciones pueden producir la pérdida de una diana o la aparición de una nueva.

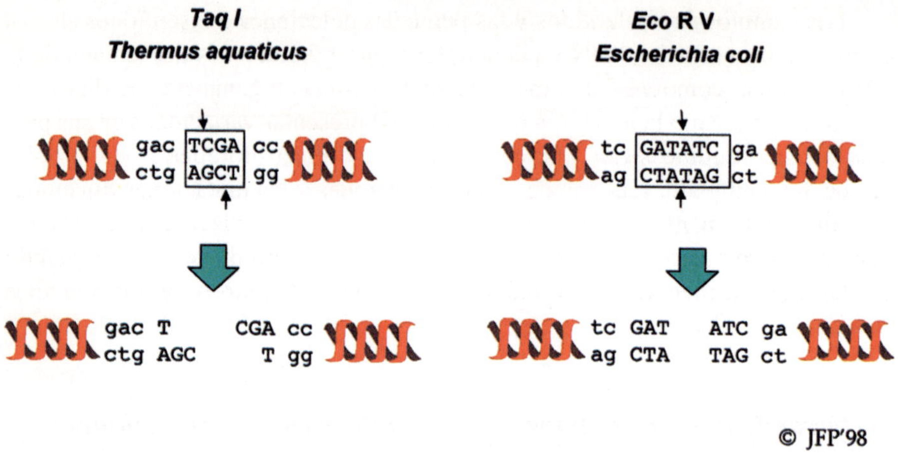

Figura 7. Las enzimas de restricción (ER). En la figura se presenta la actividad endonucleásica de las ER Taq I (obtenida de la bacteria termófila *Thermus aquaticus*) y EcoR V (obtenida de la enterobacteria *Escherichia coli*). Ambas enzimas tienen especificidad para la secuencia reconocida (diana) y cortan en la misma diana y liberan fragmentos con extremos cohesivos o romos respectivamente.

Separación electroforética de ácidos nucleicos. El método más común y eficaz de fraccionar moléculas de ADN en función de su tamaño es la electroforesis en soporte de agarosa o acrilamida. En ambos casos las moléculas de ADN (o ARN) se aplican a una matriz semisólida, generalmente un polímero de agarosa o acrilamida, que actúa como cedazo restringiendo el paso de las moléculas en función de su tamaño. La electroforesis se realiza en un tampón a pH básico de forma que las moléculas de ADN están cargadas negativamente. Para inducir el desplazamiento a través de la matriz se aplica un campo eléctrico y las moléculas se desplazan hacia el polo positivo. Dado que la carga neta de cada molécula es la misma, sea cual sea su tamaño, el único parámetro discriminatorio es el tamaño del poro de la matriz utilizada. El resultado final es la separación de las moléculas de ADN en función de su tamaño. Las moléculas más pequeñas pasarán más fácilmente a través del poro mientras que las grandes quedarán retenidas (Figura 8).

Hibridación y transferencia de ácidos nucleicos. Una de las características más singulares de la molécula de ADN es la complementariedad de bases. La doble hélice de ADN está formada por dos cadenas antiparalelas en las que las bases nitrogenadas están apareadas de forma que una adenina (A) está siempre frente a una timina (T) y una citosina (C) siempre se aparea con una guanina (G). La unión entre las bases se establece mediante puentes de hidrógeno, dos en el par AT y tres en el par GC que confieren a la doble hélice una alta estabilidad. Experimentalmente podemos separar las dos cadenas, proceso que denominamos desnaturalización, aplicando energía en forma de calor, rompiendo los enlaces químicamente o disminuyendo la

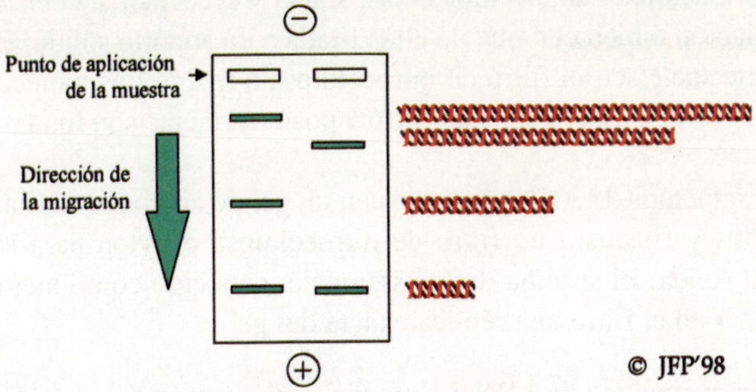

Figura 8. Separación electroforética de ácidos nucleicos. La muestra se aplica próxima al polo negativo y migra hacia el polo positivo. Los fragmentos grandes de ADN quedan retenidos en su migración al pasar con mayor dificultad a través del poro. Los fragmentos más pequeños alcanzan el extremo final del gel, pasando con facilidad a través de los poros

concentración salina (Figura 9). Modificando estos parámetros en sentido opuesto podremos renaturalizar dos moléculas de cadena sencilla y obtener una cadena doble. El proceso de renaturalización dependerá fundamentalmente de la complementariedad de bases que presenten las dos cadenas sencillas.

La identificación de secuencias de ADN mediante la técnica de hibridación consiste en obtener un fragmento de ADN (sonda) de secuencia complementaria a la región a identificar y marcarla enzimática o radioactivamente.

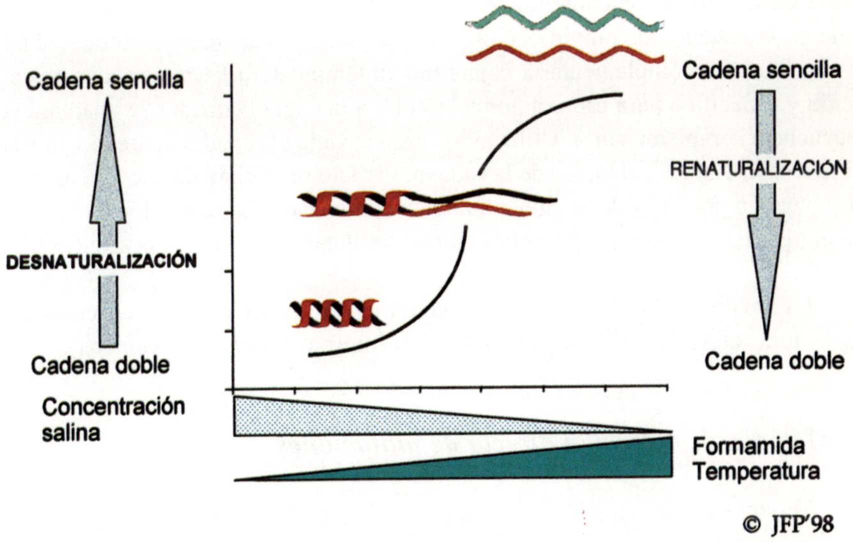

Figura 9. Hibridación de ácidos nucleicos. Procesos de desnaturalización y renaturalización. Véase el texto para explicación.

La hibridación de ambas moléculas, sonda y secuencia a detectar, puede realizarse en solución o bien con una de ellas fijada a un soporte sólido. En éste último caso el soporte suele ser un filtro de nitrocelulosa o nylon. Las moléculas de ácidos nucleicos se absorben pasivamente al filtro y posteriormente son fijadas mediante luz ultravioleta.

Los fragmentos de ADN separados en un gel de agarosa o acrilamida, pueden ser transferidos y fijados a un filtro de nitrocelulosa o nylon para ser detectados mediante una sonda. El sistema de transferencia, conocido como método Southern, permite obtener en el filtro una réplica exacta del gel.

Amplificación enzimática de ADN. La amplificación enzimática del ADN consiste en la obtención de copias de una secuencia específica de ADN mediante una reacción en cadena de la ADN polimerasa (PCR). Dicha metodología ha supuesto una auténtica revolución en el campo de la biología y genética molecular y su aplicación en el diagnóstico genético es en la actualidad imprescindible.

Las ADN polimerasas son los enzimas que llevan a cabo la replicación del ADN. Para ello precisan de una molécula de ADN de cadena sencilla que actúe como molde, un cebador (pequeña molécula de ácido nucléico de unos 15 a 20 nucleótidos) de secuencia complementaria a la cadena a sintetizar y nucleótidos activados para ser incorporados en la cadena naciente.

Para amplificar cíclicamente una determinada secuencia de ADN se requieren cebadores (también denominados oligonucleótidos) que flanqueen los extremos de la región que se desea amplificar (ver Figura 10). Incrementando la temperatura por encima de los 90 ºC obtendremos cadenas sencillas de ADN que actuarán como molde en la reacción de amplificación. Para favorecer el apareamiento del cebador con su secuencia complementaria bajaremos la temperatura hasta un valor preestablecido y específico para cada oligonucleótido, a la cual el cebador se apareará con su secuencia complementaria. Utilizando como anclaje el cebador apareado, la ADN polimerasa iniciará la extensión de la cadena. El ciclo se iniciará de nuevo con la desnaturalización por calor de la molécula recién sintetizada. La repetición de este proceso entre 20 o 30 veces nos permitirá obtener millones de copias de la secuencia inicial.

La enzima utilizada para esta reacción es una ADN polimerasa resistente a temperaturas elevadas obtenida de bacterias termófilas (*Thermus aquaticus*).

3.3. Métodos de detección directa de mutaciones

Veremos a continuación mediante algunos ejemplos como se aplican estas técnicas básicas en el diagnóstico genético.

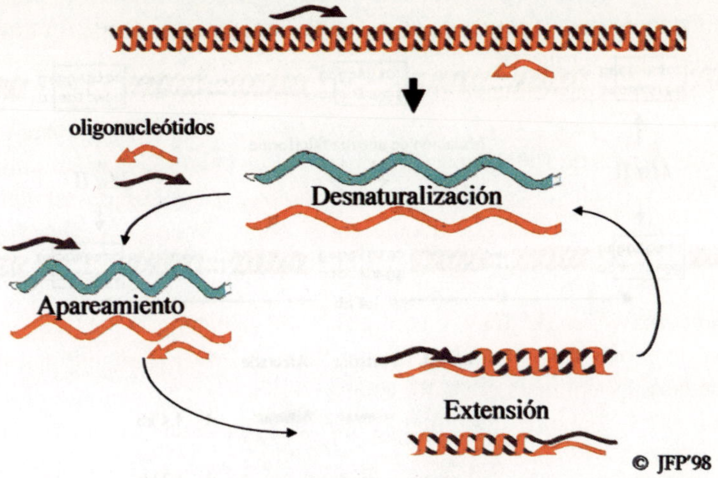

Figura 10. Reacción en cadena de la polimerasa (PCR). Véase texto para explicación

Detección directa de una mutación que altera una diana de restricción. La anemia falciforme es una enfermedad autosómica recesiva con una alta prevalencia en determinadas regiones geográficas. Los pacientes afectados son homocigotos para la substitución de una glutamina por una valina en el tercer aminoácido de la ß-globina (ßS). Dicha mutación se corresponde con el cambio de una adenina por una timina en el codón 6 de dicho gen que al mismo tiempo altera la diana de restricción para la enzima *Mst* II.

Aprovechando esta circunstancia se ha diseñado un método muy sencillo para detectar la mutación. Como se indica en la Figura 11, la secuencia normal del gen de la ß-globina en los codones 5, 6 y 7 (cct gag gag) incluye la diana para la enzima *Mst* II (cctgagg). Dicha diana se pierde con la mutación que causa anemia falciforme al pasar a ser (cctgtgg). Flanqueando a esta diana existen dos dianas para la misma enzima: una a 1,2 kb y otra a 0,2 kb de distancia. La digestión del ADN genómico de un individuo con la enzima *Mst* II, dará lugar a miles de fragmentos entre los cuales estarán los correspondientes al *locus* de la ß-globina. Se procede a separar todos los fragmentos según su tamaño en un gel de agarosa y se transfiere el ADN a un filtro de nitrocelulosa. Utilizando una sonda complementaria al fragmento de 1,2 kb, podremos detectar aquellos fragmentos de ADN que contengan la secuencia complementaria a la sonda (véase parte inferior de la Figura 11).

Si un individuo es homozigoto para el alelo normal de la ß-globina, el único fragmento que será detectado por la sonda será el de 1,2 kb. Si el individuo es portador del alelo de anemia falciforme detectaremos dos fragmentos: el de 1,2 kb y el

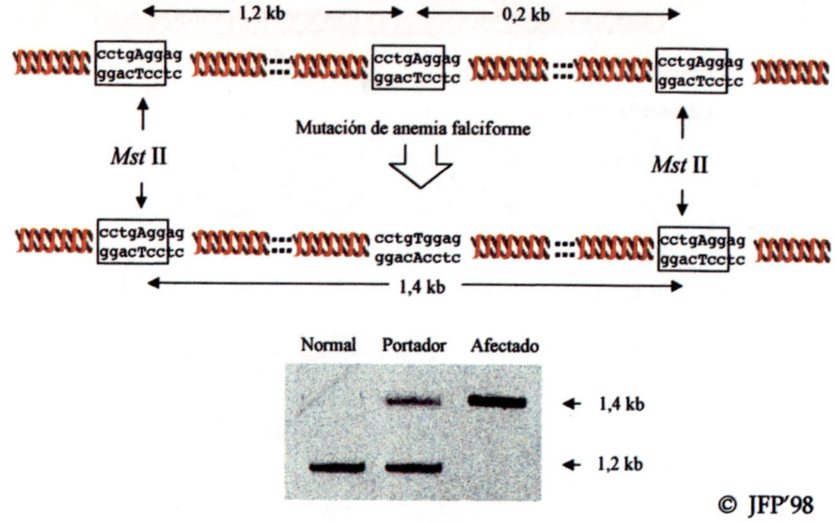

Figura 11. Detección de la mutación que causa anemia falciforme mediante digestión con la enzima *Mst* II. Véase texto para explicación.

de 1,4 kb, uno proveniente del cromosoma que tiene la secuencia normal (con diana) y el otro proveniente del cromosoma con la secuencia de la anemia falciforme (sin diana). Finalmente, en un individuo homozigoto para la anemia falciforme sólo detectaremos el fragmento de 1,4 kb.

Una variación del método anterior se presenta en la Figura 12. La aplicación de la técnica de PCR facilita enormemente la detección de mutaciones en las que varia una diana de restricción. El método consiste en obtener oligonucleótidos que flanqueen la mutación y mediante PCR obtener millones de copias de dicha región. Seguidamente los fragmentos amplificados se ponen en presencia de la enzima en cuestión, en nuestro caso *Mst* II. Si el ADN proviene de un individuo normal todos los fragmentos amplificados presentarán la diana y por lo tanto después de la digestión obtendremos dos subfragmentos (en el ejemplo del fragmento amplificado de 300 pb se obtendrán dos subfragmentos: uno de 200 y otro de 100 pb). Si el ADN proviene de un individuo afectado todos los fragmentos amplificados tendrán la secuencia que no es reconocida por la enzima y por lo tanto la digestión no alterará su tamaño (todos continuarán siendo de 300 pb). Finalmente, si el ADN proviene de un individuo heterozigoto los fragmentos amplificados serán de dos clases, con la secuencia diana o sin dicha secuencia. La digestión de los primeros dará lugar a dos fragmentos de 200 y 100 pb, mientras que los segundos mantendrán el tamaño de 300 pb después de la digestión. La resolución en un gel de agarosa de cada una de estas muestras se presenta en la parte inferior de la Figura 12.

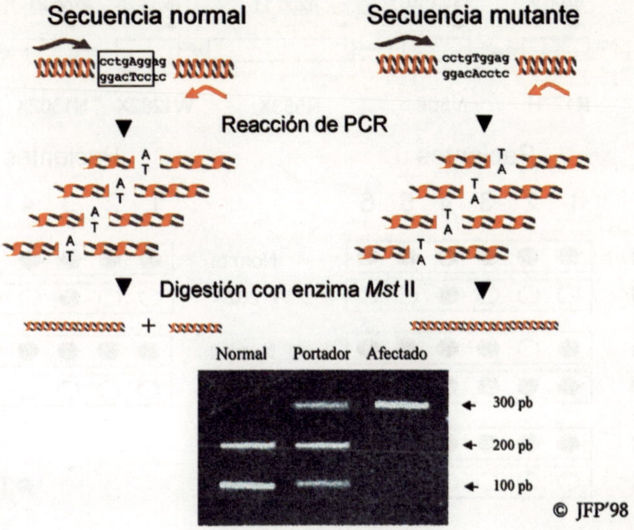

Figura 12. Detección de la mutación de anemia falciforme mediante PCR y digestión con la enzima *Mst* II. Véase texto para explicación.

Detección directa de la secuencia mutada. Cuando la mutación ha sido caracterizada y tiene una base molecular conocida es posible diseñar estrategias diagnósticas basadas en la detección de la secuencia mutada. Se han descrito distintos métodos de detección directa, de entre los cuales comentaremos la detección mediante oligonucleótidos específicos de alelo (ASO, del inglés "alelle specific oligonucleotides"). Un ejemplo de este método lo tenemos en la Figura 13 donde se presenta la detección de mutaciones en el gen de la fibrosis quística.

La fibrosis quística (CF) es una grave enfermedad hereditaria con una alta incidencia en la población caucasiana. En esta enfermedad las funciones de pulmones y páncreas están alteradas por un aumento en las secreciones de dichos órganos. Los pacientes afectados manifiestan los síntomas propios de la CF, alteraciones en las vías respiratorias e infecciones recurrentes, durante el primer año de vida viéndose muy afectada su calidad y esperanza de vida. Se han descrito numerosas mutaciones del locus CF, siendo la más frecuente la deleción de tres nucleótidos (CTT) que supone la pérdida del aminoácido 508 de la proteína CFTR (mutación D508). Según el área geográfica un 65-70% de los alelos mutados corresponden a D508. El 30% restante corresponde a alelos con una frecuencia no superior al 3%. La problemática derivada de la existencia de un gran número de mutaciones para un determinado locus (heterogeneidad alélica) es común a muchas enfermedades hereditarias. En estos casos puede resultar más apropiado el diagnóstico indirecto mediante polimorfismos anónimos (ver más adelante). Sin embargo, en el caso de la CF, dada su

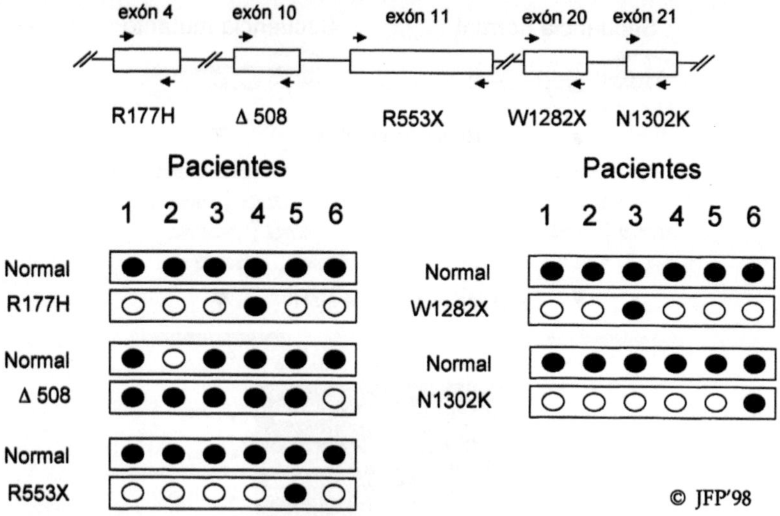

Figura 13. Detección de mutaciones en el gen de la fibrosis quística mediante oligonucleótidos específicos de alelo. Véase texto.

alta incidencia y la prevalencia de la mutación D508 se han puesto a punto métodos de detección directa como el ASO.

El método consiste en el diseño de oligonucleótidos con la secuencia correspondiente a cada uno de los alelos descritos para CF, incluyendo como control la secuencia normal. Cada mutación puede estar localizada en una región distinta del gen. En la Figura 13 se presentan 5 mutaciones situadas en cinco exones distintos. De cada mutación se dispone de la secuencia y de cebadores que permiten amplificar el exón correspondiente. Después de obtener ADN de cada uno de los pacientes, mediante los cebadores apropiados se realiza una PCR para cada exón. Esta reacción se realiza en un solo tubo de forma que se obtiene una mezcla de todos los exones amplificados. La muestra así obtenida se aplica por duplicado a un filtro de nylon y el ADN se fija mediante luz UV. Seguidamente el filtro se hibrida con el ASO correspondiente a cada mutación y a su control normal, marcados previamente de forma enzimática, con fluorescencia o radioactividad. Después del revelado apropiado obtendremos una señal positiva que nos revelará los alelos presentes en cada paciente. En el ejemplo de la Figura 13, el paciente 1 es heterozigoto para la mutación D508, pues da positivo para el ASO del alelo normal de todas las mutaciones y también para el ASO del alelo D508. El paciente 2 es homozigoto para la mutación D508, pues en el filtro de dicha mutación solo obtenemos señal positiva para el ASO del alelo D508. Los pacientes 3, 4 y 5 son heterozigotos compuestos para las mutaciones D508 - W1282X , D508 - R177H y D508 - R553X respectivamente. Finalmente el paciente 6 es también heterozigoto en este caso para la mutación N1302K. Más allá del interés académico por conocer la mutación presente en un paciente, el interés del diagnóstico específico del alelo o alelos mutados reside en la relación existente entre dicho alelo y la manifestación clínica de la enfermedad. No son muchas las enfermedades en las cuales se ha podido establecer este tipo de correlación, pero en el caso de la CF se ha podido demostrar que los pacientes homozigotos para la mutación D508 presentan insuficiencia pancreática mientras que los heterozigotos compuestos R117H / D508 tienen una función pancreática normal.

Detección de mutaciones por deleción. Las mutaciones que suponen una pérdida de nucleótidos en la secuencia de ADN son fácilmente detectadas mediante PCR. Un ejemplo de aplicación lo tenemos en la detección de mutaciones en el gen de la distrofia muscular de Duchenne (DMD).

Esta enfermedad presenta una herencia ligada al cromosoma X por lo que su frecuencia es muy superior en hombres que en mujeres. Se caracteriza por la pérdida progresiva del tono muscular que se manifiesta desde el primer año de vida. Los niños afectados de DMD tienen problemas para mantenerse derechos y correr. A edades más avanzadas la musculatura se debilita presentándose paradas cardíacas y parálisis. La esperanza de vida no supera los 25 años. Existe una manifestación más benigna conocida como distrofia muscular de Becker.

El diagnóstico de la enfermedad puede realizarse mediante la determinación de la actividad creatinin fosfoquinasa, muy elevada en los pacientes con DMD y por biopsia muscular para visualizar al microscopio la estructura degenerativa de las células musculares. Cuando se pretende un diagnóstico prenatal, no es posible aplicar la estrategia anterior y éste debe realizarse mediante el análisis del genotipo.

El gen DMD es el gen humano de mayor tamaño hasta ahora caracterizado. El locus DMD ocupa más de 2 megabases de ADN que dan lugar a un transcrito de 13 kb. La proteína denominada distrofina tiene un total de 3.685 aminoácidos y presenta una estructura repetitiva. El análisis molecular del gen DMD ha revelado que un número importante de mutaciones se producen por deleciones distribuidas a lo largo del locus, presentándose tanto pequeñas como grandes pérdidas de ADN (2/3 de los varones afectados presentan deleción). No se ha detectado ninguna correlación entre el tamaño de la deleción y su manifestación en forma de distrofia muscular de tipo Duchenne o de tipo Becker. Sin embargo, sí que existe una clara correlación entre la ausencia de distrofina y manifestación en la forma grave de distrofia muscular de Duchenne.

Así pues, las deleciones que causan una pérdida total del producto génico presentan una manifestación clínica mucho más grave (Duchenne) que aquellas que respetando la pauta de lectura, dan lugar a la síntesis de una proteína anómala (Becker).

La detección de distrofina en biopsia muscular, mediante la utilización de anticuerpos específicos, es una buena metodología diagnóstica. Sin embargo, su carácter invasivo y elevado coste económico hacen que sea substituida por el diagnóstico genético.

En la Figura 14 se presenta un esquema de la estrategia de "multiplex PCR" desarrollada para la detección simultánea de distintas deleciones en el gen DMD en varones afectados. Mediante la utilización de parejas de cebadores, previamente optimizados, se amplifican de forma simultánea distintos exones del gen DMD. El resultado de cada PCR múltiple se analiza en un gel de agarosa obteniéndose un patrón de bandas a partir del cual es posible inferir las regiones delecionadas.

Una vez se han determinado los exones delecionados es posible definir en cada paciente los extremos de la deleción y estimar así el comportamiento clínico esperado para dicho paciente.

El método de PCR múltiple tiene una proporción muy baja de errores de diagnóstico, es muy versátil, rápido (en tan solo un día es posible analizar varios individuos) y barato. Así mismo, las cantidades de ADN necesarias para el análisis son

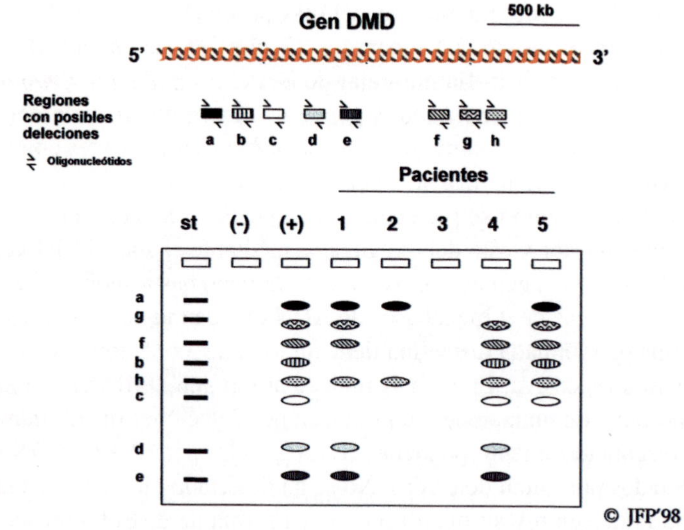

Figura 14. Multiplex PCR. Detección de mutaciones por deleción en el locus DMD. Utilizando los oligonucleótidos indicados en la parte superior de la figura se amplifican, en una sola reacción, distintos exones del gen DMD. Los primeros carriles corresponden a controles, un estándar de fragmentos amplificados, un control negativo de la PCR en el cual no se añade ADN y un control positivo de un individuo con el alelo normal. De 1 a 5 son varones afectados de DMD. El paciente 1 presenta una deleción de los exones b y c. El paciente 2 presenta una deleción desde el exón b al exón g. El paciente 3 presenta una deleción de toda la región analizada. El paciente 4 tiene delecionado el exón a y finalmente el paciente 5 ha perdido los exones d y e.

muy reducidas por lo que su aplicación es posible tanto en el diagnóstico postnatal como en el prenatal.

Detección de mutaciones inestables. A principios de los años 90 se identificó un nuevo tipo de mutación conocida como "mutación inestable", producida por la expansión de unidades de repetición de tres nucleótidos. En la actualidad, se han identificado más de 50 genes eucariotas que presentan este tipo de repeticiones, entre los cuales se encuentran genes humanos responsables de un número importante de patologías neurológicas (Tabla II). Este nuevo tipo de mutación presenta diversas características:

Tabla II.
Patologías neurológicas causadas por mutaciones inestables

	Herencia	*Repetición*	*Región*	*Normal*	*Pre-mutación*	*Mutación*
X Frágil	XD	CGG	5' nc	6-46	50-200	> 200
Distrofia Miotónica	AD	CTG	3' nc	5-40	50-80	> 100
Atrofia muscular espinal	XD	CAG	exón	17-26		40-52
Enfermedad de Huntington	AD	CAG	5' nc	13-35		36-120
Atrofia dentatorubral	AD	CAG	exón	7-23		49-75
Ataxia espinocerebelosa 1	AD	CAG	exón	19-37		39-63
Enfermedad de Machado-Joseph	AD	CAG	exón	13-16		68-79
Ataxia de Friedreich	AR	GAA	intrón	7-22		200-1200

nc no codificante, XD ligada al cromosoma X dominante, AD autosómica dominante, AR autosómica recesiva

a) la repetición es polimórfica y se presenta tanto en individuos sanos como en afectados, siendo el número de repeticiones como mínimo entre 2 y 5 veces superior en los afectados que en los sanos.
b) el número de repeticiones puede variar, expandirse o, en algunos casos contraerse de generación en generación. En algunas de las patologías implicadas se observa una progresión partiendo de un número de rango normal, pasando por una premutación de rango intermedio y finalmente una mutación completa.
c) en varias de las patologías se encuentra una fuerte correlación entre el número de repeticiones y distintos parámetros clínicos como la edad de manifestación (fenómeno conocido como anticipación) o el tipo de presentación clínica (gravedad, órganos o tejidos afectados, etc.).

d) todas las mutaciones inestables con carácter patológico identificadas hasta el momento, afectan de forma directa o indirecta al sistema nervioso o neuromuscular. La mayoría comparten el patrón de herencia dominante, salvo la ataxia de Friedriech que lo presenta recesivo. La repetición puede localizarse tanto en región codificante (exones) o no codificante (región 5', región 3' o intrones), por lo que sus efectos pueden ir desde alteraciones en la expresión del gen hasta la abolición del producto génico.

El diagnóstico molecular de este tipo de mutaciones tiene un alto interés dado que el tamaño de la repetición permite extrapolar una parte importante del comportamiento clínico del paciente. Durante los últimos años se han estandarizado diversos métodos de detección basados en las técnicas de Southern (hibridación y detección mediante una sonda) o PCR (Figura 15). En el primer caso (Figura 15, A), la detección se realiza mediante una sonda de ADN homóloga a una secuencia adyacente a la región repetida. Se obtiene ADN genómico del paciente y se digiere con un enzima de restricción con dianas que flanquean al locus inestable. Una vez digerido se fracciona en un gel de agarosa y éste se transfiere a un filtro de nitrocelulosa. El filtro se hibrida con la sonda para detectar los fragmentos que contienen la región inestable. El tamaño de los fragmentos detectados es del orden de kilobases.

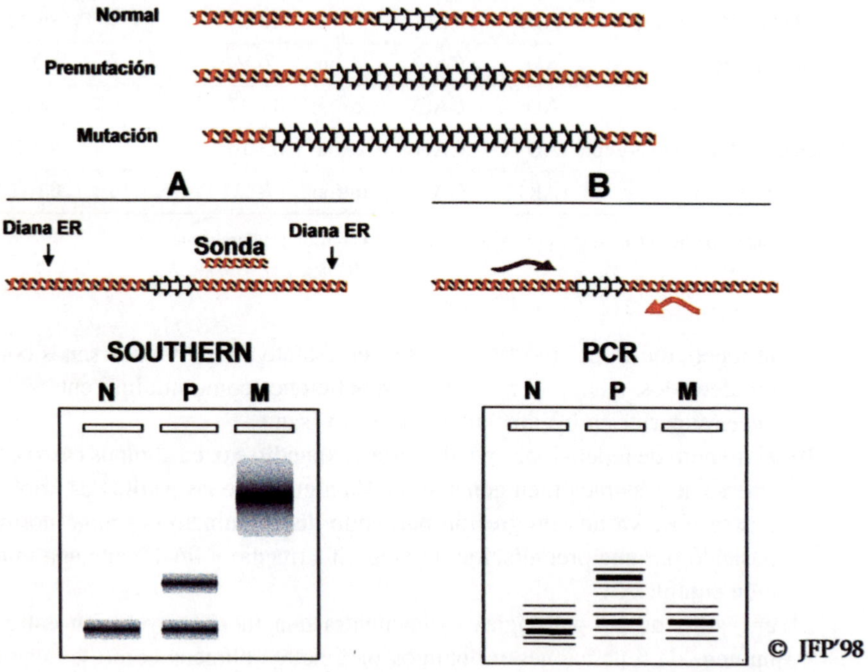

Figura 15. Detección de mutaciones dinámicas mediante PCR o hibridación. Vese texto para explicación. N, normal; P, premutación; M, mutación.

Para la aplicación de la técnica de PCR en el diagnóstico de las mutaciones inestables se utilizan cebadores que flanquean la región amplificada (figura 14, B). El producto de la amplificación, cuyo tamaño puede estar en el rango de unos cientos de pares de bases, se aplica a un gel de agarosa o acrilamida con el objeto de determinar el tamaño de cada fragmento. Tal y como se presenta en la figura es posible detectar los fragmentos amplificados de individuos normales o en aquellos que presentan premutación, sin embargo puede suceder que no se detecte el fragmento procedente de un individuo con la mutación completa. Esto es así debido a que la ADN polimerasa puede tener problemas al intentar amplificar los tamaños del orden de kilobases que se presentan en el cromosoma con la mutación completa.

En el esquema también puede observarse que las bandas amplificadas mediante PCR tienen una cierta heterogeneidad en su definición. Esto es así debido por una parte al polimorfismo en el número de repeticiones y por otra a los errores de la ADN polimerasa.

Detección de nuevas mutaciones. Hasta el momento hemos presentado diversas estrategias diagnósticas para la detección de mutaciones previamente caracterizadas, sin embargo en la rutina diaria del laboratorio de diagnóstico genético se plantea con frecuencia la identificación de mutaciones que bien por ser desconocidas o bien por ser poco prevalentes, precisan de una aproximación diagnóstica diferente.

Probablemente éste es el ámbito del diagnóstico genético que más vinculación tiene con la investigación básica, confundiéndose en numerosas ocasiones una con la otra.

Las distintas estrategias de detección de nuevas mutaciones pueden ser agrupadas en tres grandes apartados:

a) detección de variaciones en el apareamiento entre las cadenas "normal" y mutada.
b) detección de cambios de conformación y
c) detección de productos génicos alterados

En el primer grupo se incluyen dos métodos ampliamente utilizados como son el análisis de heteroduplex y la digestión química de cadenas con apareamientos erróneos (CCM, del inglés "chemical cleavage of mismatch"). En ambos métodos el cambio o mutación se detecta mediante la hibridación en solución de la cadena normal (N) y la cadena mutada (m) obtenidas previamente mediante PCR. Moléculas de ADN que corresponden a la secuencia de la cadena mutada (mm) se mezclan con moléculas de ADN que corresponden a la secuencia de la cadena normal (NN). Después de la desnaturalización por calor de ambas cadenas se permite su renaturalización. Si existe alguna diferencia en la secuencia de nucleótidos entre ambos tipos de cadenas, además de los híbridos NN y mm (homoduplex), también se formarán hídridos del tipo Nm (heteroduplex) que presentarán errores de apareamiento. En el método de heteroduplex los híbridos se analizan en un gel de acrilamida y las diferencias entre ellos se visualizan por la aparición de un patrón de bandas anómalo. En el método CCM los híbridos son tratados con un reactivo químico (por ejemplo tetraóxido de osmio) que cortan a la doble cadena de ADN en regiones de apareamiento erróneo. La aparición de fragmentos de degradación indicará la existencia de una variación entre la cadena normal y la mutada.

De los métodos de análisis de cambios de conformación, destaca por su versatilidad, economía y aceptación generalizada el análisis de conformación de cadena sencilla (SSCP, del inglés "single-strand conformation polymorphism"). El método SSCP se fundamenta en los cambios de conformación que presentan dos cadenas sencillas de ADN que difieren entre sí en un único nucleótido. Dichos cambios de conformación se pueden poner de manifiesto en un gel de acrilamida por la aparición de un patrón de bandas diferencial. El método es muy resolutivo y su aplicación es técnicamente simple. Algunas de las limitaciones de la técnica son:

a) las condiciones de la electroforesis (temperatura y concentración de aditivos como glicerol o sacarosa) deben ser determinadas empíricamente,
b) el tamaño de la molécula a analizar no puede exceder los 300-350 pb y
c) presenta una sensibilidad inferior al 100%

A pesar de estas limitaciones es una técnica ampliamente utilizada como primera aproximación al estudio y caracterización de nuevas mutaciones. Su aplicación a la detección rutinaria consiste básicamente en amplificar mediante PCR fragmentos de 200 pb del locus a estudiar. Los productos de amplificación se desnaturalizan por calor y se analizan en un gel de acrilamida juntamente con un control de secuencia normal. La aparición de un patrón de bandas anómalo es indicativo de un posible cambio nucleotídico. Dicho cambio será posteriormente confirmado mediante la secuenciación del fragmento cuyo patrón se ha visto alterado.

La simplicidad del método permite también su aplicación en la detección de variantes polimórficas del tipo RFLP. En la Figura 16 se presenta un ejemplo de la aplicación de la técnica de SSCP en la detección de una variante polimórfica del extremo 3' del locus del receptor de la vitamina D. Dicho polimorfismo altera la diana de restricción del enzima Bsm I al cambiar la secuencia ACATTC (alelo B) por GCATTC (alelo b). Mediante oligonucleótidos sintéticos que flanquean el locus polimórfico se obtienen fragmentos de ADN de 192 pb. Los productos de amplificación se desnaturalizan para obtener cadenas sencillas de ADN y éstas se fraccionan a temperatura ambiente en un gel de acrilamida. El patrón de bandas obtenido será distinto en función del genotipo del paciente. Si éste es homozigoto para la secuencia correspondiente a la diana (BB), se obtienen tres bandas: dos de cadena sencilla correspondientes a cada una de las cadenas complementarias y una banda, localizada en la parte inferior del gel en la Figura 16, que corresponde a la cadena doble no desnaturalizada. El mismo número de bandas aparecerán en un paciente homozigoto para el alelo b (ausencia de diana en homozigosis), pero en este caso y dado que cada cadena complementaria difiere de las anteriores en un nucleótido, la posición

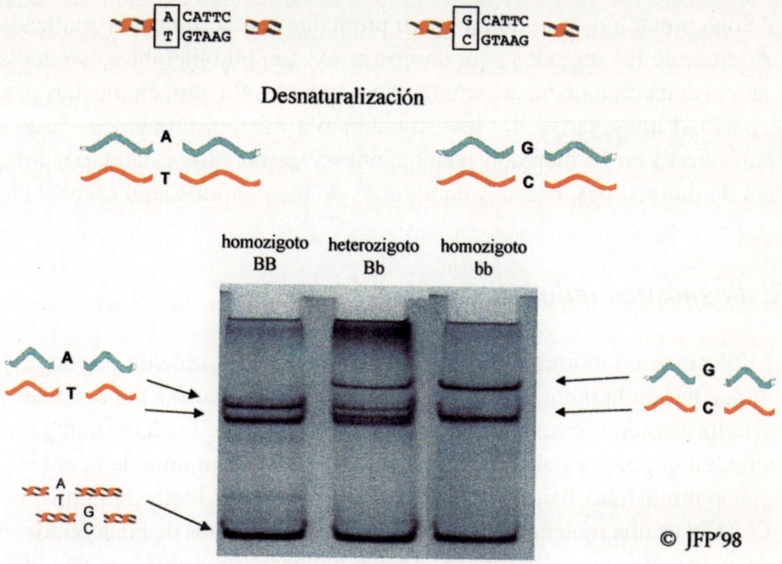

Figura 16. Detección de variantes polimórficas mediante PCR y polimorfismo de cadena sencilla (SSCP). Véase texto para explicación.

en el gel es distinta. Finalmente el heterozigoto presentará, como en los casos anteriores, una banda procedente de la cadena doble no desnaturalizada y cuatro bandas correspondientes a las cuatro cadenas sencillas.

Para finalizar comentaremos el test de proteína truncada (PTT, del inglés "protein truncation test"), como modelo de los métodos basados en el estudio de modificaciones en el producto génico.

El test PTT es un método de reciente aplicación diseñado de forma específica para detectar mutaciones que causan la aparición de un codón de paro prematuro en la molécula de ADN. Es un método técnicamente complejo, muy sensible para este tipo de mutaciones pero inaplicable para la detección de otro tipo de variaciones del ADN.

El método consiste en la amplificación mediante PCR de distintas regiones del locus a analizar, utilizando cebadores que además de contener la secuencia homóloga del fragmento a amplificar contienen en pauta de lectura, la secuencia del lugar de iniciación de la transcripción para la ARN polimerasa de T7 y un codón ATG de iniciación. Los fragmentos amplificados se utilizan como moldes en una reacción de transcripción *in vitro* utilizando la ARN polimerasa de T7. Así se obtienen moléculas de ARN que son simultáneamente traducidas a proteína en presencia de un aminoácido marcado. Las proteínas obtenidas son analizadas en un gel de acrilamida-SDS que permite detectar su tamaño. La aparición de proteínas con un tamaño inferior al esperado respecto a un control de secuencia normal, será indicativo de la existencia de una mutación de codón de paro prematuro en la molécula analizada.

Además de los métodos aquí descritos, existen innumerables estrategias diseñadas para la detección de nuevas mutaciones que son el fruto, en muchas ocasiones, de la capacidad imaginativa del investigador. Así mismo, numerosas casas comerciales han puesto en el mercado adaptaciones y protocolos estandarizados para la detección de mutaciones, basados en algunos de los métodos aquí comentados.

3.4. El diagnóstico indirecto

El diagnóstico indirecto es independiente del conocimiento previo de la naturaleza molecular de la mutación a diagnosticar y para llevarlo a cabo sólo es preciso conocer la localización cromosómica del locus implicado. Dicha estrategia consiste en estudiar, en la familia del propositus, la segregación conjunta de la enfermedad y secuencias polimórficas físicamente próximas (ligadas) al locus de la misma.

El ADN es una molécula lineal en la que las secuencias de nucleótidos se hallan contiguas y distribuidas a lo largo de la doble hélice en un mundo de una dimensión. Existe pues una relación física de proximidad entre secuencias de ADN. Dicha relación de continuidad puede alterarse durante el proceso de la división meiótica que se presenta durante la formación de las células germinales. En la profase de la primera división meiótica, los cromosomas homólogos (uno proveniente de la línea paterna y el otro de la línea materna) intercambian material por el proceso de entrecruzamiento. El resultado final es tal que los cromosomas de la célula germinal madura (espermatozoide u óvulo) presentan nuevas combinaciones de las secuencias existentes en la célula original (nuevos recombinantes). Dada la relación física existente entre secuencias adyacentes en un mismo cromosoma, la frecuencia en que dos de estas secuencias se transmiten (segregan) independientemente de una generación a la siguiente es directamente proporcional a la distancia que las separa. Es decir, cuanto menor es la distancia que separa a dos secuencias de ADN, menos probable es el entrecruzamiento entre ellas y por lo tanto segregan independientemente con una menor frecuencia. Cuando se da esta situación decimos que ambas secuencias están ligadas.

El ligamiento entre secuencias de ADN se establece mediante el estudio de la segregación de los alelos de dichas secuencias en genealogías. Este tipo de estudios permiten la obtención del mapa genético de una determinada región cromosómica. Dicho mapa contendrá puntos de referencia al estilo de un mapa de carreteras. Así, mientras que el mapa de carreteras nos informa de la posición de pueblos y ciudades, el mapa genético contendrá información sobre la posición de los genes. Además de pueblos y ciudades el mapa de carreteras contiene otros puntos de referencia orientativos como pueden ser un cruce de carreteras, un puerto de montaña o una vista panorámica. Dichos puntos de referencia son fundamentales para orientarse a lo largo de la carretera. Su equivalente en el mapa genético serán por ejemplo los puntos de rotura de una determinada translocación o las secuencias polimórficas repartidas a lo largo de la molécula de ADN.

Secuencias polimórficas

Como su nombre indica, las secuencias polimórficas (también conocidas como secuencias anónimas, loci anónimos, loci polimórficos, marcadores anónimos o marcadores polimórficos) son secuencias de ADN que, normalmente, no codifican para un producto génico, se distribuyen de forma más o menos aleatoria a lo largo del genoma y presentan como característica singular el hecho de ser polimórficas. Este último hecho es de suma importancia pues confiere a este tipo de secuencias la característica primordial del análisis genético, la variabilidad.

Las variantes de un locus es lo que conocemos como alelos. Ya hemos utilizado este concepto anteriormente al hablar de los alelos de loci implicados en enfermedades (el alelo D508 de la fibrosis quística o el alelo ßS de la anemia falciforme). Sin embargo, este tipo de alelos son, afortunadamente, muy poco frecuentes y no nos serían útiles en los estudios de ligamiento. Por el contrario las secuencias anónimas o loci polimórficos presentan por definición varios alelos con una frecuencia significativamente alta en la población (superior al 1% para el menos frecuente).

Supongamos que queremos saber si el locus a, que está implicado en una enfermedad hereditaria, esta ligado al locus b, que es una secuencia anónima de ADN. Lo primero que necesitaremos será identificar las variantes de la secuencia anónima en cada uno de los miembros de la familia y estudiar su segregación juntamente con la de la enfermedad. La aplicación de diversos métodos estadísticos nos permitirá establecer la existencia o no de ligamiento entre los dos loci investigados y estimar la distancia que los separa.

En los estudios de ligamiento la distancia que separa a dos loci se mide en función de la frecuencia en que ambos recombinan. La unidad de distancia es el centimorgan (cM) . Si dos loci recombinan en el 1% de las meiosis, decimos que les separa una distancia de 1 cM. La frecuencia de recombinación entre dos loci puede variar desde 0 (decimos entonces que dichos loci están íntimamente ligados) hasta el 50% y decimos entonces que son independientes. Aunque no nos podemos extender aquí sobre este aspecto, no existe siempre una relación lineal entre distancia genética (frecuencia de recombinación medida en cM) y distancia física (número de nucleótidos que las separan, medida en pares de bases). Para frecuencias de recombinación inferiores al 20% se puede establecer una relación de 106 pares de bases por cada 1% de recombinación.

Tipos de variación polimórfica en secuencias anónimas

Hemos indicado que la característica primordial de las secuencias anónimas es su variabilidad, veamos ahora en qué consiste dicha variabilidad. Básicamente existen dos tipos de polimorfismos, los que derivan de la substitución de un nucleótido por otro y los que derivan de la inserción o deleción de secuencias de ADN. En estos últimos distinguimos dos subtipos: las inserciones o deleciones de fragmentos de ADN y las repeticiones de secuencias de entre dos y cientos de nucleótidos.

Polimorfismos del tamaño de los fragmentos de restricción (RFLP del inglés "restriction fragment length polymorphism"). Cuando el cambio de un nucleótido altera la diana para un determinado ER o la inserción o deleción de un fragmento de ADN se localiza entre dos dianas de un ER, podemos detectar el polimorfismo en función de la variación que éste genera en el patrón de restricción (Figura 17). Los RFLP son polimorfismos que presentan normalmente un número bajo de alelos y por lo tanto su utilización en el diagnóstico indirecto es limitada.

Polimorfismos de repetición. Existen dos tipos de polimorfismos de repetición de uso en diagnóstico genético, los VNTR-minisatélites y los VNTR-microsatélites. En ambos casos presentan un número variable de repeticiones en tandem (VNTR del inglés "variable number of tandem repeats").

Los minisatélites son *loci* que corresponden a secuencias de ADN de unas pocas decenas de nucleótidos repetidas en tandem. El número de dichas repeticiones varia de cromosoma a cromosoma, de forma que en un cromosoma el número de

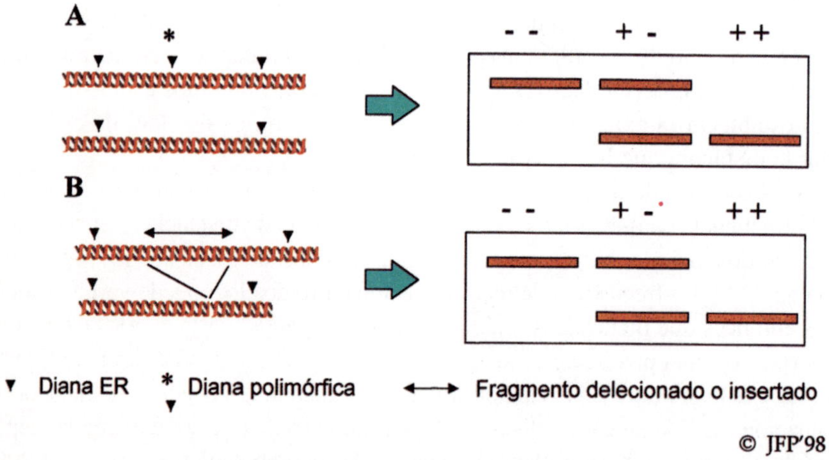

Figura 17. Polimorfismos del tamaño de fragmentos de restricción (RFLP). La pérdida o ganancia de una diana de restricción por efecto de la substitución de un nucleótido (A), o la inserción o deleción de un fragmento de ADN (B), pueden ser detectados por las variaciones en los tamaños de los fragmentos de restricción. En la figura se presenta el resultado esperado de este tipo de polimorfismos en individuos homozigotos para la presencia de la diana o la deleción (+ +), los homozigotos para la ausencia de diana o la inserción (- -) y los heterozigotos (+ -). El método de detección puede ser tanto hibridación y Southern (esquematizado en la figura) como mediante PCR.

repeticiones en tandem puede ser de 10, en otro de 15 en otro de 22, etc. La singularidad más especial de este tipo de polimorfismos está en que cada loci puede presentar muchos alelos distintos (tantos como repeticiones), sin embargo presentan el inconveniente que no están distribuidos por todo el genoma y por lo tanto sólo pueden ser utilizados en el diagnóstico de un número muy reducido de enfermedades. Los VNTR-minisatélites han encontrado su máxima aplicación en la determinación de la paternidad y en los protocolos de identificación genética en el ámbito judicial. Cuando se habla de huellas dactilares del ADN se está hablando de este tipo de polimorfismo.

Los VNTR-microsatélites son por excelencia los polimorfismos anónimos utilizados en el diagnóstico genético. Corresponden a la repetición en tandem de secuencias de entre 2 y 5 nucleótidos. Los microsatélites presentan dos características que los hacen ideales para su uso. En primer lugar, están distribuidos de forma casi homogénea por todo el genoma y en segundo lugar, presentan un número elevado de alelos con frecuencias similares entre sí, de forma que la probabilidad de que un individuo sea heterozigoto es muy elevada (presentan una alta heterozigosidad). Su detección se realiza normalmente mediante la técnica de PCR (Figura 17).

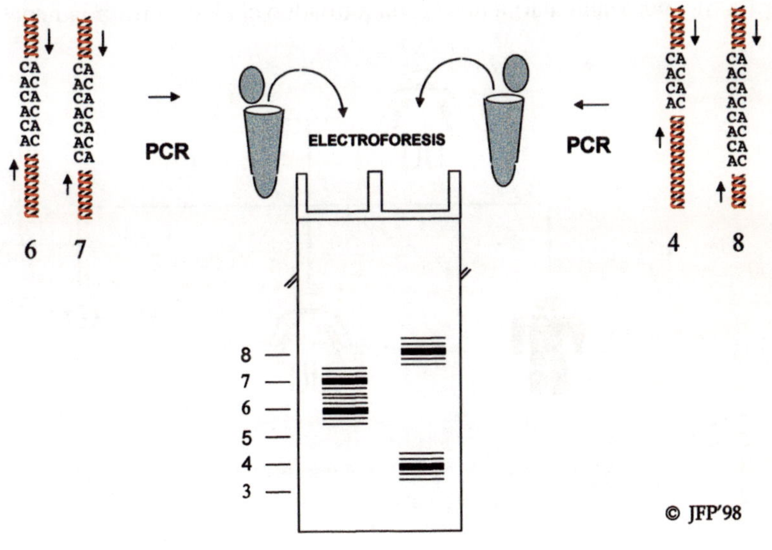

Figura 18. Detección mediante PCR de distintos alelos de un polimorfismo microsatélite. En el ejemplo se presentan dos individuos heterozigotos para los alelos de 6 y 7 repeticiones y de 4 y 8 repeticiones del dinucleótido (CA)n. La detección se realiza mediante PCR utilizando como cebadores oligonucleótidos que flanquean a la región que contiene la repetición (flechas). De cada individuo se amplifican fragmentos de ADN que difieren entre sí por el número de repeticiones. El resultado de la amplificación se fracciona en un gel de acrilamida-urea para determinar el genotipo de cada individuo.

Aplicación en el diagnóstico indirecto de enfermedades hereditarias

El ejemplo más sencillo de aplicación de los polimorfismos anónimos en el diagnóstico indirecto lo tenemos en el caso de enfermedades ligadas al cromosoma X. Veamos el ejemplo de la Figura 19. En la familia en cuestión ha nacido un varón afectado de una enfermedad hereditaria ligada al cromosoma X. De acuerdo con el patrón de herencia, su padre presentará el alelo normal de la enfermedad, mientras que su madre será portadora, es decir heterozigota. El varón afectado habrá heredado de su madre el cromosoma con el alelo de la enfermedad y dada su condición de hemizigoto, manifestará el fenotipo correspondiente a la misma. Sin embargo no podemos predecir, más allá del modelo mendeliano, el genotipo de la hermana ni el del feto que se está desarrollando.

Supongamos que existe un locus polimórfico, tipo microsatélite, próximo al locus de la enfermedad, íntimamente ligado (frecuencia de recombinación igual a 0). Si identificamos los alelos de dicho polimorfismo en cada uno de los miembros de la familia podremos inferir el alelo del locus de la enfermedad que porta cada individuo.

En la parte inferior de la figura se presenta, de forma simplificada, el resultado obtenido al caracterizar mediante PCR el locus polimórfico. En el margen izquierdo se presenta un patrón correspondiente al número de repeticiones del dinucleótido CA (de 1 a 6) y perpendicularmente a cada individuo el alelo correspondiente a cada

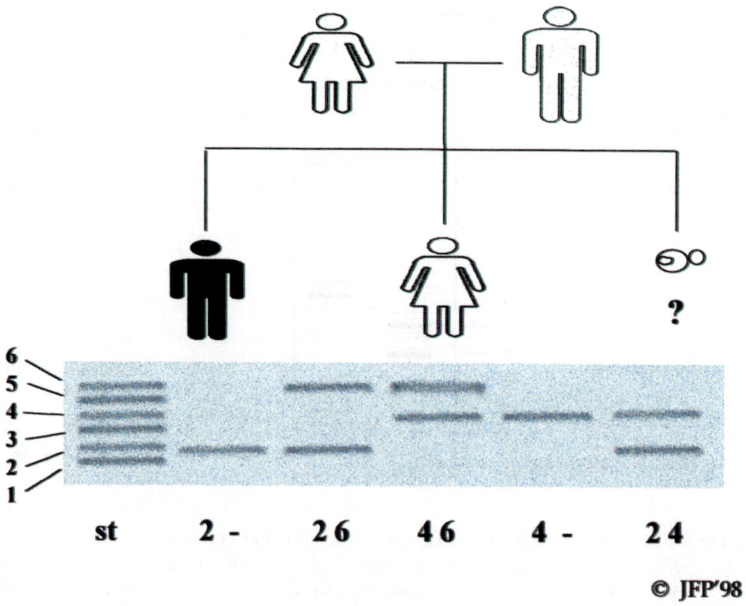

Figura 19. Genealogía de una familia en la que se hereda una enfermedad ligada al cromosoma X. Véase texto para explicación.

uno de ellos. Podemos ver que el varón afectado ha heredado de su madre el alelo de 2 repeticiones, por lo que podemos inferir que dicho alelo está junto al alelo de la enfermedad. Según ello, la hermana habrá heredado de su padre el alelo 4 del polimorfismo junto con el alelo normal de la enfermedad y de su madre el alelo 6 que también en este caso irá junto al alelo normal. Por lo tanto la hermana será homozigota para el alelo normal de la enfermedad. Siguiendo un razonamiento similar podemos inferir que el feto será una niña (presenta dos alelos del polimorfismo) y heterozigota para la enfermedad, pues ha heredado de su madre el polimorfismo que como hemos indicado anteriormente está acompañado por el alelo que causa la enfermedad. La Figura 20 es una interpretación de lo anteriormente indicado.

En el ejemplo anterior hemos utilizado como marcador del locus de la enfermedad a un locus altamente polimórfico, los cromosomas paternos presentan alelos

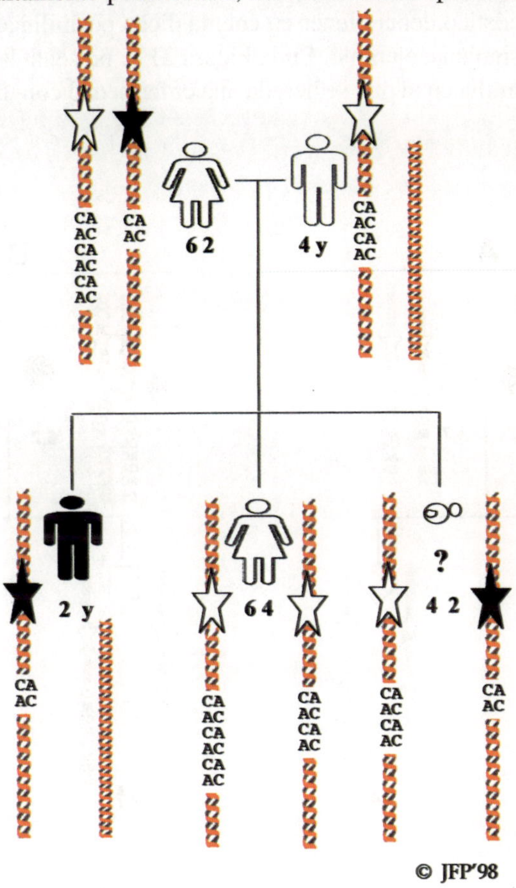

Figura 20. Representación gráfica del razonamiento aplicado para determinar los genotipos de los miembros de la familia de la Figura 19. Los varones presentan dos cromosomas distintos (un cromosoma X y un cromosoma Y). La estrella vacía indica el alelo normal y la estrella llena el alelo de la enfermedad. Cada alelo del locus del polimorfismo está indicado de acuerdo con el número de repeticiones del dinucleótido CA.

distintos y por lo tanto los podemos identificar sin ambigüedad alguna, y íntimamente ligado, es decir no existe recombinación entre ambos loci y por lo tanto el alelo del polimorfismo que en la madre va junto al alelo de la enfermedad continuará junto a éste en los cromosomas de la descendencia. Estas dos características son fundamentales en el momento de escoger un determinado polimorfismo en el desarrollo de una estrategia de diagnóstico indirecto.

Si el marcador utilizado no presenta muchos alelos entonces pueden darse situaciones de ambigüedad cuando uno o ambos padres sean homozigotos para un determinado alelo del marcador. En este caso diremos que la familia es "no informativa" para dicho marcador y por lo tanto deberemos utilizar otro polimorfismo en el diagnóstico de dicha familia. Por otra parte, si el marcador no esta íntimamente ligado, es decir existe recombinación entre el locus de la enfermedad y el locus del marcador, el diagnóstico deberá tener en cuenta dicha posibilidad.

Veamos el siguiente ejemplo. En la Figura 21 se presenta la genealogía correspondiente a una familia en la que se hereda una enfermedad con una herencia autosó-

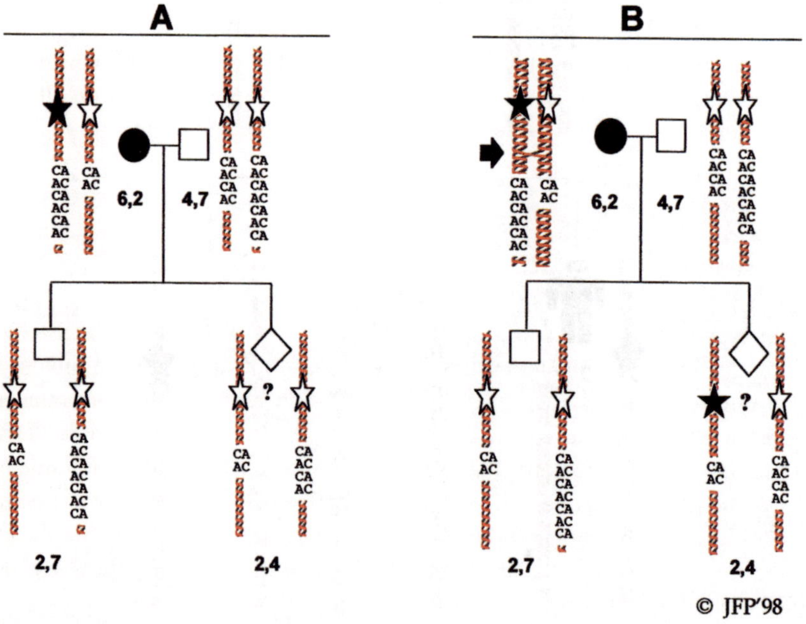

Figura 21. Diagnóstico indirecto de una enfermedad autosómica dominante. En A, el locus del polimorfismo y el de la enfermedad no presentan recombinación. En B, el feto en desarrollo presenta un cromosoma materno en el cual se ha dado un evento de recombinación (flecha) durante la meiosis de la madre. La simbología es la misma que la utilizada en la Figura 20.

mica dominante. Con una probabilidad del 50% la madre afectada transmitirá a sus descendientes el carácter. La utilización de un locus polimórfico ligado al carácter en cuestión nos permitirá establecer un diagnóstico más ajustado para el feto en desarrollo. En la Figura 21, A se muestra el resultado obtenido al analizar un polimorfismo microsatélite (repetición del dinucleótido CA). Vemos que la madre presenta los alelos 6 y 2 y el padre los alelos 4 y 7. Por su parte el hijo normal es portador de los alelos 2 y 7, el primero procedente de la madre y el segundo del padre. Si el carácter es penetrante, podemos considerar que el alelo 2 en la madre está junto al alelo normal del locus de la enfermedad. Por lo tanto, si el feto presenta el alelo 2 del polimorfismo podremos inferir que también ha heredado el alelo normal del otro locus.

Sin embargo, tal y como se presenta en la Figura 21, B, si la distancia que separa a ambos loci es tal que permite la recombinación entre ellos, es posible que el feto haya heredado de su madre el alelo 2 del polimorfismo junto con el alelo de la enfermedad, debido a la recombinación de ambos loci en la meiosis de la madre. La frecuencia con la que se presentará este segundo caso será la frecuencia de recombinación entre los loci implicados. Así, si la distancia que les separa es de 5 cM, es decir su frecuencia de recombinación es del 5%, el diagnóstico que daremos en el caso presentado en la Figura 21 será de un 95% de probabilidad de que el feto sea normal (apartado A) y de un 5% de que el feto haya heredado el alelo de la enfermedad junto con el alelo 2 del polimorfismo (apartado B).

Para obtener una mayor fiabilidad en el diagnóstico se utilizan varios loci polimórficos localizados a ambos lados del locus de la enfermedad. Con ello se consiguen evitar las ambigüedades generadas por el entrecruzamiento.

4. La dimensión social del diagnóstico genético

Si bien este aspecto será tratado con una mayor extensión y detalle en otros capítulos del libro, no quisiera finalizar este capítulo sin abordar algunos de los aspectos ético-sociales que acompañan al diagnóstico genético. En la introducción se enumeraron algunas de las características diferenciadoras de este tipo de diagnóstico respecto al diagnóstico convencional. Las diferencias no son de índole metodológica o tecnológica, dado que en los distintos ámbitos de la biomedicina la complejidad tecnológica es similar, sino que estas radican en el ámbito de sus implicaciones ético-sociales. Desearía destacar algunos de los aspectos más significativos de esta dimensión ético-social.

El primero se refiere a la relación que se establece entre el paciente y su familia. Todo diagnóstico genera en el paciente una tensión que se resuelve en un sentido positivo o negativo según sea el resultado. El diagnóstico genético no sólo genera tensión en el propositus sino que toda su familia se ve implicada en él. Esta implicación no es solo de índole solidaria, la tensión en la familia obedece a una reacción primaria al verse directamente implicados en la patología como potencialmente afectados. Es por ello que el genetista debe considerar a la familia como la unidad de diagnóstico y aliviar mediante la adecuada información, la angustia y la tensión que el diagnóstico pueda generar.

El segundo aspecto se refiere a la componente predictiva del diagnóstico genético. Sin duda alguna la fatalidad que acompaña al diagnóstico positivo de una enfermedad hereditaria no tiene parangón en otras disciplinas médicas. Ello es así, porque en la actualidad la mayoría de las enfermedades hereditarias carecen de una terapia curativa. Cuando en una familia se diagnóstica un hijo con fibrosis quística no sólo se esta dando una predicción sobre la progresión clínica del paciente en un futuro próximo, sino que además se esta asignando a la familia una predicción sobre futuros embarazos. Así mismo, cuando uno de los miembros de una familia es diagnosticado como afecto de una enfermedad hereditaria de manifestación tardía, los miembros jóvenes de la familia reciben una carga de angustia y tensión. Un ejemplo de esta situación lo tenemos en el diagnóstico de la enfermedad de Huntington. ¿Querrán los miembros de la familia saber el diagnóstico del *propositus*? ¿Desearán los familiares asintomáticos ser sometidos a un diagnóstico? Estas y otras cuestiones se podrán plantear y la respuesta no es obvia.

La determinación de los factores de riesgo y el estudio de la predisposición o susceptibilidad genética es uno de los campos de futura aplicación del diagnóstico genético. Sin duda alguna esto comportará grandes beneficios medico-sociales, al facilitar la medicina preventiva en enfermedades como la diabetes, la hipertensión, las enfermedades cardiovasculares u otras de carácter multifactorial, que tienen una gran prevalencia en nuestra población. Sin embargo, todo lo positivo que comporta este tipo de estudios puede verse truncado por una mala utilización de la información obtenida.

No se debe asignar rango de infalibilidad a una información de tipo probabilístico. La probabilidad de padecer la enfermedad de Alzheimer se incrementa en un factor de 8 en los individuos homozigotos para el alelo APO-e4, pero ello no implica que un individuo homozigoto para dichos alelos vaya a manifestar inexorablemente la enfermedad. Los factores ambientales, la historia natural de cada individuo, y el fondo genético tienen un papel muy importante en la manifestación fenotípica de un carácter. Resulta curioso constatar que en la actualidad los más acérrimos defensores del papel del ambiente en la ecuación: fenotipo = genotipo + ambiente, sean los genetistas.

Bibliografía

ANDREWS LB, et al. (1994). *Assessing Genetic Risks: Implications for Health and Social Policy.* National Academy Press.

BERNSTAM V. (1992). *Handbook of Gene Level Diagnostics in Clinical Practice.* CRC.ELLES R (1996). *Molecular Diagnosis of Genetic Diseases.* New Jersey, Humana Press.

DAVIES KE (1993). *Human Genetic Disease Analysis : A Practical Approach (Practical Approach Series)* IRL Press.

DRACOPOLI NC, et al. (1994). *Current Protocols in Human Genetics.* New York, John Whiley & Sons, Inc.

ELLES R (1996). *Molecular Diagnosis of Geneteic Diseases.* New Jersey, Humana Press.

KORF B. R. (1996). *Human Genetics. A problem-Based Approach.* Cambridge, Massachusetts. Blackwell Science.

LANDEGREN U, (1996). *Laboratory Protocols for Mutation Detection.* Oxford, Oxford University Press.

STRACHAN T, READ AP (1996). *Human Molecular Genetics.* BIOS Scientific Publishers.

WATSON JD, WITKOWSKI J, GILMAN M, ZOLLER M. (1992). *Recombinant DNA.* New York, 2nd Ed. Freeman & Co.

PRONES: VACAS LOCAS Y ENCEFALOPATÍAS HUMANAS

Jordi Garcia-Fernàndez
Universitat de Barcelona

1. La actualidad de las vacas locas

La encefalopatía espongiforme bovina (BSE), más comúnmente conocida como la enfermedad de las "vacas locas", ha creado recientemente gran expectación en todos los medios de comunicación. De todas formas, el agente infeccioso que causa la enfermedad, el denominado "prión", se identificó hace unos quince años, y es el sujeto de una de las controversias científicas más apasionantes de la biología de los últimos años.

Las "vacas locas" en el Reino Unido no son una novedad de estos últimos años; ya en 1988 se publicó un artículo en la prestigiosa revista Nature, en el que se demostraba que más de 1.000 vacas del Reino Unido padecían esta "nueva" enfermedad, e, incluso, se apuntaba que la epidemia había sido causada por la adición en el pienso del que se alimentaban las vacas, de extractos de carne y huesos de cabras afectadas por la enfermedad llamada "scrapie", una encefalopatía del ganado ovino similar al BSE, y endémica en el Reino Unido. El salto a la primera página de actualidad de este tema se ha debido a que la BSE no ha dejado de aumentar entre la cabaña de ganado británico, y a la sospecha de que algunos hombres podrían haber muerto al ser "infectados" por priones procedentes del buey que habían comido.

2. Transmisión horizontal

No obstante, mi interés en los priones radica en que, por sí mismos, son unos "entes" genética o biológicamente apasionantes. En 1953, Watson y Crick propusieron la estructura de doble hélice del ADN. Desde entonces, el ácido nucleico ha tomado en gran parte el protagonismo en la Biología. El dogma central de la Biología Molecular, el de que el flujo de información va del ADN al ARN y de éste a las proteínas, comenzó a tambalearse muy pronto. Así, frente al concepto de los genes "clásicos", hechos de ADN y que se transmiten de padres a hijos (el concepto de herencia vertical), han ido surgiendo toda una serie de elementos o entes que se transmiten, al menos algunas veces, no de manera tradicional, es decir verticalmente, sino horizontalmente (infecciosamente), de individuo a individuo, e incluso entre individuos de especies diferentes.

Estas entidades pueden o no ser consideradas seres vivos en un sentido estricto, e incluyen los virus (entre ellos, los retrovirus), pero también otros elementos más sencillos como los transposones (fragmentos de ADN "saltarines"), los retrotransposones (igual que los anteriores, pero con un origen de ARN), otros elementos repetitivos del genoma, los viroides (fragmentos de ARN infecciosos) y los priones (Figura 1).

Los priones, o las enfermedades causadas por priones, tienen un comportamiento extraño; por un lado, se transmiten verticalmente (producen enfermedades hereditarias típicas), mientras que por el otro, se comportan de manera infecciosa, transmitiéndose horizontalmente. Y, finalmente, y esto es lo más sorprendente, no contienen ácidos nucleicos, lo que hizo que la identificación de la naturaleza química del prión tardara muchos años en ser descubierta y, lo más preocupante, en ser aceptada por la comunidad científica.

3. Enfermedades causadas por priones en humanos y otros mamíferos

Bajo el epígrafe de "enfermedades producidas por priones" se engloban toda una serie de encefalopatías espongiformes, como la BSE del ganado, o la enferme-

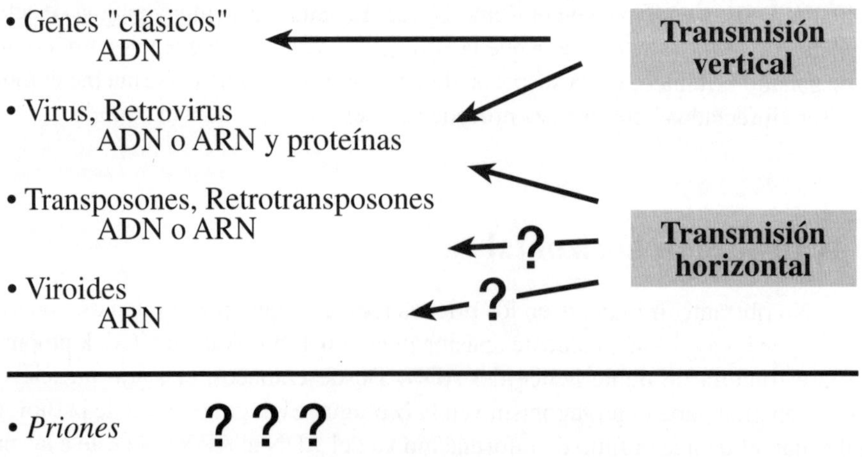

Figura 1. Tipos de factores transmisibles, de padres a hijos (transmisión vertical) o entre individuos (transmisión horizontal)

dad de Creutzfeld-Jakob en humanos. Aunque la etiología de estas enfermedades es variable, en general se caracterizan por la pérdida de coordinación, temblores y, a menudo, picores intensos, y, finalmente, la parálisis y la muerte. El término clínico procede del aspecto esponjoso del cerebro: se observan acumulaciones proteicas, cuerpos amiloides y espacios vacíos, que dan este aspecto esponjoso a la corteza cerebral; la corteza cerebral, además, está llena de priones infecciosos (véase más adelante).

Esta enfermedad era conocida desde hacía un par de siglos en las cabras, donde recibía el nombre inglés de "scrapie". En otros mamíferos de importancia económica se han descrito enfermedades paralelas, siempre infecciosas, como es el caso de la encefalopatía del visón, la defecación crónica del ciervo o la locura del gato. En los últimos años, además, se han inducido experimentalmente encefalopatías causadas por priones en casi todos los mamíferos en que se ha intentado: rata, ratón, hamster, cerdo, chimpancé, etc.

4. Kuru, Creutzfeldt-Jacob y enfermedades relacionadas

En humanos, están reconocidas cuatro enfermedades causadas por priones (Tabla I). Todas se caracterizan por pérdida de coordinación y demencia pre-senil. A partir de 1957 murieron más de 2.000 personas de la tribu Foree, de Papua Nueva Guinea, de la enfermedad infecciosa llamada "kuru". El Dr. D. C. Gajdusek demostró el origen de la infección, lo que le supuso el premio Nobel: los individuos se infectaban al comerse el cerebro crudo de los muertos por esta enfermedad, siguiendo sus creencias religiosas de que la sabiduría de sus antepasados se transmitía al comerse sus cerebros, una vez muertos. Lo que se transmitía, sin embargo, eran los priones

Tabla I

Enfermedades causadas por priones en humanos. Se indica la frecuencia o el número de casos identificados para cada tipo. Según Prusiner (1995)

Enfermedad	*Tipo de propagación*	*Incidencia*
Kuru	Infecciosa en Papua/Nueva Guinea	2.500 casos
Creutzfeldt-Jakob	Esporádica	1/1.000.000
	Hereditaria	100 familias
	Yatrogénica	80 casos
Germann-Sträussler-Scheinker	Hereditaria	50 familias
Insomnio familiar fatal	Hereditaria	9 familias

acumulados en el cerebro del enfermo, que por vía alimenticia infectaban el organismo huésped. Se supone que el origen de la epidemia fue un único individuo que contrajo la enfermedad esporádicamente, y que la antropofagia ritual la extendió muy rápidamente, de la misma manera que el "canibalismo" en el ganado bovino (extracto de vaca comido por vacas) ha extendido el BSE en un país europeo. La epidemia de kuru se detuvo cuando el gobierno prohibió y persiguió estas prácticas rituales.

La enfermedad de Creutzfeldt-Jakob (CJ) tiene una incidencia de 1/1.000.000 en todo el mundo. Lo más interesante de la CJ es que puede ser esporádica, hereditaria o infecciosa. En todos los casos esporádicos no se conoce la causa (aunque se sospecha una; véase más adelante), y se padece en edades avanzadas pero no seniles (hacia los 60 años); en los casos hereditarios, se trata de una enfermedad causada por un alelo autosómico dominante, con penetración incompleta; y los casos infecciosos que se conocen con seguridad son debidos a infecciones consecuencia de tratamientos médicos (infecciones yatrogénicas).

Las más dramáticas infecciones yatrogénicas del CJ (Tabla II) produjeron la muerte de 60 jóvenes que estaban tratándose con hormonas de crecimiento o gonadotrofinas humanas, extraídas de cerebros de cadáveres. Presuntamente, algunos cerebros empleados podrían proceder de muertos por CJ y, por tanto, contener gran cantidad de agente infeccioso (priones). Actualmente, éstas y otras hormonas se obtienen mediante técnicas biotecnológicas, por lo que la probabilidad de infección es nula. Otra vía de infección es la de los utensilios e instrumental médico, dado que el agente infeccioso, el prión, puede resistir las condiciones de esterilización habituales. Se han descrito 6 muertes por infección a través de instrumental quirúrgico de neurocirugía, así como dos casos de infección por electrodos profundos, en unos jóvenes que eran tratados de epilepsia. Finalmente, también se han descrito casos de infección por transplante de tejidos "ricos" en priones, como córneas y meninges.

Dos enfermedades humanas más, la de Gerstmann-Sträusser-Scheinker (GSS) y el insomnio familiar fatal (IFF), son hereditarias, dominantes con penetración incompleta, y se han detectado hasta ahora poco más de 50 familias afectadas. Se

Tabla II

Personas muertas por infecciones accidentales de priones, detectadas hasta el año 1994. A la izquierda aparece el origen de la infección. Según Prusiner (1994)

Origen de la infección	*Muertos*
Electroencefalograma profundo	2
Transplante de córnea	1
Hormona del crecimiento humana	55
Gonadotrofina humana	5
Transplantes de meninges	11
Neurocirugía	4

pueden considerar variantes de la de Creutzfeldt-Jakob, y, de hecho, tienen la misma o parecida base genética que la CJ hereditaria.

5. Encefalopatía experimental

Para estudiar la transmisión infecciosa de las encefalopatías espongiformes se han empleado diferentes modelos de animales, como los ratones, hamsters, ratas o chimpancés. El esquema básico de estos estudios es muy simple: se administran extractos de cerebro de un animal muerto de encefalopatía espongiforme a un animal sano, y se estudia la transmisión o no, el tiempo de incubación, la dosis necesaria, etc. La mayoría de las vías de administración (oral, intravenosa, etc.) conducen a la infección, aunque haya claras diferencias en el tiempo de incubación y en la dosis necesaria para producir la enfermedad. La manera más efectiva y rápida es la inyección intracerebral, empleando extractos cerebrales. Se cree que el agente infeccioso está presente en cualquier tejido del animal enfermo, pero en concentraciones (y, por tanto, en capacidad infecciosa) muy variables. Asimismo, hay cierta variabilidad en la susceptibilidad a la infección dependiendo de la raza del huésped (de su constitución genética): se han identificado unos cuantos genes de ratón que influyen en el tiempo de incubación de la enfermedad o en la resistencia a la infección.

Ya en el año 1967 se demostró que se podía transmitir la enfermedad de una especie animal a otra: extractos de cerebro de enfermos humanos de CJ eran capaces de provocar la enfermedad al ser inyectados en chimpancés y monos tití. Sobre todo últimamente, debido al impacto social producido por la posible infección en humanos de la BSE, se han realizado muchos experimentos entre especies diferentes. Por ejemplo, extractos humanos infectan ratas y hamsters; extractos de cerebro de vacas con BSE son capaces de inducir la enfermedad en cerdos, cabras, ratones, monos tití y visones. Empleando esta aproximación es imposible comprobar si el prión del BSE puede infectar al hombre. Los datos hasta ahora indican que existe una barrera entre especies, pero no una barrera infranqueable: especies (y razas) diferentes necesitan, en general, una dosis mucho más alta de agente infeccioso para transmitir la enfermedad.

En los últimos meses se han publicado toda una serie de artículos en las mejores revistas científicas, donde desde diferentes aproximaciones indirectas (bioquímicas, evolutivas, epidemiológicas, etc.) se ha sugerido, mucho más a menudo que se ha negado, que la BSE puede transmitirse del ganado bovino al hombre. Los últimos datos comparando las diferentes "razas" de priones, parecen indicar claramente que los muertos por vCJD (variante del CJ) en el Reino Unido, lo han sido por la misma raza de priones que provoca el BSE.

No es, sin embargo, el objetivo de este escrito el polemizar sobre este asunto, y, por tanto, las personas especialmente interesadas en este aspecto concreto las remito a consultar la bibliografía referida al final.

6. El agente infeccioso

Desde los años 70, un grupo de investigadores dirigidos por Stanley Prusiner (Universidad de California) intentó aislar el agente infeccioso responsable de las encelopatías espongiformes. El protocolo experimental era sencillo: en el cerebro de los enfermos se acumula el agente infeccioso; este agente, al ser inyectado en un huésped, se reproduce, provoca la enfermedad, y se acumula sobre todo en el cerebro. El equipo del Dr. Prusiner ha estado más de 20 años luchando para que se le reconociera su descubrimiento, un hallazgo sorprendente, y que durante muchos años fue puesto en entredicho por la comunidad científica e incluso ahora un pequeñísimo porcentaje de científicos no acaba de creérselo.

El escepticismo frente a los resultados de Prusiner y colaboradores es debido a que, según la lógica científica de la segunda mitad del siglo XX, un agente infeccioso que se reproduce en un huésped ha de tener material genético para dirigir su replicación: es decir, este agente infeccioso ha de ser algún tipo de ser o ente basado en los ácidos nucleicos (ADN o ARN), que son el material genético, y las únicas moléculas capaces de dirigir su propia multiplicación.

Así, al principio (años 50-60), se suponía que el agente infeccioso era una especie de virus (ácido nucleico y proteína). Cuando los extractos del cerebro se hacían pasar por un filtro que impidiera el paso de virus, los extractos, no obstante, seguían teniendo capacidad infecciosa. Se dijo entonces que se trataba de un pseudovirus. Cuando se trataban los extractos de cerebro con radiaciones ultravioletas o ionizantes, que destruyen los ácidos nucleicos, se mantenía a pesar de ello la capacidad infecciosa. Se trataba, pues, de un agente infeccioso sin ácido nucleico. En cambio, si se trataban los extractos con agentes desnaturalizantes de proteínas, se perdía la capacidad de infectar. Hacia 1984, el grupo de Prusiner concluyó (¡heréticamente!) que el agente infeccioso no era más que una proteína, la proteína del prión (PrP). Éste era el agente infeccioso, y era ésta la proteína que se acumulaba en el cerebro de los pacientes. De una manera desconocida, esta proteína era infecciosa, capaz de promover su propia multiplicación, y responsable de la enfermedad.

Los resultados de Prusiner y colaboradores fueron recibidos con gran escepticismo por la comunidad científica: su trabajo se intentó invalidar, sugiriendo que sus preparaciones proteicas estaban contaminadas de pequeñas cantidades de ácido nucleico, que era realmente el material infeccioso y replicativo. Hoy en día, sin embargo, casi toda la comunidad científica reconoce los trabajos de Prusiner: el principio infeccioso no es más que la proteína PrP (“*the protein-only hypothesis*”), trabajos que han sido premiados con el premio Nobel de Medicina de 1997.

7. El prión

Una vez indentificada la proteína del prión, el siguiente paso evidente fue averiguar el origen de la PrP. El mismo grupo, utilizando técnicas básicas de Biología Molecular, llegó de nuevo a un sorprendente descubrimiento: el gen que codifica para la proteína PrP es un gen celular normal, el gen prp que se encuentra en todas las células, tanto de individuos normales como enfermos. Además, en el cerebro (y en menor cantidad en otros tejidos) de individuos normales hay cantidades considerables de proteína PrP, sin que se produzca ninguna anomalía.

En conclusión, el gen prp, que codifica para la proteína del prión, es un gen celular normal, y la proteína PrP se puede encontrar en individuos tanto normales como enfermos. La secuencia aminoacídica de la proteína celular normal (denominada PrP^{C}) puede ser idéntica a la de la proteína acumulada e infecciosa de los enfermos (denominada PrP^{Sc}). La diferencia entre ambas radica en su estructura secundaria y terciaria: la celular normal (PrP^{C}) es muy rica en hélices alfa (α), mientras que la alterada (PrP^{Sc}) es muy rica en láminas beta (β). Es decir, las formas alteradas y normales se diferencian sólo en su conformación o estructura.

Este cambio de conformación no es en absoluto trivial. Por un lado, la conformación en láminas beta (PrP^{Sc}) es muy resistente físico-químicamente; es total o parcialmente resistente a enzimas proteolíticas; es insoluble en agua; muy resistente al calor, y sólo es sensible a detergentes desnaturalizantes (SDS) y ciertos compuestos hidrocarbonados. Esta proteína existe en otra forma, la llamada $PrP^{27\text{-}30}$, que es un producto de la degradación parcial de la PrP^{Sc}, pero que no se comentará exhaustivamente en este trabajo.

Por otro lado, y no menos importante, la proteína "alterada" (PrP^{Sc}) tiene una característica única y extremadamente importante: cuando interacciona con una proteína normal (PrP^{C}), le cambia la conformación, convirtiéndola en la forma rica en láminas beta y, por tanto, alterada, y ahora capaz de "convertir" más proteína normal (Figura. 2). Las consecuencias de esta interacción son extremadamente importantes, pues se genera un ciclo exponencial (de una alterada se pasa a 2, luego a 4, 8, 16, etc.), en un proceso irreversible y continuo mientras haya suficiente proteína normal para ser transformada. Este cambio de conformación inducido por la interacción proteica se ha descrito al menos para otra proteína diferente de la PrP, y puede incluso reproducirse in vitro.

El mecanismo concreto de esta interacción se está investigando actualmente, y diferentes grupos tienen diferentes teorías. Así, se ha predicho que en esta interacción estaría involucrada al menos una proteína del tipo "chaperonina", denominada proteína X, que colaboraría en la interacción Prp^{Sc}/PrP^{C} para producir dos moléculas de PrP^{Sc}. Otros grupos teorizan sobre un mecanismo diferente (Figura 3), en el que las formas PrP^{C} y PrP^{Sc} se encontrarían en equilibrio químico reversible, y que la PrP^{Sc} lo que haría es activar su propia polimerización, de una manera muy rápida

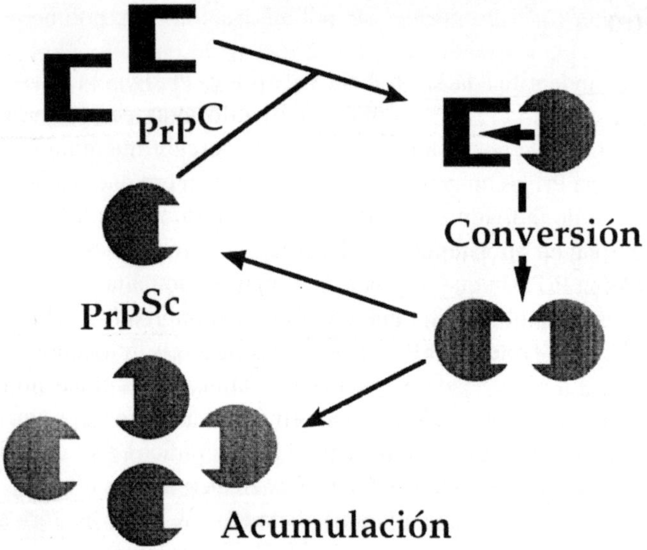

Figura 2. Ciclo autocatalítico de conversión en la forma alterada. La conversión de la forma PrP^{C} en PrP^{Sc} es inducida por la interacción $PrP^{C/Sc}$. El ciclo exponencial progresa y la forma alterada se acumula

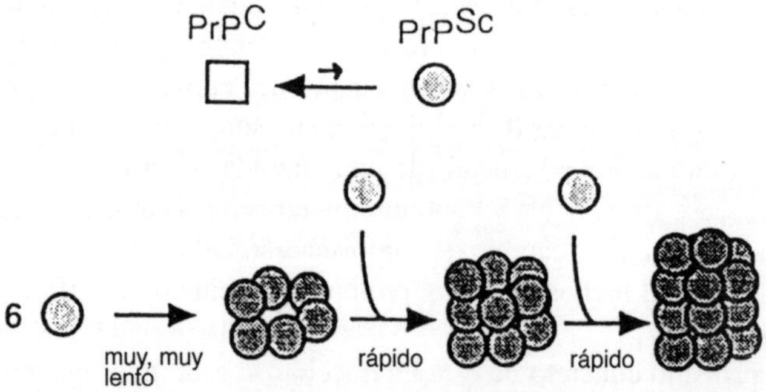

Figura 3. Modelo alternativo de funcionamiento de los priones basado en la formación de polímeros de Prp^{Sc}. Las formas C y Sc estarían en equilibrio químico, muy desplazado hacia la forma normal. La forma PrP^{Sc} tendría tendencia a formar polímeros, pero de una manera muy lenta. Cuando la concentración de la forma PrP^{Sc} sobrepasase un nivel umbral, sería frecuente encontrar núcleos de polimerización (formados por 5 o 6 unidades). El crecimiento de los polímeros entonces sería mucho más rápido, desplazando también el equilibrio hacia la forma PrP^{Sc}. Según Weissmann (1996)

una vez hubieran formado núcleos de polimerización. Los polímeros proteicos de PrP^{Sc} serían los que realmente se acumularían en el enfermo. En resumen, de una manera aún no determinada con claridad, la proteína alterada es capaz de convertir a la proteína normal en alterada, en un proceso irreversible y autocatalítico.

8. El gen prp y la proteína PrP^{C}

El gen que codifica para la proteína PrP^{C} es un gen celular normal. Se esperaba que la función de esta proteína fuera extremadamente importante para el organismo, y rápidamente diferentes grupos de investigación lo analizaron. Las características del gen prp se resumen en la Tabla III. Se ha encontrado hasta ahora en aves y mamíferos, pero no en invertebrados. El gen se expresa prácticamente en todos los tejidos, aunque los niveles de mARN son más altos en las neuronas del cerebros tanto embrionario como adulto. La proteína PrP^{C} tiene alrededor de 250 aminoácidos, y en el extremo aminoterminal de la proteína hay un péptido señal, lo que indica que normalmente se exporta a la membrana celular, donde el péptido señal se pierde (Figura 4). La proteina PrP^{C} se modifica postraduccionalmente, mediante glucosilaciones, y se encuentra normalmente asociada a la membrana plasmática. Su recambio normal implica la internalización en lisosomas, y su degradación, y se supone que la interacción PrP^{C}/PrP^{Sc} interferiría el proceso normal.

En la Genética de hoy en día, lo mejor para saber la función de un gen consiste en provocar una mutación nula, y observar el fenotipo del animal mutante. La técnica de *knock-out* permite obtener ratones transgénicos a los que les faltan las dos

Tabla III

Características del gen prp y de la proteína normal PrP^{C}.

- Presente en mamíferos y aves (80-95 % de similitud de aminoácidos)
- No se ha encontrado (¿aún?) en *Drosophila* o *C.elegans*
- Cromosoma humano 20, ratón 2
- 1 a 3 exones. Región codificante en 1 exón
- No tiene caja TATA, tiene cajas GC
- Expresión constitutiva en el cerebro adulto y durante el desarrollo embrionario
- Sialoglicoproteína excretada en membrana
- **Ratón mutante (knock-out) $PrP^{0/0}$**
    - Viable, aparentemente normal
    - Alteraciones eléctricas en terminaciones sinápticas
    - Alteraciones de los ritmos biológicos y del sueño
    - El gen humano puede sustituir la función del gen de ratón
    - ¿Función?
    - ¿Involucrado en sinapsis neuronal?

copias del gen prp (indicándose como raton prp$^{\%}$, Tabla III); sorprendentemente, este ratón es aparentemente normal, es decir, ¡parece que el gen prp no tiene ninguna función! Un grupo investigador proclama que el ratón *knock-out*, no obstante, presenta pequeñas y sutiles anomalías de potencial de membrana en algunas sinapsis neuronales; otro grupo, que tienen problemas de sueño y de ritmos biológicos; pero otros expertos de este campo, al reproducir estos experimentos, desconsideran estas diferencias, y concluyen que el ratón *knock-out* es totalmente normal. Ahora bien, es normal en todo, excepto en una cosa: ¡los ratones sin el gen prp son insensibles a la infección por priones! Según el modelo autocatalítico de conversión, la proteína infecciosa (PrP^{Sc}) es totalmente inocua porque no tiene a qué convertir, al no producir el ratón mutante ninguna molécula de PrP^{C}.

9. El Creuzfeldt-Jakob hereditario

El modelo autocatalítico de conversión de la PrP^{C} en PrP^{Sc} explica la enfermedad infecciosa de CJ, pero recordemos que también existe la enfermedad hereditaria: al descubrirse el gen prp, se analizaron los alelos del gen que estaban presentes en poblaciones normales y en las familias afectadas. En la mayoría de los casos, se ha establecido una clara relación (o correspondencia) entre un alelo concreto del gen prp y la presencia de la enfermedad (Figura 5). Es decir, en una familia determinada, todos los enfermos tienen un alelo concreto de prp, diferente de los comunes en poblaciones normales; mientras que los miembros de la misma familia que no presentan la enfermedad, no tienen este alelo concreto.

Por ejemplo, en una determinada familia, la enfermedad viene asociada a la presencia del residuo aminoácido Lys en la posición 200 de la proteína, mientras que

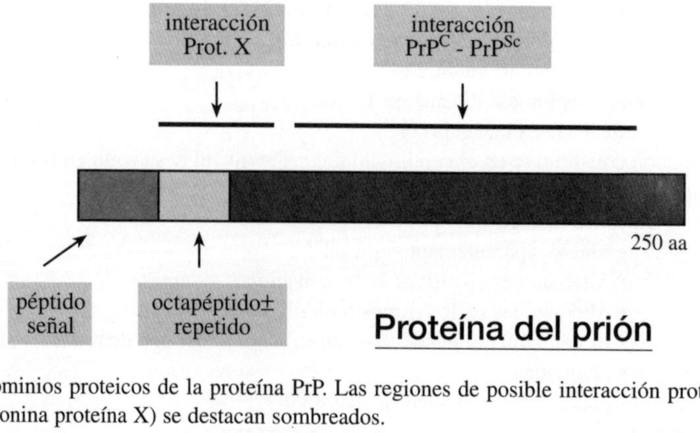

Figura 4. Dominios proteicos de la proteína PrP. Las regiones de posible interacción proteica (C/Sc o con la chaperonina proteína X) se destacan sombreados.

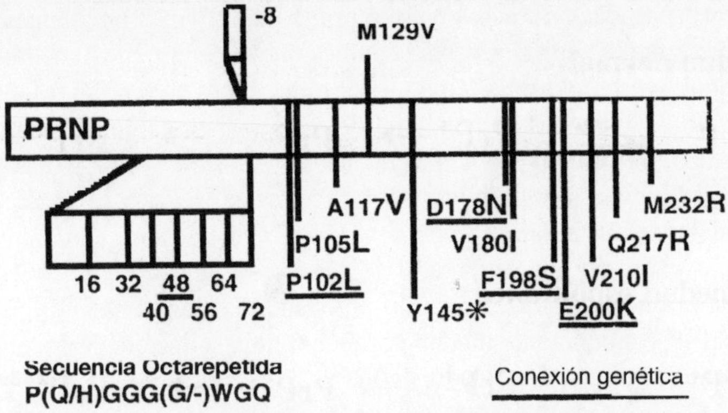

Figura 5. Relación entre mutaciones en el gen prp y la presencia de la enfermedad hereditaria de Creutzfeld-Jakob. El rectángulo representa la proteína PrP humana, y los números indican la posición aminoacidíca. Para cada posición, la letra de la izquierda indica el aminoácido presente en la población normal (en código de una letra, por ejemplo, P=Prolina, Y=Tyrosina, *=codón de parada), y el de la izquierda, el presente en los individuos que padecen la enfermedad, en una determinada familia. En las sustituciones subrayadas, la familia era suficientemente grande para demostrar estadísticamente la relación entre la enfermedad y la mutación. En la región amino-terminal de la proteína, hay un octapéptido repetido normalmente 5 veces. Se han detectado inserciones de más repeticiones (de 2 a 9 octapéptidos, indicado de 16 a 72 aminoácidos en la figura) que también se correlacionan con la presencia de la enfermedad. Las posiciones 117 y 129 son polimórficas en las poblaciones normales, aunque la presencia del polimorfismo Val129 en homocigosis parece aumentar la tendencia a padecer la forma esporádica de CJ. Sacado de Prusiner (1994).

en los alelos normales, este residuo es Glu. Un simple cambio de aminoácido puede producir, pues, la enfermedad (Figura 5).

Asimismo, las demás enfermedades relacionadas y ya mencionadas (Gerstmann-Sträusser-Scheinker y el insomnio familiar fatal) también se deben a diferentes cambios nucleotídicos en el gen prp, que producen cambios de aminoácidos en la proteína.

10. Modelo molecular del funcionamiento de los priones

En la Figura 6 se resume cómo el modelo de conversión autocatalítica explicaría todos los tipos de enfermedad. El modelo de polimerización mencionado antes también las explicaría, con ligeras variaciones, y no se detalla en este apartado.

Individuo normal: En un individuo normal, aunque la PrP^C puede cambiar espontáneamente de conformación y transformarse en PrP^{Sc}, es muy poco probable que nunca, en la vida del individuo, pueda superarse el nivel umbral (una concentración crítica) que activaría el ciclo exponencial de conversión y la consecuente acumulación y enfermedad.

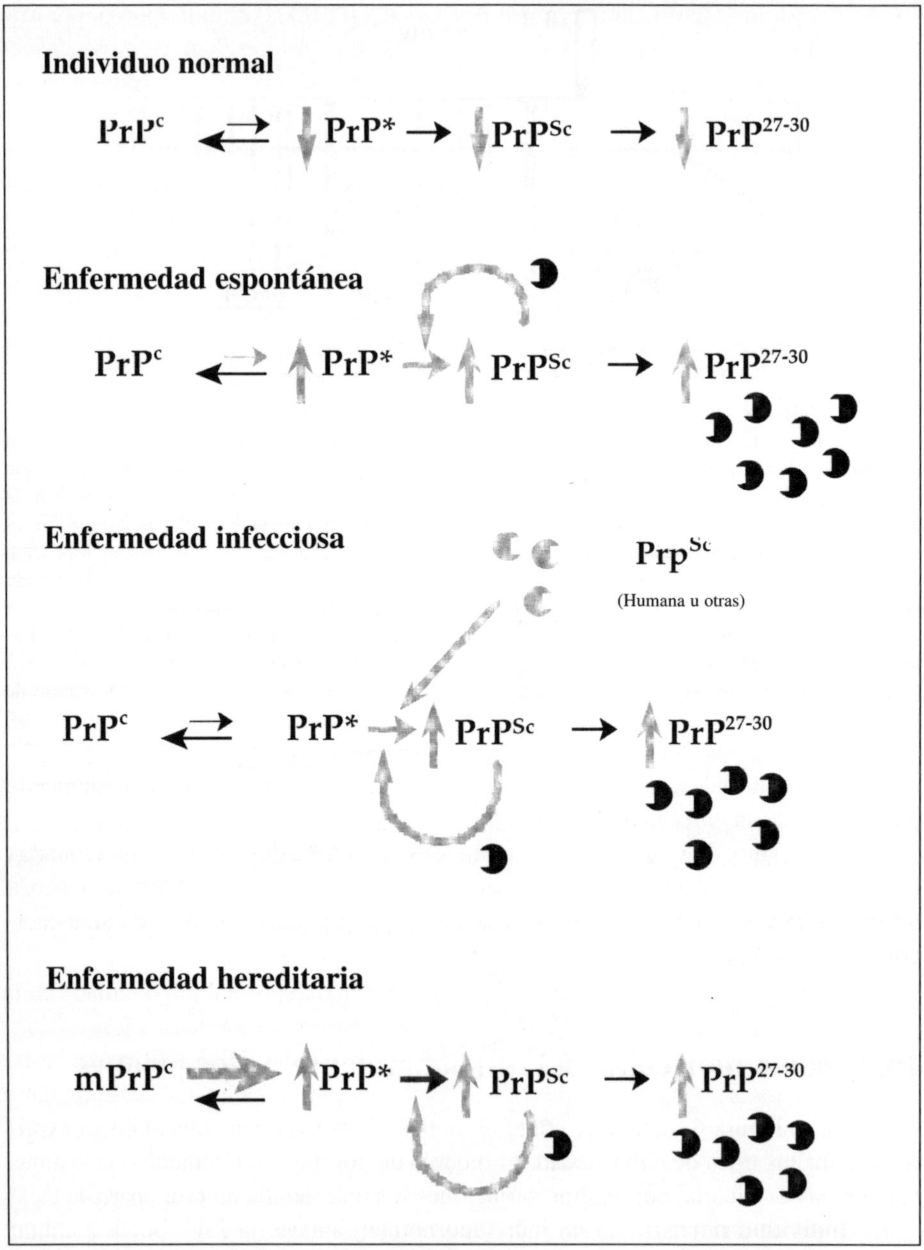

Figura 6. Modelo molecular del funcionamiento de los priones en individuos normales, y en los diferentes tipos de enfermedades. Véase la explicación en el texto. La forma PrP* sería un paso intermedio (con hélices alfa y láminas beta) en la conversión de PrP^{C} en PrP^{Sc}, y la forma $PrP^{27\text{-}30}$ es un producto de la degradación parcial de la PrP^{Sc}.

CJ esporádico: Con muy poca frecuencia (1/1.000.000 individuos), por azar y puntualmente, la concentración de PrP^{Sc} producida por transformación espontánea pasaría del umbral crítico: entonces el ciclo exponencial autocatalítico se iniciaría y no se podría parar, conduciendo indefectiblemente a la enfermedad.

CJ (y otros) hereditario: Las mutaciones en el gen prp harían que la proteína PrP^{C} (denominada en este caso $mPrP^{C}$) fuese más inestable, y tendiese al cambio conformacional hacia PrP^{Sc} con una frecuencia o con una velocidad ligeramente más alta que la proteína PrP^{C} normal o salvaje. Esta tendencia más alta haría que la concentración de la forma PrP^{Sc} fuese fácilmente superior al umbral y, por tanto que se iniciara el ciclo autocatalítico y se produjera la enfermedad.

CJ infeccioso: En este caso, un prión externo (formado básicamente por PrP^{Sc}) sería capaz por sí solo de iniciar la conversión de la proteína normal, también iniciando el ciclo y produciendo la enfermedad.

11. Estudios transgénicos

El modelo de modificación conformacional es capaz de explicar a grandes rasgos todos los tipos de enfermedad. Pero quedan muchas dudas y detalles que, en parte, se intentan averiguar utilizando ratones transgénicos con diferentes acervos genéticos e infectando estos ratones con priones. En la figura 7 se muestran algunos de los últimos resultados publicados y, a continuación, se mencionan algunos de éstos:

$MoPrP^{C}$: Ratón normal. Es sensible a la infección por priones de ratón, pero también a la infección por priones humanos, aunque el tiempo de incubación y la dosis necesaria ha de ser mayor, lo que muestra que la "barrera de especies" es alta, pero no infranqueable.

$MoPrP^{-}$: Ratón *knock-out.* Insensible a cualquier tipo de prión, como se ha explicado antes.

$HuPrP^{C}$: Ratón *knock-out,* con el gen prp humano normal (no detallado en la figura). Sensible a los priones humanos, pero hay variedad de estudios y resultados al ser infectado con priones de otros animales. Estos ratones han servido para testar la posible interacción entre los priones de vaca y la proteína humana normal (véase más adelante).

$ShPrP^{C}$: Ratón *knock-out,* con el gen prp de hamster normal. Los ratones mueren al ser infectados con priones humanos, lo que indica que la proteína PrP^{Sc} humana puede convertir la PrP^{C} de hamster, incluso en un fondo genético de ratón. En este caso se cruza claramente la barrera de especie.

$HuPrP^{m}$: Ratón *knock-out,* con el gen prp humano mutado. La copia del gen humano es un alelo que provoca la enfermedad hereditaria en humanos. Los ratones desarrollan la enfermedad y mueren.

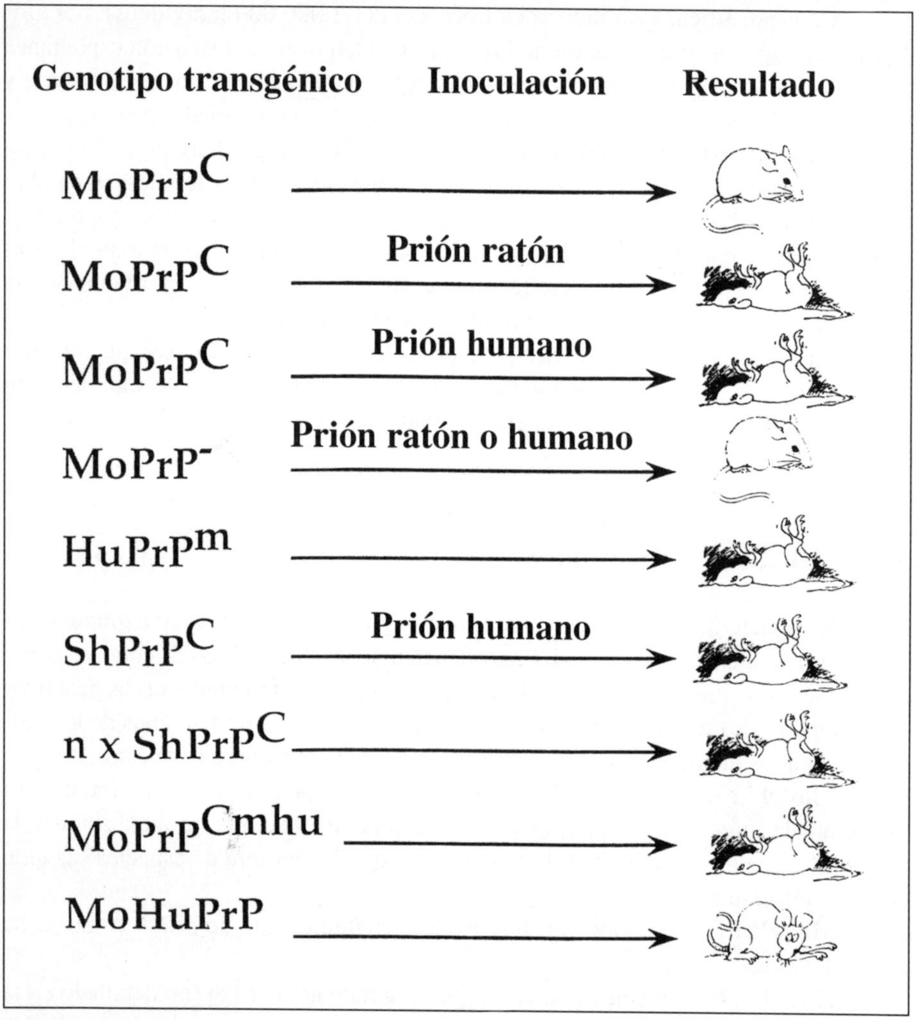

Figura 7. Resultado de algunos experimentos con ratones transgénicos, con diferentes genotipos y diferentes tipos de inoculaciones experimentales. La columna de la derecha indica el estado del ratón transgénico. Véanse detalles en el texto

n x $ShPrP^{C}$: Ratón *knock-out*, con múltiples copias del gen prp de hamster normal. Los ratones mueren, según el modelo de conversión porque al tener exceso de proteína normal será muy fácil cruzar el umbral de concentración de PrP^{Sc} por la simple conversión espontánea. Una vez superado el umbral, el ciclo exponencial se iniciaría y no se podría detener.

$MoPrP^{Cmhu}$: Ratón con el gen de ratón normal, pero con una sustitución de aminoácido idéntica a la que en humanos está asociada a la enfermedad. El ratón muere. Este dato demuestra que el aminoácido sustituido es responsable por sí solo de la enfermedad, tanto en ratones como en humanos.

MoHuPrP: Ratones con genes quimera ratón-hombre. Los transgenes prp introducidos tienen partes de ratón y partes humanas. Infectando con diferentes priones (de hombre, de ratón, de vaca, etc.) se intenta averiguar qué partes de la proteína son importantes para los diferentes aspectos del modelo: la interacción PrP^{C}/Sc, la barrera de especies, etc. Aquí no se detallan estos resultados, dado que son muchos, y con resultados y conclusiones variables.

12. Conclusiones e incertidumbres

La naturaleza de los priones es únicamente proteica, y su mecanismo de acción empieza a entenderse ahora, pero aún quedan muchas preguntas sin respuesta. El modelo más aceptado incluye la conversión de una forma conformacional (PrP^{C}, rica en hélices alfa) de la proteína del prión en otra forma conformacional (PrP^{Sc}, rica en láminas beta), conversión catalizada por la misma forma beta. Una vez cruzado el nivel umbral de la forma beta (PrP^{Sc}), el ciclo autocatalítico se vuelve exponencial, y no se puede parar, conduciendo indefectiblemente a la acumulación de la proteína en vacuolas o cuerpos amiloides, principalmente en el cerebro, acumulación que produce la enfermedad.

Hay muchos puntos sin aclarar aún, y en los que no se ha entrado en detalle. A continuación se mencionan algunos de los mismos:

Conversión: ¿Es la proteína PrP^{Sc} la realmente infecciosa, o sólo una pequeña fracción la que tiene la capacidad autocatalítica? Algunos autores creen que hay otra forma (denominada PrP*), que es la que realmente tiene la capacidad de conversión. Por otro lado, ¿hay pasos intermedios en la conversión de PrP^{C} a PrP^{Sc}? Algunos autores creen que hay una forma intermedia, también denominada PrP*, que tendría hélices alfa y láminas beta a la vez.

Interacción: ¿Qué partes de la proteína PrP están implicadas en la interacción? ¿Cuál es el papel de la proteína "X" y de otras posiblemente implicadas? ¿Tienen las variantes de estas proteínas algun papel en la variabilidad en el tiempo de incubación o en la sensibilidad a la infección?

Infección: ¿Se pueden contraer priones por alimentación? ¿No se degradan en el tubo digestivo? El caso del kuru y la epidemia del ganado británico demuestra que los priones se pueden transmitir por vía digestiva. Pero quedan muchas dudas sobre cómo la proteína es asimilada, cómo circula por la sangre y cómo cruza, entre otras, la barrera hematoencefálica. Últimos trabajos sitúan el paso de los priones por los linfocitos B como clave para la infección.

Incubación: ¿Por qué los periodos de incubación, entre la infección y la enfermedad, son tan largos, llegando a decenas de años en el caso de los hombres?

¿Por qué, una vez iniciados los síntomas de la enfermedad, la muerte llega muy rápido, meses en el caso del hombre?

Función del gen prp: ¿Cuál es la función del gen prp? ¿Está presente en todos los vertebrados? ¿Sólo hay uno? ¿Se pueden emplear otros organismos modelo para estudiarlo?

Barrera de especie: Un punto crítico para la opinión pública. No hay una respuesta totalmente clara. Tal vez existen barreras entre especies, pero no son totalmente infranqueables. La dosis, el genotipo individual, y muchos otros factores, pueden influir.

Razas de priones y huellas: No todos los priones son iguales, las diferentes cepas tienen huellas específicas (se pueden distinguir, por ejemplo, por técnicas electroforéticas e inmunoquímicas). Las diferentes razas tienden a transformar las proteínas normales en PrP^{Sc} con la misma huella que la infecciosa. Dos recientes trabajos basados en el estudio de las huellas ha concluido que la vCJ (la variante de la enfermedad que provocó las muertes en el Reino Unido en 1996) se debe al BSE de las vacas. El primer trabajo (Figura 8a) muestra que los priones recuperados de ratones

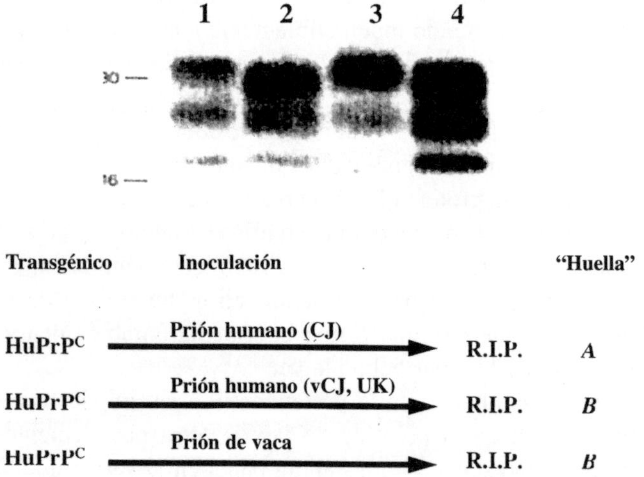

Figura 8. Huellas de priones: a) Patrón electroforético de los priones recuperados de ratones infectados con ratones procedentes de: 1) enfermos humanos de la variante de CJ (vCJ, Reino Unido, 1996); 2) ratones infectados con 1); 3) vacas locas; 4) ratones infectados con 3); Las huellas de los priones humanos de vCJ y las de los priones de vaca son iguales, de lo que se deduce que ambas son la misma raza de priones. b) Resumen de los experimentos de infecciones empleando ratones transgénicos con el gen humano normal ($HuPrP^C$). Los ratones son infectados con priones de la enfermedad humana normal (CJ), con priones de la variante de la enfermedad obtenidos en Gran Bretaña (vCJ), o con priones de vaca. Las huellas obtenidas de los priones de estos ratones son iguales (tipo de huella B) cuando el origen es el prión de vaca o de vCJ, lo que también indica que son de la misma raza. Adaptado de varios autores (1997)

infectados con los priones de hombres muertos por vCJ tienen la misma huella que cuando son infectados con priones de vacas locas. El segundo trabajo utilizó una aproximación similar, si bien en este caso los ratones son transgénicos e incorporan el gen humano normal (Figura 8b). ¿Cómo se produce esta conversión "específica"? ¿Se trata de diferencias postraduccionales, como glucosilaciones específicas, o de sutiles diferencias en la conformación tridimensional?

¿Por qué la actual epidemia en el ganado británico?: En los años 80, los extractos de carne empleados en la alimentación del ganado dejaron de ser tratados con ciertos compuestos hidrocarbonatados. ¿Ésta es la razón que hizo posible que los posibles priones (de cabra o de vaca) que pudieran haber en los extractos no se destruyesen y se iniciase la epidemia?

¿Se pueden detectar y eliminar los priones?: Dado que son tan resistentes, ¿es posible, incluso a nivel industrial, eliminar totalmente los priones? ¿A qué precio? ¿Con efectos secundarios no deseados? ¿Hay un sistema fácil de detectarlos, sobre todo cuando la enfermedad está en proceso de incubación?

¿Ganado libre de priones? Se ha sugerido como una solución definitiva crear estirpes de ganado transgénicas *knock-out* para el gen prp. Si el gen no tiene función (o tiene una nada importante desde el punto de vista humano), una raza de vacas transgénicas que no tuviera el gen prp sería totalmente inmune a los priones. La tecnología de la transgénesis en el ganado está o estará pronto disponible, si bien generar todas las razas de ganado existentes parece inalcanzable.

¿Hay remedio? Una vez iniciada la enfermedad, ¿hay alguna posible terapia? Se ha especulado con fármacos que interfiriesen en la interacción proteica $PrP^{C/Sc}$, deteniendo así el ciclo autocatalítico.

¿Prions-like?: Se ha descubierto un sistema de proteínas en la levadura que también parecen producir un ciclo exponencial y autocatalítico de conversión entre dos formas conformacionales diferentes de la misma proteína. ¿Hasta qué punto este fenómeno de conversión es más frecuente de lo que nos pensamos? ¿Qué otras proteínas pueden sufrir cambios semejantes? ¿Se pueden emplear como modelo de estudio comparativo?

¿Hay muchos más casos de CJ de los que creemos?: Algún autor ha destacado que la frecuencia de 1/1.000.000 de CJ hace referencia a los muertos por CJ. Dado que es una enfermedad de la tercera edad, existe la hipótesis de que la frecuencia real de personas con priones sería mucho más elevada, pero que morirían antes de otras causas: las frecuencias sugeridas apuntan desde 1/10.000 hasta a 1/100.000.

¿Habrá epidemia?: Si realmente los aproximadamente 20 hombres británicos muertos lo han sido por la alimentación, un reciente estudio epidemiológico, teniendo en cuenta que la enfermedad tiene un periodo de incubación muy largo y variable, sugiere que en los próximos años de centenares a millares de personas morirían de este brote.

Alzheimer y otras enfermedades neurodegenerativas: Algunos autores sugieren que ciertos casos de demencia senil pronosticados como enfermedad de Alzheimer y otras demencias seniles atípicas, serían realmente causadas por priones. Esta sugerencia, de confirmarse, tendría que potenciar en gran medida la investigación básica y aplicada en el campo de los priones.

Bibliografía

AGUZZI, A. & WEISSMANN, C. (1997) *Prion research: the next frontiers.* Nature 389, 795-798.

CHESEBRO, B. (1998) *BSE and prions: uncertainties about the agent.* Science 279, 42-43.

COLINGE, J & PALMER, M. S. (eds) (1997). *Prion Diseases,* Oxford, Oxford University Press.

COLLINGE, J. (1997) *Human prion diseases and bovine spongiform encephalopathy (BSE).* Human Mol. Genetics 6, 1699-1705.

GABIZON, E & TARABOULOS, A. (1997). *Of mice and (mad) cows - transgenic mice help to understand prions.* Trends in Genetics 13, 264-269.

HOPE ET AL. (1988). *Fibrils from brains of cows withg new cattle disease contain scrapie-associated proteins.* Nature 336, 390-392.

LANDSBURY, P. T. JR. & CAUGHEY, B. (1996). *The double life of the prion protein.* Current Biology 6, 914-916.

MAYER, R.J., TIPLER, M., LANDON, M. & LOWE, J. (1996). *Processing of membrane proteins in neurodegenerative diseases.* A from Genetics to Gene Therapy, Oxford, (ed. D. S. Latchman) Bios Sc. Pub, pp. 205- 233.

PRUSINER, S. B. (1994) *Biology and genetics of prion diseases,* Ann. Rev. Microb. 48, 655-686.

PRUSINER, S.B. (1995) *El prion en la patología.* Investigación y Ciencia, Marzo, 14-21.

SKEGG, D. C.G: (1997). *Epidemic or false alarm?* Nature 385, 200.

VARIOS AUTORES. (1997). *Nature* 389, núm. 6650 (2 octubre 1997), pp: 423, 437-438, 448-450, 498-501. Conjunto de artículos donde se demuestra y comenta que la vCJD se debe a la transmisión de la BSE.

WEISSMANN, C. (1996). *Molecular biology of transmissible spongiform encephalopathies.* FEBS Letters 389, 3-11.

WELCH, W. & GAMBETTI, P. (1998). *Chaperoning brain diseases.* Nature 392, 23-24.

Capítulo II
REPERCUSIONES SOCIALES Y JURÍDICAS

GENOMA, RIESGO Y CULTURA

Mª Jesús Buxó i Rey
Universitat de Barcelona

Introducción

En el marco de la modernidad postindustrial, el eterno vínculo entre naturaleza y cultura se centra, fundamentalmente, en la problemática de la biotecnología como uno de los elementos constitutivos de las sociedades de riesgo.

Ciertamente, en el concepto de riesgo biotecnológico se mezclan de forma diversa los ingredientes naturales y culturales, por lo que es preciso aclarar cómo se clasifican y cómo se distribuyen los riesgos. ¿Se sitúan los riesgos en la modificación tecnológica incontrolada de la naturaleza o en la incapacidad cultural (actitudes, valores y creencias) para encarar el diseño de nuevas realidades sociales? ¿Cuáles son las implicaciones culturales de la biotecnología como ingrediente básico en la creación de nuevas identidades corporales y psíquicas? ¿Cuáles son las diferencias sociales resultantes del acceso desigual al conocimiento y a los servicios de las terapias génicas? Siendo muchas las cuestiones, hay que ver algunos hilos argumentales a fin de divisar hacia donde guían sus razonamientos.

1. Construcciones culturales del riesgo biotecnológico

En 1990, bajo la responsabilidad administrativa del Instituto Nacional de Salud y el Departamento de Energía, se puso en marcha el proyecto Genoma Humano. Con una duración estimada de quince años y un presupuesto aproximado de tres billones de dólares, esta investigación se constituyó como parte de un proyecto internacional donde todos los investigadores iban a participar en la producción de un mapa genético y físico del ser humano y también de otras especies.

Es notorio que buscar el conocimiento de la constitución genética de la naturaleza (plantas, animales y humanos), no tiene como finalidad localizar simplemente los miles de genes de cada célula cromosómica y determinar la secuencia del ADN, sino definir el rol de los genes en la salud y en la enfermedad, esto es, investigar finalidades terapéuticas que se orientan al bien común de las personas y las sociedades. Son muchos los bienes que concurren en la tecnología genética para ser aplicados a la salud pública tanto en el descubrimiento de las causas genéticas de deformidades y enfermedades para las que antes no había curación o sólo soluciones paliativas, como en la predicción de desórdenes genéticos y la identificación de anormalidades y patrones de enfermedad a lo largo de la vida. Asimismo, parecen ser muchos los bienes económicos para la industria farmacéutica como pone en evidencia la financiación privada asignada a la investigación en biología molecular y el surgimiento de numerosas compañías que sitúan productos biotecnológicos en un mercado preparado para la demanda a gran escala. Y también se presenta como una inversión de alta rentabilidad en la reproducción clónica de la ganadería y la agricultura a pesar de las reticencias y prohibiciones de consumo por los problemas que parecen afectar el uso de los productos transgénicos.

En general, pues, se reconocen las virtudes científicas y médicas de la nueva genética que aporta no sólo opciones sino una gran fiabilidad en el diagnóstico y las terapias, lo cual facilita el trabajo profesional e incrementa la calidad de la atención sanitaria. No obstante, de acuerdo con las ventajas y beneficios que parece aportar la biotecnología a la humanidad en términos generales resulta paradójico y contradictorio que se planteen tantos problemas. Nunca, ningún otro proyecto había suscitado tantas cuestiones y debates de orden moral, científico y político, ni había producido tantas normas y comités de bioética para la investigación y la práctica médica.

Sobre sus riesgos y perversidades hay posiciones y actitudes múltiples que corresponden y defienden territorios intelectuales, académicos, de política pública, y de saber popular diversos e incluso a veces contradictorios entre sí.

En el platillo del riesgo, la balanza pesa en la dirección de considerar que esta investigación y sus aplicaciones son peligrosas y deterministas, porque en el terreno de la manipulación de la naturaleza y la sociedad no hay límites ni controles morales que valgan. Puesto que muchas de estos conocimientos, por no decir la mayor parte, no se formulan claramente o no dan respuestas suficientemente clarificadoras, los que se oponen a la biotecnología refuerzan sus resistencias con todo tipo de razonamientos, actitudes y miedos.

Se dan argumentos estrictamente políticos e ideológicos que ponen énfasis en el hecho de que cuando los poderes legales de los Estados están implicados en estas cuestiones y en los servicios genéticos, es señal de que hay problemas, a lo cual se añaden reservas provocadas por el hecho de que siendo el Estado del Bienestar el benefactor, no le hace falta el consentimiento en la intervención en casos de anormalidad genética o retraso mental.

Se dan también miedos históricos reiterados y reticencias religiosas en relación a la esterilización, la eutanasia y la eugenesia en el tratamiento discriminatorio de las razas y los grupos étnicos, los hombres y las mujeres. Ciertamente, en las democracias consolidadas, estos discursos constituyen relatos del pasado, pero aún resuenan con fuerza cuando los datos biológicos de la persona son aceptados como información para dirimir cuestiones y decidir casos jurídicos relativos a la criminalidad, la familia y la seguridad laboral. Y surgen nuevos espantos cuando sale en la prensa que en Europa, entre el 60 % y el 70 % del comportamiento criminal es heredado y se publican libros tan recientes como *The Bell Curve, the reshaping of American life by difference in intelligence*, de Hernstein y Murray, en el que se especula con datos científicos sobre la herencia del coeficiente intelectual y su correlación con las clases bajas y las minorías étnicas.

Si a este ambiente pseudocientífico del determinismo genético se le añade la divulgación científica en prensa con su presunta autoridad moral y su poder retórico, pregonando el descubrimiento del gen de la agresión, el gen de la esquizofrenia, el gen de la drogodependencia y dando a entender que la genética permite predecir patrones de comportamiento, no es de extrañar que impacte en la mente de la gente de la calle de forma negativa o por lo menos creando la sensación de riesgo y ambigüedad.

Con todo ello, la comprensión a medias de la ingeniería genética y la ideación de la genética como materia prima en la manipulación de la integridad corporal y la identidad psíquica, genera no sólo la idea de riesgo global sino también ansiedad, inseguridad e incertidumbre personales sobre sus implicaciones en el futuro que adviene. En esta sensibilidad extrema abunda la ciencia ficción que juega un papel relevante como narrador de este subconsciente angustiado por la identidad manipulada que se presenta en forma de personajes clónicos, replicantes que no saben quiénes son, o personajes virtualizados biotecnológicamente que entran y salen de su corporalidad y por error u omisión pierden su identidad y desaparecen en cualquier momento.

Y como las penas nunca vienen solas, esto se enmarca y refuerza con la dinámica de la mundialización que no deja de ser un modo de uniformización cultural en el que los intercambios comerciales, informáticos y el consumo de modas y marcas adquiere también tintes de clonación cultural y de hibridización identitaria. Situándose, pues, las amenazas en las tendencias homogeneizadoras, el mecanismo de defensa consiste en promover justamente las diferencias culturales mediante la revitalización y la reinvención de las identidades étnicas y las denominaciones de origen tanto en las expresiones como en los productos culturales.

Estas dinámicas y representaciones tienden a constituir realidades esencialistas tanto culturales como biológicas. Y esos esencialismos, muy cercanos al viejo dictum de que la biología es destino, promueven tanto las denominaciones de origen y los copyrights culturales como mezclan el multiculturalismo con las actitudes racistas, y la ecología con el conservadurismo sentimental de las reservas, sean animales o comunidades turísticas, que se entiende reproducen condiciones primigenias.

Desde perspectivas y ámbitos distintos se dan, pues, criterios cerrados y también resistencias ambivalentes y condicionales (si...pero, no...aunque) respecto a la ingeniería genética, sea la clonación, la reproducción in vitro, la preselección de embriones, la inseminación artificial, el aborto, e incluso respecto al beneficio del diagnóstico genético ya que la gente se siente física y moralmente afectada al percibir manipulación y usos ventajosos por parte de las industrias y la dependencia financiera de los laboratorios de investigación, los científicos, los médicos y todo lo que puede ser parte de los poderes constituidos.

2. Del riesgo a la concreción de problemas y alternativas

Las teorías de la sociedad del riesgo, que aportan sociólogos tan relevantes como Giddens, Bauman, Luhman, Beck (1996), analizan y resitúan los problemas que plantea el desarrollo químico, nuclear y también biogenética. Estos autores parten de que el modelo industrial está siendo sustituido por nuevas condiciones de conocimiento tecnológico aplicado, que son las que definen una sociedad de riesgo caracterizada por la confrontación con los límites del modelo sociotécnico, científico e industrial en el que se ha vivido hasta ahora.

Es tanta la incertidumbre de los efectos no conocidos, secundarios y colaterales en la aplicación de las nuevas tecnologías, que afecta y sacude con fuerza la consciencia y las presuposiciones fundamentales del orden social convencional, y también la confianza en la acción y las decisiones políticas y científicas. Esto se traduce en forma de desencanto respecto a la fe en el progreso, las ventajas industriales y el sistema político, entendidos como los mecanismos responsables de tomar de decisiones adecuadas para conseguir y distribuir el bienestar social.

Es preciso decir que muchos de los riesgos no son nuevos y que hay una larga tradición económica aseguradora que los ha tratado sobre la base del cálculo de probabilidades. Pero las dimensiones actuales del riesgo y el cálculo de sus macrocifras ha producido que las instituciones aseguradoras, sean públicas como el estado del bienestar, o agencias privadas, no puedan dar cobertura parcial o completa a los accidentes y las catástrofes. Pensemos en la persistencia de los residuos nucleares, tóxicos y la basura urbana, el calentamiento de la tierra y la contaminación urbana, o simplemente la siniestralidad viaria de todos los fines de semana en la carretera.

Más que de problemas específicos de área, genéticos, ecológicos, urbanos o viales, se trata de riesgos de diseño global de la sociedad que exceden las ideas y los fundamentos clásicos, convencionales y habituales sobre la seguridad, la responsabilidad y la ética, es decir, los fundamentos de la confianza, la cohesión social y la solidaridad.

Al revisar o mapificar interdisciplinariamente las consecuencias sociales y públicas y, a la vez, las categorías de expertos y de participación social, estos autores llegan a la conclusión de que los problemas de riesgo no pueden ser tratados simplemente como problemas de orden y de principios universales, ya que no basta con establecer normativas y regulaciones de procedimiento. En este sentido proponen que el antídoto o las herramientas que hay que emplear son justamente la ambigüedad y la ambivalencia de los riesgos. Es decir, para trabajar con el conflicto social, político y ético, hay que sustituir el canon ineficaz de la resolución institucional y técnica e introducir factores, perspectivas, opciones y objetivos ambivalentes.

Por lo tanto, la contradicción social y política no puede ser resuelta contestando con respuestas esencialistas como indicábamos más arriba, ni con métodos antiguos no ambiguos de ciertas representaciones científicas y éticas, ni con modelos de racionalidad instrumental ni tampoco con criterios exclusivos de solvencia económica. Esta reorientación implica informalizar el sentido de lo que se entiende por bueno o malo, desmonopolizar al experto en el sentido de ir más allá de territorios exclusivos y consideraciones de consistencia interna para ir a buscar otros criterios basados en valores y actitudes sociales, y evitar dar la sensación de normalidad cuando hay amenazas mediante la incorporación de factores no controlados.

3. Transdisciplinar

Abrirse a la ambivalencia quiere decir salir de la inclusión y también de la exclusión de los territorios, las disciplinas y las consistencias en la definición de los problemas. La inclusión arrogante de otros territorios de conocimiento se hace bajo la pretensión de un *ethos* universalista que indica que una formulación teórica y el seguimiento de una metodología adecuadas permiten resolver problemas conceptuales, prácticos y también éticos. El proceso consiste en analizar cómo funcionan las cosas y modificarlas para que funcionen mejor mediante acciones que se juzgan más o menos racionales de acuerdo con el grado de ajuste con los comportamientos que se predicen por medios formales basados en hechos objetivos. Adicionalmente, esa formalidad permite escudar ambiguamente los prejuicios y salvaguardar la ética profesional. En este sentido, todavía suena el dictum de Comte: saber para predecir y predecir para poder.

Y la exclusión de los territorios de conocimiento se justifica en la fragmentación y los usos diversos de la racionalidad lo cual hace que cada comunidad de conocimiento se constituye mediante criterios de consistencia interna, se apega a conceptos propios de objetividad y fiabilidad, verdadero y falso, bien y mal, neutralidad y juicios de valor. Esto hace que el científico se oriente de forma exclusiva a conocer una realidad que le permita explicar, predecir y controlar los acontecimientos, el experto en ética se quede con lo qué es moralmente justo o adecuado a fin de guiar aplicaciones correctas en la sociedad, y el legislador sólo estudie el problema social ya definido a partir del cual elabora un conjunto de leyes y procedimientos que refuerzan el orden civil y la distribución justa de las soluciones.

Aunque rigurosos, ambos son enfoques restrictivos que dificultan, si no hacen imposible, la exploración conjunta de los hechos, los valores y, en particular, identificar problemas y condiciones subyacentes, clarificar metas, describir tendencias, analizar impactos, evaluar y sugerir cursos alternativos de acción.

Ciertamente, con mayor o menor fundamento, todos tienen sus razones formales y críticas, con lo que poco más cabría añadir si no fuera por el convencimiento de que el conocimiento científico y ético per se no constituyen un punto final sino un proceso abierto donde se entretejen la explicación y la valoración de los hechos y las aplicaciones. Sin duda este enfoque requiere correctivos metodológicos tales como, trascender las ideas de una ciencia formal hacia un enfoque provisional y consensual, considerar los hechos invenciones que conforman modelos conjeturales, dejar de usar la eficacia económica como criterio para entender el estándar implícito de comportamiento racional, y hacer consciente los valores culturales que guían la investigación y la aplicación.

Sobre este punto cabe concluir con la reflexión de Gadamer (1987) en el sentido de que la ciencia está en un contexto de significado que es en sí mismo una realidad social, una organización particular de la acción humana definiendo un mundo moral y práctico. En este sentido, conviene reformular la situación y las fronteras disciplinares y abrirse a un horizonte transdisciplinar a fin de enfocar las implicaciones mutuas de los territorios biotecnológicos, sociales y políticos, que es donde radica el campo de batalla de los nuevos retos bioéticos.

4. Co-laboratorios

Medir las condiciones peligrosas y descodificar los riesgos del proyecto Genoma Humano implica entender que no se trata de un problema de la naturaleza, sino de un problema cultural de la naturaleza humana donde hay valores en conflicto en la conceptualización, la distribución, la prevención, el control y la legitimación, tanto para los que valoran positivamente el progreso de la investigación genética como aquellos que ponen en duda los criterios, las prioridades y las decisiones de los expertos y los responsables de la política pública.

Atendiendo, pues, al hecho de que el conocimiento complejo no esta constituido por realidades aisladas, y siendo el genoma humano un proyecto de ámbito universal, conviene crear condiciones de consenso y cooperación, de colaboratorio y corresponsabilidad. Son diversas las maneras que cabe diseñar, por ejemplo, en forma de forums de diálogo y discusión, de consenso crítico, enseñanza cívica intercultural entre los diferentes agentes de la industria, la política, la ciencia, pero también incorporando los hasta ahora sujetos pacientes que somos la mayoría de la gente y que se nos obliga a aceptar y a firmar un conocimiento y unos servicios técnicos de los que no somos corresponsables y sólo participamos como sujetos pacientes y con mucha incertidumbre.

Si a esto añadimos la complejidad y la relatividad de una epistemología intercultural de los valores, hay que entender que las razones y los valores son fronteras movibles que quedan sujetas a la corresponsabilidad de aprender a repensar, entre otras cosas, la distribución de los beneficios y los repertorios de riesgo. Este marco conversacional común es el único que puede refinar la evaluación de quien obtiene más ventajas del consumo hipertecnológico y a la vez orientar la evaluación hacia el contenido social de la toma de decisiones y la promoción de la simetría en el caso de los sacrificios inevitables.

Una ciencia bien hecha no implica en sí misma una buena política aplicada. No hay leyes naturales, verdades eternas, ni un conjunto preseleccionado de métodos y convicciones canónicas para dirimir los valores y sus efectos en las acciones. También las racionalidades culturales tienen su contingencia, sus propias historias, y los valores pueden ser creados y destruidos de acuerdo con los intereses y las actividades. Así, las gentes con diferentes valores dan diferentes interpretaciones sobre las expectativas de riesgo según si las acciones son consideradas voluntarias o involuntarias y los bienes, públicos o privados.

A pesar de la complejidad y los inconvenientes hay que hacer algo y ese algo es el interés y la voluntad que hoy nos reune para hablar de cómo problematizar estas cuestiones las cuales actualmente constituyen un porcentaje analítico y temático elevado de la constitución de comités de bioética, la elaboración de asignaturas y la organización de masters o postgrados. ¿Cómo aprender a problematizar estas cuestiones?

5. Problematizar

Habitualmente la categoría de problema social o público hace referencia a hábitos, relaciones y organizaciones que no funcionan bien, generan condiciones indeseables o producen dificultades, causadas por la acción o la inacción de las personas y los organismos sociales. Pero esta convención conceptual resulta escasa cuando se trata de dar soluciones simplemente técnicas u organizativas que igualan el rigor científico o técnico con el beneficio social, el modelo con la realidad, lo cual produce con frecuencia que el problema teórico substituya el problema social. Una cosa es que la teoría ayude a revelar el problema como afirmaba Malinowski en *Una Teoría Científica de la Cultura* (1970), y otra que la formulación de cuestiones, la definición del contexto y la explicación contribuyan a resolverlo.

Y de un modo semejante a la resolución de problemas ideales de la ciencia básica, en el territorio de la política pública también la aplicación se basa en teorías de la elección racional que afirman que si se dispone de información objetiva, los expertos y las personas actuaran racionalmente. Lo cual plantea nuevos problemas ya que la racionalidad técnica, más lógica que racional, parte de la idea de que la información social es constante y homogénea, se conocen las relaciones causales y por lo tanto se puede predecir y diagnosticar.

Es fácil entender que, al no tener en cuenta de dónde viene el conocimiento cultural substantivo, cómo cambia en el tiempo, sus conflictos y las perspectivas individuales y comunitarias, estos enfoques pueden explicar mucho de acuerdo con los presupuestos de partida, pero resolver poco. De ahí que el impacto social y la disponibilidad de los servicios biotecnológicos se llenen de valores e intereses de tal manera que sean cuales sean las propuestas de acción o de intervención, las soluciones tienden a engendrar nuevos problemas. De impacto público es la preocupación por el coste económico ya que si el sistema sanitario actual es deficitario, cabe pensar también que la complejidad y el carácter preventivo de la terapia génica puede afectar la atención y la calidad igualitaria de los servicios.

Por todo ello, conviene trasladar la resolución de problemas a la construcción de los mismos. Ya no se trata de optimizar un conjunto de restricciones y opciones racionales ya que, al modificarse situacionalmente y en el tiempo, tienden a generar más problemas. Más bien conviene enfrentarse con nuevas condiciones de incerteza y refinar metodológicamente desde quién , cómo y dónde se formulan los problemas sea por inducción teórica, observación personal, grupos de opinión, instituciones pública o privadas, individuos o colectivos.

Con más precisión Schön (1979) afirma también que los problemas no vienen dados, los construimos los humanos en un intento de dar sentido a las situaciones complejas y difíciles o preocupantes. Este autor plantea que lo crucial no es la resolución sino enmarcar o presentar el problema: esto es, definir los propósitos y las predilecciones, dejar claro lo que se considera más sobresaliente y lo que media en las historias que cuenta la gente, cómo entienden lo que esta mal y lo que necesita arreglarse. Aclarar, por ejemplo, el sentido de la confidencialidad y la información sensible sobre personas clasificadas puesto que cualquier error puede estigmatizar dentro y fuera de la familia en términos de asistencia, contratación laboral y de seguros.

En este sentido, los conflictos se establecen entre estos marcos lo cual produce problemas de comunicación que no dejan ver los hechos nuevos por parte de aquellos que observan y definen las situaciones problemáticas. Más que seleccionar medios óptimos, se trata de reestructurar los marcos, darles coherencia interna y mejorar la comunicación.

Por lo tanto, se trata de que la interacción y el diálogo entre estos marcos y preocupaciones contribuyan a crear una transculturalidad bioética en la que todos participen. Aún siendo básico, no basta con desarrollar políticas sociales y profesionales en torno a la gestión, aplicación, redistribución y acceso a los servicios genéticos en la salud pública. El refinamiento de la prevención y la responsabilidad individual, local y mundial, debe instruirse y reforzarse a través de la formación de médicos, enfermeras y consejeros en genética que faciliten la compresión del diagnóstico y los tratamientos pero, simultáneamente, esto requiere la construcción y el aprendizaje de estilos de vida de riesgo y seguridad donde conjugar responsablemente los valores relativos a medios y finalidades, prioridades y preferencias, para que en cada caso, persona y situación, se puedan evaluar finalidades alternativas y escoger prioridades de actuación.

En definitiva, ir más allá de una ética racionalizada sobre la base de un Otro universal, que, con frecuencia quiere decir utilizar valores preferentes aplicados a los demás pero no válidos para uno mismo, para situarse, aunque sea metafóricamente, en la praxis de la Madre Teresa de Calcuta: las cosas no se han de hacer motivados por un amor universal imparcial hacia el Otro, sino por el amor a cada uno y sucesivamente.

Bibliografía

GADAMER, H.G. (1987). The problem of historical consciousness. P.Rabinow y W. Sullivan (eds.) *Interpretative Social Science*. Berkeley, University of California Press.

GIDDENS, A. BAUMAN, Z. LUHMAN, N. Y BECK, U. (1996). *Las condiciones perversas de la modernidad.* J. Beriain (comp.) Barcelona, Anthropos.

HERNSTEIN, R.J. Y MURRAY, CH. (1994). *The Bell Curve, the reshaping of American life by difference in intelligence*, New York, Free Press.

MALINOWSKI, B. (1970). *Una teoría científica de la cultura*. Barcelona, Edhasa.

SCHÖN, D. (1986). Generative Metaphor: A perspective on Problem Setting in Social Policy. A. Ortony (ed.) *Metaphor and Thought*. Mass. Cambridge University Press.

PLANTEAMIENTOS Y POSICIONAMIENTO SOCIAL ANTE EL PROYECTO GENOMA HUMANO

Albert J. Jovell
Fundació Laporte
Universitat Autònoma de Barcelona

1. Las implicaciones genéticas del proyecto Genoma Humano[1]

El proyecto genoma humano se comenzó a gestar entre los años 1985 y 1986, fundamentalmente por científicos de los Estados Unidos. Fue un proyecto propuesto mayoritariamente por científicos de instituciones universitarias y que recibió un gran apoyo del *National Institute of Health* y del *Department of Energy*.

El proyecto fue acogido con un gran escepticismo por parte del Congreso de los Estados Unidos en donde fue aceptado como "la llegada de lo inevitable", más que como una necesidad de salud pública. El proyecto fue comercializado por los científicos mediante una campaña de márketing social y política muy específica, lo cual nos podía hacer pensar en la habilidad de los científicos cuando abandonan los laboratorios y se dedican a la estrategia política. Esta estrategia de venta del proyecto se hizo en ausencia de grupos de presión social, al contrario de lo que estaba pasando por aquellos años en el caso del SIDA, en el que el activismo popular hizo cambiar las regulaciones de la *Food and Drug Administration.* Esto permitió, no sólo la aprobación política del proyecto, que se consideró un hito más importante que la conquista del espacio, sino que se le dotó con un presupuesto específico por parte del *National Institute of Health.* Es decir, la investigación financiable para el proyecto genoma humano se dotaba por primera vez en la historia del Instituto con un presupuesto específico y los investigadores no tenían que competir con proyectos de investigación procedentes de otras áreas biomédicas.

---

1. El contenido de este apartado recoge información obtenida de: Cook-Degan RM. (1986-1990). The Genome Project: The Formation of Federal Policies in the United States, y dos capítulos independientes de Paul Gerg y Ernest R. May, que incluyen comentarios a este capítulo. En: Hanna KE, editor (1991). Biomedical Politics. Institute of Medicine. Washington DC: National Academy Press. El capítulo también se beneficia de las notas obtenidas por el autor en el curso "Biotechnology, ethics, and public policy" que realizó en la Kennedy School of Government de la Universidad de Harvard en 1992.

Como recoge Cook-Degan en el libro "Biomedical Politics" editado por el *Institute of Medicine* de los Estados Unidos, esta "estrategia de venta" incluía cuatro aspectos:

1. Acelerar el proceso de la investigación biomédica para poder luchar contra enfermedades actualmente intratables.
2. Promover el crecimiento económico para situar a los Estados Unidos como nación líder en biotecnología.
3. Aumentar el prestigio de los Estados Unidos en el mundo.
4. Obtener una ventaja competitiva cultural que se mantenga en el tiempo.

No cabe ninguna duda de que la misión del Proyecto Genoma era producir un mayor conocimiento científico sobre los genes humanos y las tecnologías, que debía facilitar el desarrollo de unas pruebas diagnósticas más precoces, baratas, precisas y aplicables a más enfermedades. Detrás de estas promesas también aparecen los riesgos de discriminación genética asociada al cribado y al diagnóstico precoz de tales enfermedades. Es por ello que un 3% del presupuesto del proyecto inicial se dedicó al estudio de las implicaciones éticas asociadas al mismo.

El proyecto Genoma Humano es un claro ejemplo de lo que se ha conocido como "las dos caras de la ciencia":

1. La producción de conocimiento científico que condiciona valores morales que van más allá de las que han sido asimiladas por la cultura tradicional.
2. La inversión en el desarrollo de economías nacionales que promueven el crecimiento económico mediante el desarrollo de nuevas tecnologías, la creación de puestos de trabajo y la mejora del bienestar.

Para completar la descripción de las implicaciones gen-éticas de lo que se ha llamado el manual de recetas de cocina que nos ha hecho a todos posibles" se debería abordar el Proyecto Genoma desde el análisis económico.

2. El análisis del proyecto Genoma Humano desde la teoría económica[2]:

Al hablar del coste social del proyecto Genoma Humano es importante considerar como se planteó la estimación de su coste inicial por parte de los científicos norteamericanos. Esta estimación siguió dos criterios básicos:

1. No pedir más de 20 a 40 millones de dólares, que era la cifra máxima considerada políticamente factible por el subcomité del Congreso de los Estados Unidos que tenía que aprobar y dotar económicamente el proyecto.

---

2. Buxton M, Hanney S. (1995). How can payback from health services research be assessed? J Health Serv Res Policy Pre-launch issue October. 10-18.

2. Las estimaciones presupuestarias debían de limitarse a cinco años, ya que cualquier proyección económica más allá de los cinco años no sería creíble dadas las incertidumbres técnicas del proyecto a medio plazo. Además, la OTA consideró que proyecciones a más de dos años carecían de exactitud.

Vale la pena destacar que estos criterios se se adoptaron bajo un consenso informal entre científicos y políticos para que todas las estimaciones se situaran alrededor de los mismos valores.

A la hora de realizar un análisis económico una de las primeras decisiones que se han de tomar es desde qué perspectiva se hará este análisis. En el caso del Proyecto Genoma hay diferentes opciones: la sociedad, los productores o la industria, los financiadores, los proveedores de servicios sanitarios y los consumidores o usuarios. Para hablar del coste social, se ha de adoptar la perspectiva de la sociedad, y será desde esta visión desde donde se hará el análisis presentado en esta ponencia/artículo.

En primer lugar, al igual que ocurrió en los inicios del Proyecto, resulta imposible estimar de forma adecuada el coste social para la salud pública de la patente de los procesos y productos asociados al proyecto Genoma Humano. En este momento, este análisis sería equivalente a plantearse el coste social de conquistar el espacio, dadas las múltiples incertidumbres todavía presentes. Lo que sí se puede hacer es plantear, desde la teoría económica, diferentes conceptos que pueden ser útiles para analizar el Proyecto Genoma Humano. Estos conceptos a desarrollar en este apartado son:

1. El concepto de coste de oportunidad
2. El concepto de evaluación económica de la investigación
3. El concepto de imperfecciones del mercado
4. El concepto de externalidades
5. El concepto de eficiencia social
6. El concepto de patente desde una perspectiva económica.

El primer concepto de coste de oportunidad se refiere al coste de las alternativas que se dejan de financiar y, por lo tanto, de hacer, al asignar los recursos económicos a una opción específica. En el caso del Proyecto Genoma Humano, el análisis del coste de oportunidad se puede situar alrededor de estas tres consideraciones:

1) El coste de la investigación biomédica que se ha dejado de financiar, y por lo tanto de realizar, al financiar el Proyecto Genoma.

2) El mérito y los productos que se podrían haber obtenido de la investigación que no se ha financiado en comparación con los méritos y los resultados del proyecto genoma.

3) El valor de las otras alternativas de financiación que tiene la sociedad y que no constituyen la investigación biomédica, como por ejemplo, la educación o los servicios sociales o la aplicación del conocimiento biomédico.

El segundo concepto referido a la evaluación económica del proceso de investigación y desarrollo nos permite afirmar que esta estimación no se puede hacer hasta que las innovaciones puedan ser aplicadas a una muestra pequeña de enfermos, en aplicaciones clínicas específicas. Esta primera fase de la evaluación del la I+D, de las cuatro identificadas por Sculpher y colaboradores[2] de la Universidad británica de Brunel, se denomina fase de desarrollo precoz, y consiste en valorar la capacidad potencial de la innovación para representar un uso coste-efectivo de los recursos asignados si los objetivos clínicos para los que ha sido diseñada se hiciesen realidad. En otras palabras, cualquier intento de estimación del coste social del Proyecto Genoma Humano en el estado actual de desarrollo constituía un ejercicio de intuición económica más que un trabajo riguroso de análisis económico.

El tercer concepto a tratar en el análisis económico es el de las imperfecciones del mercado, que lleva asociado lo que en política económica se conoce como el fracaso del mercado para asignar eficientemente los recursos. Por eficiencia se entiende la mejor asignación posible de los recursos disponibles para producir los mejores resultados o la mayor cantidad de producto. Así, en el caso que ahora nos ocupa, las asunciones propias de la teoría económica de racionalidad en la toma de decisiones (una información perfecta y simétrica entre vendedores y compradores, costos de transferencia y movilidad de recursos mínimos y respuesta inmediata a los cambios en los sistemas de precios) son altamente vulnerables, por lo cual no se puede producir la eficiencia económica en la demanda y la oferta de procesos y productos asociados al Genoma Humano. Esto descalifica las leyes de la economía de mercado para conseguir una asignación eficiente de recursos. La asimetría de información y conocimiento en el proyecto Genoma Humano y en su aplicabilidad clínica supone que la demanda de estos productos dependa de la oferta. En otras palabras, este es el típico caso en el cual la oferta es la que genera la demanda, y en el que se producen imperfecciones del mercado.

Para entender esto, podríamos pensar en el reciente caso de la vacuna de la meningitis A y C en España. La evidencia científica que apoya la eficacia de esta vacuna proviene de estudios realizados en situaciones epidémicas, y criticables por la baja calidad de su diseño metodológico, por lo cual es difícil defender esta medida como prioritaria y efectiva. A pesar de ello, la presión mediática ha obligado a suministrar la vacuna a la población bajo criterios que vulneran los atributos de decisión racional y de información completa.

A modo de ejemplo, también podría darse el caso de que hubiera interés en promover el cribado poblacional para la demencia senil, y que esta publicidad apoyada por intereses legítimos de negocio privado se ofreciera envuelta por un mensaje muy atractivo que dijera "usted es el primer interesado en conocer su futuro y el de su familia". Podría pasar, como tantas otras veces en sanidad, que el consumidor encontrase este mensaje "de interés para su salud" sin estar en condiciones de valorar, debido a la asimetría del conocimiento, la precisión o efectividad de las pruebas diagnósticas y las consecuencias potenciales de conocer estos resultados en un estadío anticipado de su vida. Está claro que, desde la economía, la asignación de recursos, sobre todo si son públicos, se ha de hacer siguiendo criterios de necesidad sanitaria y no a través de la elección de los consumidores, puesto que hay suficiente evidencia empírica de que este último criterio puede ser manipulable y perverso, y conducir eventualmente a una asignación ineficiente de los escasos recursos disponibles.

Otra de las razones que justifican el fracaso del mercado en la asignación de los recursos es la presencia de externalidades. Las externalidades se definen como los efectos secundarios impuestos a otros en forma de costes o externalidades negativas o aquellos de los que son beneficiarios terceras personas externalidades positivas como consecuencia de la acción de una industria o individuo. Las externalidades no producen una asignación óptima o eficiente de recursos porque los individuos o las industrias sólo consideran sus propios costes o beneficios cuando toman una decisión de consumo o de producción y no los de las demás personas, instituciones o de la sociedad, por lo que no tienen incentivos para reducir los costes externos o promover los beneficios a terceros.

Existen diferentes situaciones en la sanidad que producen externalidades. La primera de ellas da origen a las regulaciones dirigidas a la protección de los usuarios. Dada la naturaleza técnica de las aplicaciones del Proyecto Genoma Humano, la ausencia de conocimiento específico y la asimetría de información por parte de los usuarios respecto a las necesidades de cribado, diagnóstico o tratamiento genético, se ha de proveer un mínimo de información y garantizar un conjunto de estándares de protección de los ciudadanos. El sector privado no tiene incentivos para proveer estos estándares porque aumentan sus costes de producción, por lo que el Estado debe regularlos o promover incentivos para su producción. Por otra parte, un ejemplo de externalidad negativa del Proyecto Genoma Humano es el cribado de riesgos de enfermedades en poblaciones laborales, lo que puede dar lugar a situaciones de discriminación negativa o de selección favorable de trabajadores. El conocimiento del perfil de riesgos de una persona también puede dar lugar a un fenómeno de selección adversa por parte de las compañías de seguros. Por contra, una externalidad positiva del Proyecto Genoma Humano es la ventaja de poder aplicar el conocimiento científico producido al diagnóstico y tratamiento de otras enfermedades de naturaleza no genética.

Desde una perspectiva económica, la presencia de externalidades legitima la intervención gubernamental. Los objetivos de esta intervención serían:

1. Determinar la naturaleza y tamaño de las externalidades, así como su coste y beneficios.

2. Una vez se hayan identificado y medido, se debe determinar qué externalidades serán incentivadas, es decir, cómo promover la producción de beneficios externos, y cuáles serán compensadas, es decir, cómo compensar el coste de la producción e imposición indeseable de costes externos.

La presencia de externalidades obliga a considerar, en el análisis económico, las consecuencias del Proyecto Genoma Humano desde una perspectiva social. Es decir, para valorar la eficiencia social se han de considerar los costes y beneficios que supone el proyecto para la sociedad. Para ello, se ha de realizar un análisis coste-beneficio en el cual los costes sociales serían la suma de los costes directos e indirectos de la aplicación técnica del proyecto y los beneficios serían los posibles ahorros generados por el proyecto o, en otras palabras, la traslación a unidades económicas de los beneficios generados por el proyecto a la sociedad en términos de mejora de la salud o crecimiento de la economía. Si el beneficio social es superior al coste social, en comparación con otras alternativas competidoras de asignación de estos recursos, diremos que la sociedad recibe más de lo que paga, y la razón coste-beneficio sería favorable a la inversión y realización del proyecto.

En las circunstancias actuales no se está en condiciones de llevar a cabo este tipo de análisis, dada la imposibilidad de identificar y medir los beneficios y costes presentes y futuros de un proyecto de gran complejidad, donde la incertidumbre económica es el resultado de la incapacidad de identificar y medir todas sus consecuencias clínicas y sociales.

De lo que no hay ninguna duda es de que el coste económico y el coste de oportunidad del proyecto son muy elevados. Por ello, es importante, desde el análisis económico y adoptando el punto de vista de la sociedad, poder garantizar que no se están desaprovechando los recursos sociales invirtiendo en un proyecto en el cual el coste social puede resultar más alto que el beneficio y en donde hay que demostrar que el beneficio de sus posibles aplicaciones en sanidad no es cuestionable.

Hay que considerar que el Proyecto Genoma Humano es caro porque incluye múltiples procesos de elevado coste: I+D, producción, control de calidad, transferencia de tecnología, protección del consumidor mediante información y legislación, análisis de riesgos, etc. Por otro lado, desde la perspectiva del retorno de la inversión realizada no sólo debe valorarse el beneficio en desarrollo tecnológico, sino sus aplicaciones en la mejora del bienestar de los seres humanos.

3. La regulación desde una perspectiva económica

La presencia de externalidades y de riesgos en el desarrollo del Proyecto Genoma Humano supone la introducción de mecanismos reguladores orientados a incentivar la producción de beneficios externos y a limitar los costos externos. A estos se les ha denominado también como la "slippery slope" o pendiente resbaladiza de la genética.

Entre el conjunto de riesgos y costos externos que se intentan evitar se incluyen:

1. Orientación de fondos públicos a intereses privados de carácter no social.
2. Incertidumbre respecto a las consecuencias técnicas y sociales desconocidas.
3. Antecedentes históricos de utilización política de la genética.
4. Situaciones de discriminación negativa y selectiva, así como de estigmatización por enfermedad o riesgo genético.

5. Coste de intangibles: malestar psicológico directo o indirecto.

6. Fenómenos de selección adversa.

Los modelos de regulación son múltiples, y desde una perspectiva económica se orientan a incentivar beneficios externos y a compensar los costes externos e inevitables del proyecto. La perspectiva económica se orienta a favorecer la creación de monopolios naturales de producción como puede ser la patente o a controlar la oferta y la producción como, por ejemplo, el monopsonio o comprador único de servicios sanitarios.

Los mecanismos de regulación disponibles son:

1. Cambio de propietarios
2. Patentes
3. Impuestos
4. Subsidios
5. Regulaciones
6. Leyes
7. Sanciones sociales
8. Imperativos morales.

El concepto de patente se justifica por diferentes motivos, tanto de tipo económico como asociados a la dinámica propia y a la temporalidad del proceso de decisiones políticas. La patente garantiza el reconocimiento de la propiedad intelectual de un proceso o producto y, por tanto, el derecho de su explotación comercial, o no, durante unos años. El concepto de patente pretende garantizar la exclusividad en la obtención del retorno de la inversión por parte de aquellos que arriesgaron su dinero en una situación de incertidumbre respecto al producto que se podía obtener a partir de una elevada inversión inicial y un largo tiempo de espera de resultados. La patente incentiva la consecución de la eficiencia social y el crecimiento económico para aquellos que han desarrollado una idea protegiéndola frente a los intrusismos de terceras partes. Además, garantiza la protección de la inversión a largo plazo en circunstancias en las que las personas que toman decisiones pueden cambiar o no están bien concretadas en lo que Dennis Thompson, de la Universidad de Harvard, ha definido como "la responsabilidad de las múltiples manos".[3]

El objetivo de la regulación viene favorecido por la necesidad de evitar que el poder de mercado quede en manos de una minoría fuera de control, corregir la presencia de externalidades y por la caracterización de la salud en nuestra sociedad como un bien social, del que no se puede excluir a nadie, y de la sanidad como un servicio público, que ha de ser garantizado a toda la población. El concepto de patente presenta diferentes problemas de tipo ético, como la decisión sobre lo que es patentable, los procesos o los productos, que no voy a tratar en esta ponencia/artículo.

---

3. Thompson DF. (1987). Political ethics and public office. Cambridge, MA: Harvard University Press.

4. El impacto en la salud pública

David Suzuki y Peter Knudtson[4] citan en su libro “Genethics” nueve principios a tener en cuenta, de los cuales querría destacar el número 9: la acumulación de conocimiento genético por sí solo por otro lado de gran valor no garantiza la sabiduría de nuestras decisiones respecto a la herencia humana. Si este conocimiento nutre un falso sentido de maestría humana sobre los genes, nos puede guiar hacia la locura.

Estudiar el impacto en la salud pública del Proyecto Genoma Humano precisaría de múltiples ponencias y artículos, aunque la presentación del mismo podría restringirse a estos tres aspectos:

1. La aplicabilidad del proyecto.
2. Las consecuencias del proyecto.
3. La viabilidad del proyecto.

La aplicabilidad del Proyecto Genoma, según su objetivo inicial, es: curar, prevenir o mejorar el pronóstico de la enfermedad mediante la identificación de los mecanismos moleculares que la originan. Este objetivo se ha de evidenciar mediante la aplicación clínica del proyecto, teniendo en cuenta los riesgos o externalidades negativas que lleva asociadas.

Un ejemplo ilustrativo de estos riesgos lo tenemos ahora en el cribado del cáncer de próstata. La existencia de un marcador conocido como el antígeno prostático de superficie en la sangre de los enfermos está produciendo a una crisis de salud pública, dado que estamos detectando un número elevado de tumores que no sabemos cómo tratar, puesto que todavía no hay evidencia científica de calidad sobre cuál es la mejor opción terapéutica disponible: no hacer nada (también conocido como observación controlada), hormonoterapia, radioterapia o cirugía. El hecho de que muchos de estos enfermos morirán con el cáncer de próstata, y no de cáncer de próstata, y que los tratamientos disponibles pueden presentar importantes efectos secundarios, dificultan todavía más la decisión clínica. Así, la cuestión que aquí se presenta y que tiene aplicación directa en el Proyecto Genoma Humano sería: *hemos de anticipar el diagnóstico de enfermedades que no somos capaces de prevenir o de tratar y, por tanto, de mejorar su pronóstico?* En otras palabras, de qué nos sirve predecir el mal de Alzheimer si no somos capaces de mejorar su pronóstico.

Por ello, es importante valorar las consecuencias indeseables del proyecto, incluido lo que Kewler y Hood, en su libro “Code of codes: Scientific and social issues in the human genome project”[5], han calificado como el dilema clínico que genera la información genética, que vendría determinado entre otros factores, por los siguientes: ¿qué

---

4. Suzuki D, Knutdson P. (1990). Genethics. The clash between the new genetics and human values. Cambridge, MA. Harvard University Press.

5. Kewles DJ, Hood L, editors (1992). The code of codes. Scientific and social issues in the human genome project. Cambridge, MA: Harvard University Press.

miembro de la familia es el enfermo?, definición social de la enfermedad, el cribado laboral indiscriminado, la angustia de la predicción, la selección eugenésica y la selección adversa de seguros médicos, entre otros. Todos estos dilemas clínicos plantean múltiples problemas éticos que precisan de estudios específicos y de respuestas concretas por parte de la sociedad.

Finalmente, desde una perspectiva económica, el Proyecto se ha de valorar a partir del volumen de recursos necesarios para su implementación. Aparte del coste de los procesos de innovación y desarrollo se han de valorar la financiación y cobertura de las aplicaciones de estos servicios dentro de un sistema público. La realidad es que en la sanidad actual no se pueden financiar para todos y para todas las opciones efectivas disponibles en igualdad de calidad, por lo que hay una necesidad imperativa de tomar decisiones difíciles mediante el establecimiento de prioridades sociales. Este establecimiento de prioridades pasa por la definición comunitaria de la frontera de posibilidades morales, es decir, hasta qué punto tendremos la precaución de maximizar el beneficio social mediante el análisis coste-beneficio sin dejar de lado la libertad de elección del usuario y la necesidad de atender a los más desfavorecidos en igualdad de oportunidades en el acceso y la utilización de los beneficios atribuibles al sistema sanitario. Dentro de este último grupo yo incluiría a los habitantes de naciones en vías de desarrollo, a los que sufren enfermedades poco prevalentes y, por tanto, no rentables económicamente y a las futuras generaciones que todavía no están en condiciones de decidir en qué tipo de sociedad desean vivir.

Conclusión

Cuando el autor de esta ponencia/artículo estaba en la Universidad de Harvard se hizo famoso un libro que se titulaba “Learning to play God at Harvard Medical School”, y en la redacción de este trabajo ha surgido en diferentes momentos el título de aquel libro. El futuro del Proyecto Genoma Humano dependerá de la aplicabilidad clínica de los hallazgos científicos que produzca, del apoyo que reciba de los científicos y de la sociedad, y de la capacidad de dar respuesta a los múltiples interrogantes sociales, económicos y éticos que irá planteando.

EL VALOR DE LA HUELLA GENÉTICA COMO PRUEBA BIOLOGICA

Marian M. de Pancorbo
Azucena Castro
Isabel Fernández-Fernández
Universidad del País Vasco

1. Identificación genética

El análisis del genoma de cada individuo permite obtener su perfil genético individual gracias a una de las propiedades más notables del genoma humano: su exclusividad. Gracias a dicha propiedad, el perfil genético individual hace posible diferenciar a cualquier persona, salvo en el caso de que posea un hermano gemelo idéntico o monocigótico. Hecha esta salvedad, puede admitirse que el perfil genético individual caracteriza a cualquier persona igual o mejor que sus huellas dactilares, motivo por el cual este perfil recibe también el nombre de Huella Genética.

Las secuencias del genoma que se estudian para obtener el perfil genético individual corresponden a regiones altamente variables del mismo, caracterizadas normalmente por ser ADN no codificante, es decir sin información directa o indirecta para la elaboración de elementos de importancia para la vida celular. En consecuencia, no proporcionan información sobre características sensibles de las personas –posibles enfermedades, cualidades físicas o psíquicas, etc.– y por tanto, su análisis, no entra en conflicto ético. Estas regiones hipervariables del genoma de interés para la identificación genética son del tipo ADN microsatélite y ADN ministatélite (Figura 1).

Al estudiar estas regiones altamente variables del genoma se obtienen los perfiles de ADN individuales que constituyen una verdadera huella genética. La probabilidad de encontrar dos personas no emparentados con la misma huella genética es ínfima, se ha calculado en 1 entre 100 millones de billones.

1.1. Aplicaciones de los perfiles de ADN en la identificación genética

Las aplicaciones del perfil genético individual son muy numerosas, tanto en investigación básica como aplicada. En el campo de las aplicaciones caben destacar las siguientes:

– Diagnóstico de paternidad biológica y otras clases de parentesco biológico,

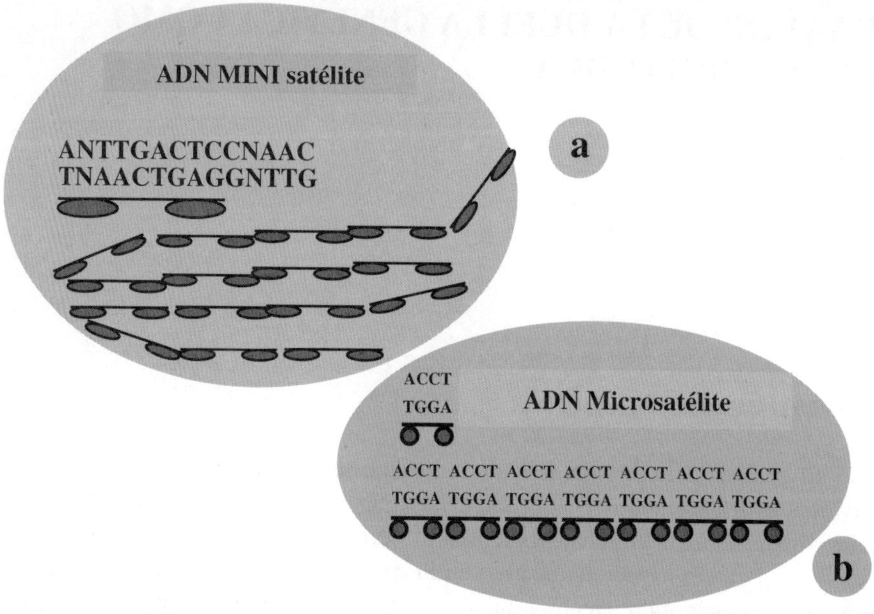

Figura 1. Unidades de repetición y disposición en tándem de las secciones repetitivas hipervariables del genoma

– Identificación de sospechosos por comparación con vestigios biológicos tales como sangre, semen, saliva, raíces de cabello, tejidos corporales diversos, piezas dentales, etc.) en procedimientos penales

– Identificación de individuos post-mortem.

1.2. Diagnóstico de paternidad biológica y parentesco biológico

Hasta 1981 el Código Civil del Estado Español impedía el reconocimiento de los hijos extramatrimoniales y la impugnación de la paternidad sólo se podía hacer en casos excepcionales. La Constitución de 1978, en su artículo 39, cambió esta situación.

El desarrollo de este artículo se produjo en la ley 11/1981, de 13 de Mayo, título V del Código Civil, bajo el epígrafe "De la paternidad y filiación" que abarca todos los aspectos jurídicos relativos a la filiación, a su determinación y prueba y a las acciones de filiación

Así, en la actualidad se admiten legalmente dos tipos de litigios de paternidad que pueden tener como fin (a) la reclamación de la paternidad o (b) la impugnación de la misma.

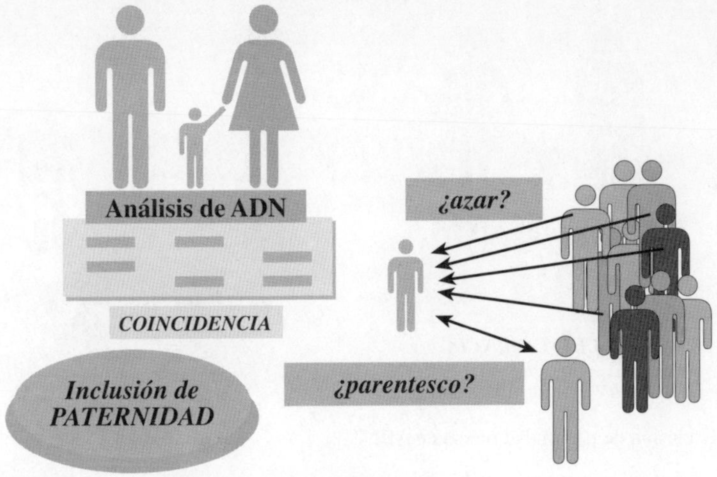

Figura 2. Diagnóstico de paternidad mediante ADN

El ADN transmite directamente la herencia biológica, y es, por tanto, la mejor manera de diagnosticar la paternidad biológica. Este diagnóstico consiste en el análisis de regiones del genoma de las clases ADN minisatélite y ADN microsatélite que suelen ser diferentes entre individuos no emparentados y se basa en que un hijo hereda la mitad de su material genético de la madre y la otra mitad de su padre biológico. Los análisis de ADN se realizan a partir de una extracción de sangre, o simplemente saliva, que se practica a la madre, al hijo y al presunto padre. Para establecer la paternidad biológica se comparan las caracterísitcas genéticas resultantes de los análisis de ADN de la madre y el hijo con los del presunto padre. En primer lugar se comparan el hijo y la madre, así se conoce la mitad del material genético que el hijo ha heredado de su madre, deduciendo de esta manera cuál es la otra mitad que ha tenido que heredar de su padre biológico (Figura 2).

Cuando el presunto padre posee este material genético de esas características queda incluído como padre biológico, por el contrario, si carece del mismo no puede haberlo transmitido al hijo y su paternidad biológica queda descartada (Figura 3).

Los avances tecnológicos recientes permiten realizar diagnósticos de paternidad biológica prescindiendo de analizar la madre, e incluso en situaciones tales como ausencia del presunto padre, por desaparición o fallecimiento, recurriendo entonces a familiares por vía paterna vivos, principalmente abuelos y/o hermanos/as del presunto padre y, en ciertos casos, de manera postmortem utilizando elementos biológicos procedentes de autopsias o especímenes clínicos resultantes de biopsias o restos corporales obtenidos tras exhumación.

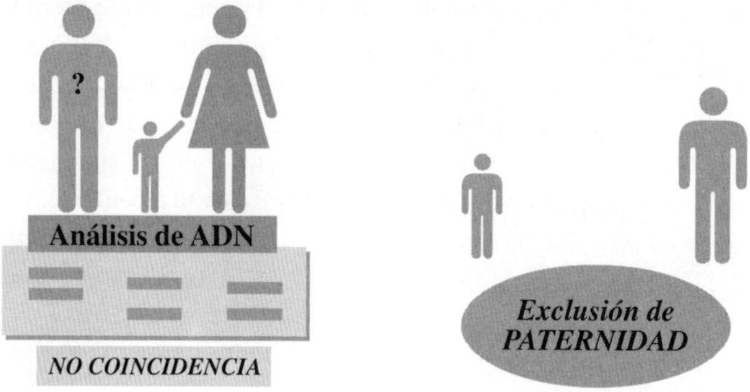

Figura 3. Exclusión de paternidad mediante ADN

Dicho diagnóstico, realizado mediante el análisis del ADN, alcanza en la actualidad una fiabilidad prácticamente absoluta. A diferencia de lo que ocurría antes de la década de los noventa, ahora es posible no sólo descartar la paternidad, sino también afirmarla con una probabilidad superior al 99,9%, cifra que en muchos casos puede llegar al 99,999%. Este valor indica que la posibilidad de una falsa atribución de la paternidad es inferior a 1 entre 100.000 y en consecuencia, la fiabilidad del diagnóstico alcanza el rango de la certeza.

1.3. Identificación biológica de individuos sospechosos de delitos

El análisis de identificación mediante la huella de ADN se refiere, como ya ha sido mencionado, a la caracterización del material genético de un individuo ya que cada persona posee un ADN o material genético exclusivo.

Además, el ADN de un individuo es el mismo independientemente de si es estudiado en las raíces de los cabellos, en las células blancas de la sangre o en el semen. Estos principios de exclusividad individual y de igualdad en la estructura del ADN en todos los tejidos de un mismo individuo proporcionan la base para la identificación biológica, permitiendo contrastar cualquier vestigio biológico encontrado en el lugar de los hechos con el ADN de una muestra de sangre del sospechoso.

La identificación biológica de individuos sospechosos de delitos se realiza comparando la huella genética de cada sospechoso con la huella genética obtenida tras el análisis del vestigio biológico que constituya el material de prueba (Figura 4).

Para proceder a la identificación genética de vestigios biológicos, hay que tener en cuenta en primer lugar la cantidad de ADN disponible para el análisis y por otro lado, el estado de conservación o grado de preservación de las moléculas de ADN presentes en la muestra. Actualmente se han desarrollado técnicas que permiten obtener la huella genética incluso cuando sólamente está disponible una pequeñísima cantidad de ADN, por ejemplo, cuando el resto biológico es una sola raíz de cabello, o la saliva depositada en la boquilla de un cigarrillo. También es posible si el ADN del resto biológico está muy degradado, tal y como sucede en manchas de sangre sometidas a la radiación solar o a temperaturas altas, o si se trata de restos biológicos postmortem. En todos estos casos, que se dispone de tan sólo una pequeña cantidad de ADN o de que el ADN está severamente degradado, o cuando concurren ambas circunstancias, la única opción factible para llevar a cabo el análisis consiste en obtener la huella genética del ADN microsatélite utilizando la técnica de Reacción en Cadena de la Polimerasa o PCR.

Por todo ello, durante esta década la huella genética ha llegado a tener una importancia creciente en la ciencia forense.

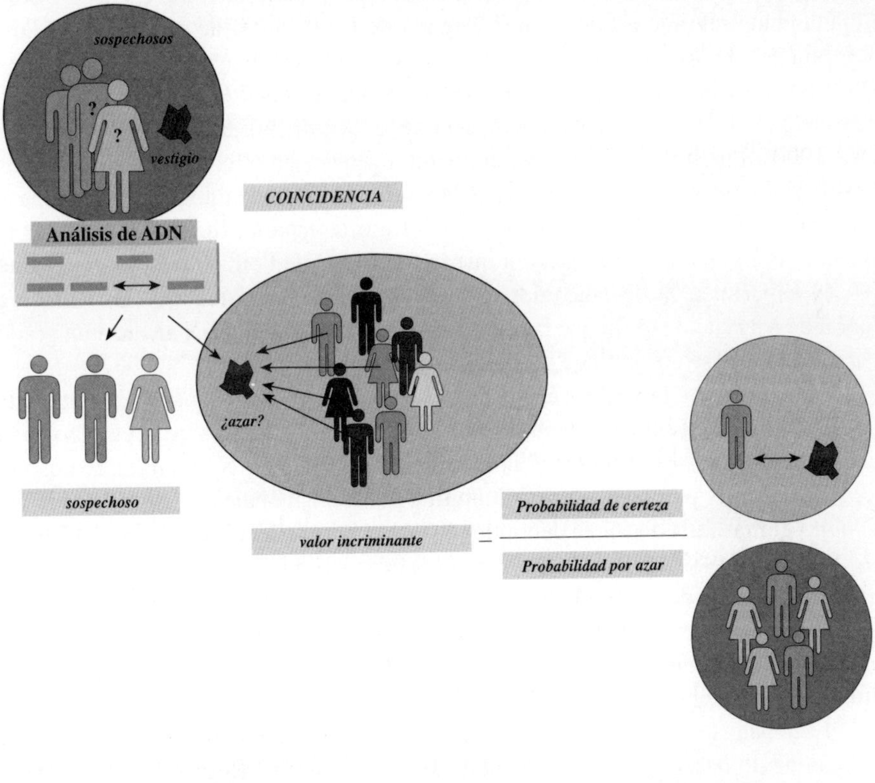

Figura 4. Identificación biológica de individuos sospechosos por comparación del ADN

1.4. Garantías de calidad en el diagnóstico de identificación genética

El diagnóstico de identificación genética se realiza según las directrices de la Sociedad Internacional de Hemogenética Forense (ISFH). Esta es la sociedad que establece las normas a las que deben someterse tanto los centros que realizan este tipo de análisis como los peritos que trabajan en ellas.

Además, todo servicio o centro implicado en estos análisis, debe poseer un programa de garantía de calidad, pasando periódicamente rigurosos controles de calidad tanto nacionales como internacionales, con ello se garantiza la posibilidad de contrapericia por parte de laboratorios de cualquier país. De esta manera es posible asegurar la calidad, integridad y fiabilidad de estos análisis.

2. Diagnóstico genético y Medicina Forense

Los procedimientos forenses, tanto en las áreas criminal como civil, se vieron completamente revolucionados con la llegada de las técnicas de análisis del ADN. Los tribunales de justicia apreciaron el valor de estos análisis, y según se recogió en el Pueblo vs. Wesley (1988): "El tipaje del ADN puede constituir el mejor avance en la búsqueda de la verdad y la meta para establecer la culpabilidad o la inocencia" (en Kirby, 1990). Igualmente, E. Starrs, eminente profesor en el campo de las ciencias forenses, opinaba que: "El análisis del ADN será al final del siglo XX lo que fueron las huellas dactilares al final del siglo XIX". En este sentido, fué reconocido por la legislatura del Estado de Washington que la fiabilidad de la identificación mediante ADN es superior a la de cualquier técnica actualmente existente, y la Asamblea General de Maryland señaló que la identificación mediante el ADN alcanza un grado de seguridad que se aproxima a un margen infinitesimal de error.

Sin embargo, el uso de estas técnicas de análisis del ADN puede presentar una serie de problemas técnicos y de interpretación. Los problemas sobre el empleo de la prueba de ADN en los tribunales comenzaron en 1987 en Norteamérica, cuando la prueba de ADN practicada no fue admitida por los tribunales en alguos casos, de los cuales el más famoso fue el denominado caso Castro (People v. Castro, 545 N. Y. S. 2d 985. Sup. 1989). Sin embargo, pese a la admisibilidad de la prueba, los jueces estuvieron de acuerdo en que la teoría relacionada con la huella genética y la tecnología utilizada para su análisis eran correctas, si bien su aplicación en algunos casos prácticos había sido mal realizada, porque se introdujo de forma precipitada y sin la regulación ni la seguridad adecuadas.

El debate sobre la aceptabilidad de la prueba del ADN en tribunales de USA fue en aumento hasta que el 16 de abril de 1992, el National Research Council de la National Academy of Sciences in America publicó el informe sobre el uso de la tecnología de ADN en Ciencias forenses, donde dejaba clara la admisibilidad de la prueba, aunque contradictoriamente, parecía indicar una moratoria en su uso forense. Actualmente, la prueba de ADN es admitida en todos los tribunales norteamericanos, siempre que se realice en laboratorios acreditados.

En Europa, tras lo ocurrido en Norteamérica, se trabajó intensamente en la estandarización de metodologías, principalmente por parte de la EDNAP (European DNA Profiling Group. De esta manera, la ISFH, a través de su comisión de ADN, que incluye representantes de la EDNAP y de su equivalente la TWGDAM americana, emite regularmente recomendaciones sobre el uso del ADN con fines forenses (ISFH, 1989; 1992a; 1992b; 1993 y 1994).

Por otro lado, los beneficios colaterales que el análisis de ADN proporciona al sistema judicial son también de gran interés. Se ha comprobado que la mayor parte de los acusados de violación, confrontados con los resultados de su análisis de ADN, admiten su culpabilidad. Pero, en general, las nuevas posibilidades de la genética generan una manifiesta ambivalencia. Por una parte estas tecnologías se consideran origen de grandes beneficios, por otra parte, suponen nuevas posibilidades de abuso (González Duarte y Casado, 1996). En esta línea, surgen problemas éticos y jurídicos referidos principalmente a la intrusión en el conocimiento de la intimidad genética, la fiabilidad científica de los laboratorios periciales, la negativa del/los interesados a practicarse las pruebas, y la generación de bases de datos genéticos.

3. Aspectos éticos relativos al análisis del genoma humano en la identificación genética

El principal problema que puede presentar el análisis de la información genética humano con vistas a la identificación es la injerencia en aspectos del genoma relacionados con información sensible del individuo.

De hecho, la perspectiva de acceder al patrimonio genético humano, para estudiarlo y eventualmente modificarlo, fue inicialmente percibida como un atentado contra la personalidad genética del individuo y contra la especie, como potencialmente peligrosa, además de una puerta abierta a la eugenesia. Estos temores de la etapa inicial (1972-1978), de la comunidad científica primero y de la sociedad después se debían a los interrogantes sobre los riesgos que podían comportar las manipulaciones genéticas.

Los problemas éticos generados por el extraordinario potencial predictivo del diagnóstico genético son múltiples. A medida que progresa el descifrado del genoma humano es posible conocer en cada individuo un número creciente de enfermedades, susceptibilidades y predisposiciones. En consecuencia, es posible identificar a los portadores sanos de anomalías genéticas recesivas, no solamente pertenecientes a familias de riesgo, sino también en la población general.

Actualmente es especialmente difícil valorar la obtención de información relacionada con enfermedades de manifestación tardía que se contraponen al caso relativamente simple de las enfermedades graves infantiles. El ejemplo más típico es la corea de Huntington. Esta enfermedad neurodegenerativa grave, aparece generalmente después de los cincuenta años de edad, sin ningún síntoma biológico o clínico previo, evolucionando en varios años hacia la demencia y la muerte, sin ningún recurso terapeútico. Por el momento, el diagnóstico genético de la corea de Huntington no tiene más que un objetivo: ofrecer a los individuos en edad de procrear la posibilidad de tener una descendencia normal. Esta interrupción de la transmisión de la enfermedad en la familia no puede hacerse más que al precio de la identificación premórbida de los sujetos portadores del gen anormal. Frente a la tranquilidad de los sujetos diagnosticados no portadores hay que considerar que la revelación de la verdad a los sujetos afectados supone un veredicto de consecuencias muy graves ya que no se les puede ofrecer ningún tratamiento.

Otro problema concierne a la salvaguarda y utilización de la información genética. Si ésta se ha obtenido de un enfermo antes de su muerte, puede resultar indispensable para efectuar en la misma familia un diagnóstico genético. Es probable que la necesidad de recoger y guardar esta información en las familias de riesgo de enfermedades genéticas graves, se hará cada vez mas necesaria, imponiendo el recurso de la informática.

El establecimiento de registros genéticos genera un problema de confidencialidad, impuesto por la doble necesidad de respetar el secreto médico y de ajustarse a la ley de Informática y Libertad.

A medida que es posible explorar el genoma de cada individuo de manera más y más profunda, no es absurdo imaginar que algún día se podrá establecer una carta de identidad genética individual donde se consignarán, cuando menos, los secretos de la personalidad biológica.

Desde el punto de vista de la medicina, el beneficio de este estado avanzado de la medicina predictiva no parece ser discutible si la predicción se acompaña de una posibilidad de prevención como podría ser en el caso de hipertensión arterial, ateroesclerosis o ciertos cánceres. Por otro lado, si el futuro biológico de cada uno puede ser conocido desde su nacimiento, ¿a quién debe desvelarse esta información? ¿al propio individuo? ¿a su familia? ¿a una autoridad médica desinteresada y tutelar? Por otro lado, numerosos organismos, públicos o privados, pueden estar interesados en conocer el futuro patológico de los individuos, por razones profesionales o legales.

La industria de los seguros, en lo que concierne a seguros de vida, de invalidez y de enfermedad, se ve influenciada por la salud. La determinación de las primas de distintos tipos de seguros requiere el análisis estadístico de datos de la población en su totalidad. El asegurador, además, examina la salud de los candidatos y en función de ambas informaciones, estadística e individual, fija una prima razonable.

La medicina predictiva fundamentada en la información genética es por tanto un arma de doble filo: por un lado ofrece liberar a la especie humana del lastre genético patológico, por otro lado, supone el riesgo de restringir la libertad del individuo al exhibir sus debilidades constitucionales.

La Genética Forense, consciente de los problemas mencionados, ha elegido el análisis de regiones del genoma que no están ligadas a genes predictivos de futuros estados de enfermedad. Afortunadamente, el número de loci de ADN microsatélite es elevadísimo por lo que resulta fácil seleccionar aquéllos altamente variables pero no asociados a genes susceptibles de provocar enfermedades o manifestar cualidades de interés del genoma de las personas.

Sin embargo, la ingente información que puede suministrar la Huella Genética es susceptible de ser utilizada por el Estado (González Duarte y Casado, 1996) prueba de ello son la identificación genética de miembros de las fuerzas armadas norteamericanas, o los bancos de datos genéticos en Inglaterra.

4. Legislación referente al uso de las pruebas de ADN

Nuestro ordenamiento jurídico no posee una completa y adecuada regulación sobre la prueba pericial científica. En el derecho procesal español, la prueba pericial es aquel medio de prueba de carácter personal que consiste en la aportación al proceso por un tercero de una serie de conocimientos especializados o técnicos, que el juez no posee, con el fin de facilitarle la percepción y la apreciación de hechos controvertidos. Por tanto, el perito es la persona que, sin ser parte de un proceso, aporta al mismo sus conocimientos científicos, prácticos o técnicos, con el fin de proporcionar al juez "las máximas de experiencia" especializada para valorar o percibir determinados hechos.

La apreciación del resultado de la prueba pericial corresponde exclusivamente a los Juzgados y Tribunales, sin fuerza vinculante, según establece la Ley de Enjuiciamiento Civil (LEC, art. 632: "Los Jueces y los Tribunales apreciarán la prueba pericial según las reglas de la sana crítica, sin estar obligados a sujetarse al dictamen de los peritos"). A pesar de todo, los Jueces y los Tribunales dan relativa importancia a la prueba pericial, siempre que queden comprobados no sólo la seguridad, el rigor y la eficacia de la misma sino también el respeto de los elementos que luego se analicen para la emisión del informe (Ruiz-Jiménez Aguilar, 1993).

Los peritajes, para ser válidos, realizados deben practicarse ajustándose a lo previsto en la L.E.C. (artículos 610 a 618 y 626 a 632) y la L.E.Cr. (456 a 485) y además ser ratificados en el juicio oral por los responsables de su emisión, al objeto de facilitar a todos los que intervienen en el juicio la posibilidad de interrogar a los peritos sobre la confección y fiabilidad del informe.

Existen pruebas periciales que, una vez demostrado que se han obtenido cumpliendo plenamente los requerimientos legales, poseen aceptación general y son determinantes para el resultado de la sentencia, como es el caso de la prueba dactiloscópica. Al principio de la aplicación de la prueba pericial del ADN se planteó un serio debate entre la comunidad científica y la comunidad jurídica sobre la fiabilidad y repetitividad del método. Sin embargo en la actualidad está reconocida la fiabilidad de esta prueba (Tribunal Constitucional en sentencia de 19 de enero de 1994) y la prueba pericial de ADN está siendo habitualmente utilizada en los Tribunales españoles, en la identificación de vestigios biológicos.

En este momento no existe en el Estado español una legislación específica que regule el uso de las pruebas de ADN para la identificación genética forense. Por tanto, todas las decisiones y actuaciones han de ser desarrolladas en base a las normas vigentes (como la Ley 42/1988, art. 8º) y cuando sea posible, siguiendo la Recomendación No. R (92) 1 del Comité de Ministros del Consejo de Europa, sobre "Uso del análisis del ácido desoxirribonucléico (ADN) dentro del marco del sistema judicial penal". Esta recomendación no es vinculante y equivale a una declaración de principios general sobre cómo deberían legislar los diferentes países a este respecto. Así algunos países europeos, han desarrollado leyes específicas sobre el tema, donde se desarrollan aspectos tan importantes como la acreditación de los laboratorios, estandarización, controles de calidad, bases de datos, etc.

Para cubrir el vacío legal existente en cuanto a las pruebas de ADN, se elaboró por parte del grupo español de la ISFH, en Julio de 1991, un conjunto de directrices para la aplicación de la Huella Genética o polimorfismos genéticos a las pericias médico-legales; estas normas hacen referencia a 5 puntos fundamentales:

1. El objetivo de dichas normas es asegurar la calidad, integridad y seguridad de las pericias tanto en la investigación de la paternidad como en la identificación genética de vestigios biológicos de interés forense.
2. El personal que realiza los análisis debe cumplir ciertos requisitos tales como poseer al menos, el grado de licenciado y demostrar un trabajo continuado en biología forense durante cinco años cuando se trata del jefe del equipo y dos años los demás peritos.
3. El centro debe de cumplir una serie de requisitos como ofrecer un 99,9 % de exclusión "a priori" y pasar regularmente controles de calidad nacionales e internacionales.
4. En la investigación biológica de la paternidad se hace referencia a los marcadores que pueden ser utilizados, datos poblacionales requeridos, evaluación bioestadística de los resultados, probabilidad de paternidad necesaria y emisión del informe de paternidad.

5. El análisis de vestigios biológicos de interés criminal se rige por indicaciones similares a las de la investigación de la paternidad, sin embargo, en éste hay un apartado especial, en concreto el 5.7 que dice "El uso de muestras con fines de investigación criminal y la información derivada de su análisis, así como la protección de las bases de datos, la conservación de la muestras y datos y el intercambio de información entre laboratorios se ajustará a la recomendación NºR(92)I del Comité de Ministros del Consejo de Europa".

Por lo tanto, es necesario reclamar el cumplimiento de cada una de estas directrices como único medio de garantizar la correcta aplicación de las técnicas de ADN en los peritajes médico-legales. Esto en la práctica se traduce en que un informe de identificación (criminal o de paternidad) realizado con técnicas de análisis genético, pueda ser comprobado por Jueces, Magistrados, Ministerio Fiscal, Defensa que ha sido realizado por un laboratorio perteneciente al grupo español de la ISFH como único medio de garantizar la calidad de la prueba y la posibilidad de efectuar contraperitajes posteriormente (Lorente y Lorente, 1995).

5. Negativa de los inculpados a otorgar el consentimiento para la toma de muestras biológicas

Pese a la posibilidad actual de analizar cualquier vestigio biológico y la elevada probabilidad de identificación que se obtiene, llegando a cifras prácticamente similares al 100% de probabilidad, no siempre es posible proceder al diagnóstico de identificación debido a la negativa de los inculpados a proporcionar una muestra con la que comparar el perfil genético obtenido del vestigio biológico encontrado en el lugar de los hechos.

Sin duda, conforme la declaración programática de los artículos 15 y 18 de la Constitución Española, los derechos a la integridad física y a la intimidad personal, tienen el rango de derechos fundamentales. Pero no menos constitucionales son los derechos de las víctimas de un delito a conocer al autor/es del mismo, en base al artículo 24 de la Constitución (Ruiz-Jiménez Aguilar, 1993).

El problema del consentimiento para la realización de análisis de identificación genética en los peritajes médico-legales tiene dos aspectos, uno desde la actuación médica dentro del ámbito de la investigación judicial y otro desde la perspectiva Jurídica desde la posible quiebra de los derechos del encausado al realizar las referidas pruebas.

El consentimiento informado, constituye un requisito para la práctica de cualquier actuación médica. Las circunstancias especiales de la prueba del ADN en el campo del derecho penal implican por una parte el supuesto de la falta de colaboración y por otra la necesidad de informar también de las consecuencias jurídicas que se pueden derivar de su realización. Así, la prueba médico-legal que se lleva a cabo dentro de una investigación judicial y que es necesaria, y muchas veces imprescindible, para averiguar la identidad del autor de un hecho criminal, conlleva necesariamente la existencia de otras pruebas o indicios que indiquen la relación del encausado con los hechos, pudiendo por tanto el Juez sustituir el consentimiento del encausado por medio de una resolución motivada para que el acto médico de la toma de muestras se desarrolle dentro de la licitud (Lorente y Lorente, 1995).

Desde la perspectiva jurídica, los derechos recogidos en la Constitución Española que pueden lesionarse al realizar una prueba de identificación genética sin el consentimiento del encausado son:

- la dignidad de la persona (art. 10.1)
- la libertad de movimientos (art. 17.1)
- la integridad física (art. 15)
- no declarar contra sí mismo (art. 17.3)
- no declararse culpable (art. 24.2)
- la presunción de inocencia (art. 24)
- la intimidad personal (art. 18.1)

Ninguno de estos puntos puede ser abordado directamente sin despejar con antelación una premisa de carácter constitucional, ya que cualquier restricción de derechos fundamentales debe estar justificada, lo que hace entrar en juego la exigencia de proporcionalidad en los sacrificios. No se plantea la idea de que los derechos fundamentales son ilimitables, sino que todo debe quedar referido al caso concreto; por ello, se hace necesaria una referencia al principo de proporcionalidad porque las respuestas que pueden darse a las cuestiones planteadas van a estar condicionadas por este principio (Peris, 1992).

La Comisión Europea (D.8278/78 de 13-12-79) se pronunció sobre el Derecho a la libertad de movimientos, afirmando que "la ejecución forzosa de exámenes de sangre a una persona constituye una privación de libertad, incluso en el caso de que dicha privación sea de corta duración". Esta privación de libertad se produce porque la toma de muestra puede exigir su detención y su posterior traslado a un centro especializado. Sin embargo es patente que, cumpliéndose con sus presupuestos y garantías, la libertad individual puede limitarse, como sucede con la detención preventiva (López-Fragoso, 1995). Además, en el caso de la investigación criminal, el derecho a la libertad de movimientos, podría ser obviado, ya que si existen los indicios y elementos suficientes como para plantearse la realización de una prueba de identificación genética, es de suponer que estos indicios, habrán determinado con anterioridad en la mayoría de los casos, la privación de libertad del sospechoso antes de que se plantee incluso la recogida de la muestra.

Respecto al Derecho a la integridad física, La Declaración Universal de los Derechos Humanos recoge que nadie puede sufrir una lesión en contra de su voluntad, por leve que ésta sea. Sin embargo, hay que tener en cuenta que el análisis del ADN no requiere muestras cuya toma implique la producción de lesiones ya que cualquier parte orgánica (un poco de saliva, cabellos...) puede ser útil para este fin.

Por otra parte, la sentencia del Tribunal Europeo de Derechos Humanos de 13 de diciembre de 1979 consideraba que una intervención tan banal como un examen de sangre no puede constituir una injerencia prohibida por el derecho a la integridad física. Analizando el artículo 15 de la Constitución Española junto con el 2.1. de la Comisión Europea de Derechos Humanos, se llega a la conclusión de que una resolución judicial ordenando un análisis de sangre, no es incompatible con las exigencias del derecho a la vida y a la integridad física del sujeto afectado (Lorente y Lorente, 1995).

En cuanto a los Derechos a no declarar contra sí mismo, no declararse culpable y a la presunción de inocencia, la Comisión Europea se pronuncia de la siguiente manera: "la posibilidad ofrecida al inculpado de probar un elemento que le disculpa no equivale a establecer una presunción de culpabilidad contraria a la presunción de inocencia, puesto que, si puede parecer evidente que, siendo positivo el resultado de la prueba, puede derivarse una sentencia condenatoria, tampoco lo es menos que este mismo examen, si fuera negativo, puede exculpar al imputado" (D. 8239/78 de 4 de Diciembre).

En relación al Derecho a la intimidad personal del artículo 18 de la Constitución, junto al de la dignidad humana (art. 10) del que deriva, se desprende que la información genética de cada individuo pertenece al reducto humano de intimidad, a la esfera privada de los sujetos reservada frente a injerencias extrañas. En este sentido la sentencia del Tribunal Supremo de 13 de marzo de 1989 considera que los datos analíticos de una persona determinada, análisis clínicos, bacteriológicos, morfológicos..., se integran en el patrimonio de la intimidad personal, y en consecuencia, aquél comprende el perfil genético revelado por las técnicas de ADN (Choclan, 1994). Por otra parte, la intimidad personal, en el sentido de la intimidad corporal, puede verse además afectada por una medida restrictiva que imponga una intervención corporal. Si tenemos en cuenta que la mayoría de estas indagaciones corporales no exigen más que una mínima afectación de nuestra integridad física, como puede ser el hecho tan cotidiano de una extracción sanguínea, o aún de menor entidad, como es la extracción de un simple cabello, comprobamos que quizás el derecho fundamental que pueda verse más restringido con una intervención corporal sea el derecho a la intimidad corporal, en cuanto a ámbito personal cuyas circunstancias queremos guardar secreto de su conocimiento por terceras personas. Pero no es menos evidente que la doctrina del intérprete máximo de la Constitución española no admite ningún derecho fundamental como derecho ilimitado. El derecho a la intimidad puede verse limitado en casos determinados, en general en consideración a otros intereses dignos también de protección, y así el interés público en hacer eficaz la persecución de importantes delitos (López-Fragoso,1995). Si además tenemos en cuenta que el fin de las pruebas de identificación genética es la determinación de la autoría de delitos generalmente muy graves, éstas pueden llegar a considerarse un elemento imprescindible para que realmente se pueda establecer Justicia determinando la culpabilidad y responsabilidad del autor.

Por tanto se deberá ponderar entre el derecho a la intimidad personal y el derecho de la Comunidad a la comprobación de la autoría del delito, debiéndose valorar el interés prevalente en cada caso, especialmente el interés social y de orden público que subyace en la eficaz persecución de las infracciones penales, lo que determinará en su caso la prevalencia sobre un derecho de naturaleza estrictamente individual, máxime como pone de manifiesto el auto del Tribunal Supremo de 31 de mayo de 1990, cuando está en juego además la certeza de un pronunciamiento judicial (Choclan, 1994).

Ante la carencia legal que representa la ausencia de una regulación expresa que autorice a los órganos judiciales la investigación del perfil genético del inculpado en el proceso penal, que imponga sus límites y garantías, cabe preguntarse si aquella injerencia es constitucionalmente (Choclan, 1994).

La actual Legislación Española no establece la obligación procesal del acusado de someterse a pruebas que exijan la intervención corporal, no siendo suficiente, a estos efectos la disposición del art. 17.1 de la Ley Orgánica del Poder Judicial que establece "el deber de todas las personas a prestar la colaboración requerida por los Jueces y Tribunales en el curso del proceso, en la forma que la Ley establezca" (Aullo Chaves, 1993). En consecuencia, la posibilidad de practicar la prueba de ADN y en general, cualquier prueba biológica, depende, como se ha dicho, del sometimiento que la persona afectada efectúe, pues el superior principio de la libertad individual impide emplear cualquier tipo de fuerza o coacción para obtener las muestras sanguíneas (Choclan, 1994).

La imposibilidad de extracción por la fuerza de las muestras biológicas no significa inexigibilidad de tales pruebas ni un supuesto derecho del inculpado a consentir o no la práctica de operaciones análiticas, sino que puede afirmarse un auténtico deber jurídico el de someterse a la práctica del reconocimiento hematológico. La negativa injustificada del imputado a presentarse a la prueba de ADN representa una actitud obstruccionista, fraude de ley o abuso de derecho y quebranta el deber jurídico de colaboración, lo que permite valorar en el plenario aquella negativa como indicio de su culpabilidad a conjugar con otros elementos probatorios.

En consecuencia, la negativa injustificada del inculpado a prestar muestras biológicas de las que pueda deducirse el perfil genético del ADN, podrá constituir un elemento utilizable en el plenario conforme a lo establecido en el artículo 741 de la Ley de Enjuiciamiento Criminal. Sin embargo es necesario, como se desprende de la sentencia del Tribunal Constitucional 37/1989, advertir al inculpado de las consecuencias sancionatorias que puedan seguirse de su negativa y de la valoración que de ésta quepa hacer en relación con los indicios ya existentes.

La posibilidad de que en el futuro pueda reconocerse como obligatorio el sometimiento a estas pruebas, para la más adecuada y positiva persecución de los delitos, no debe ser descartada por razones de legitimidad constitucional. Si legalmente se fija –y su lugar adecuado será sin duda la Ley de Enjuiciamiento Criminal– cabe reconocer su futuro valor obligatorio. Lo que debe ser rechazado, por atentar contra el derecho fundamental de la integridad física es la posibilidad de realizar estas prácticas de forma coactiva. Por último, aún cuando el derecho a la intimidad personal no sea un derecho absoluto, su limitación, como la de cualquier otro derecho fundamental, deberá estar siempre justificada (Peris, 1992).

6. Obtención de muestras contra la voluntad del inculpado sin empleo de fuerza física

El sometimiento a la toma de una muestra que no cause lesiones, debería ser lícito, si se salvan mediante ciertas condiciones, los posibles quebrantos de determinados derechos fundamentales, ya que como señala Ruiz-Vadillo, "no es un principio absoluto que la verdad tenga que ser investigada a cualquier precio".

En ningún caso, es factible la toma de muestra mediante el empleo de la fuerza física, que sería en este caso degradante e incompatible con la prohibición contenida en el art. 15 de la Constitución Española. Para evitar el empleo de la fuerza física, cabría la posibilidad de aportar al proceso muestras o resultados de análisis voluntariamente facilitados por el afectado para otros fines (ejemplo, a un centro hospitalario con ocasión de análisis o intervención quirúrgica). A este respecto se pronuncia una Recomendación del Consejo de Europa, emitida en la reunión del Comité de Expertos en Biotécnica, en Estrasburgo, en mayo de 1991, con relación a la información derivada del análisis de ADN para la investigación y persecución de los delitos criminales. Dispone esta Recomendación que aquella no debe ser usada para otros propósitos excepto cuando esta información aparece claramente relevante para la salud del individuo, e inversamente las tomas obtenidas para propósitos médicos no podrán ser utilizadas para otros fines.

Por tanto, la prestación voluntaria al análisis genético para fines bien definidos y generalmente para el propio beneficio del sujeto no puede ser utilizada posteriormente en su contra en un proceso penal en que aparezca como inculpado. Además, el perfil genético del imputado o procesado determinado en un proceso concreto, no puede ser utilizado en otro proceso penal por delito distinto al investigado en el previo, sino que en este segundo proceso deberá recabarse nuevamente el consentimiento del imputado, bien para que facilite muestras biológicas para nuevo análisis, bien para que permita la aportación a la causa de la información genética obtenida en el primer proceso, sin perjuicio de las consecuencias jurídicas que puedan deducirse de la negativa a una u otra colaboración (Choclan, 1994).

La tecnología actual del ADN permite que las muestras necesarias para realizar un análisis de identificación genética, puedan ser obtenidas sin ningún medio coactivo o de fuerza física de objetos personales del inculpado que contengan restos orgánicos (cepillo de dientes, boquillas de cigarrillos, restos de saliva en vasos, cabellos en el peine…) para el estudio de su ADN sin su consentimiento. De manera que si el inculpado niega su colaboración, sería el Juez quien determinaría su posible utilización (Lorente y Lorente, 1995). Sin embargo, hay que tener en cuenta como afirma Lopez Barja de Quiroga y Rodriguez Ramos, "una decisión judicial no es la piedra filosofal... Ciertamente el poder al juez le viene atribuido por la Ley y sólo puede ejercitarlo en la forma que la ley lo concede y hasta el límite que la misma establece". Sin ley que lo autorice no existe, pues, decisión judicial válida (Choclan, 1994).

7. Bancos de datos genéticos para uso forense

El potencial del ADN como medio de identificación hizo que pronto se propusiese la realización de bancos de datos de delincuentes para delitos graves y con altas tasas de reincidencia, como es el caso de los delitos contra la libertad sexual. Así, una vez obtenido el perfil genético de un presunto culpable de un delito de aquella naturaleza, será posible compararlo, tanto con el perfil obtenido de muestras previamente recogidas en casos aún no resueltos, como con los perfiles de muestras que se vayan recogiendo en el futuro en otras investigaciones por delitos análogos.

En un informe de la TWGDAM, el FBI propuso la creación de bases de datos nacionales de ADN, donde se establece que la base de datos se limitará a personas convictas de crímenes violentos. Posteriormente propuestas en Europa (Carracedo y Pestoni, 1995), tales bases de datos han mostrado las ventajas en la reducción de la criminalidad en delitos contra la libertad sexual.

Entre las recomendaciones del Consejo de Europa adoptadas en el Comité de Expertos en Biotécnica, figura que excepcionalmente podría admitirse el almacenamiento de datos relativos a convictos de delitos sexuales y otros serios delitos acerca de la vida y de la seguridad de las personas, siempre que en tales casos el estricto almacenamiento sea definido por una ley nacional. La Ley Orgánica 5/1992 de 29 de octubre dispone en su art. 6 que el tratamiento automatizado de los datos de carácter personal "sensibles" relativos al origen racial, a la salud y a la vida sexual, sólo podrán ser recabados, tratados automatizadamente y cedidos cuando por razones de interés general así lo disponga una ley o el afectado consienta expresamente. Dentro de este grupo de datos sensibles habrá de incluirse la información genética obtenida mediante análisis de ADN. En consecuencia la eventual constitución de bancos de datos mediante el tratamiento automatizado de los perfiles de ADN requerirá en todo caso una ley específica que expresamente regule el régimen a que haya de someterse. Por tanto en defecto del consentimiento del interesado, la recogida y el almacenamiento de los patrones de bandas de ADN requirirá habilitación legal expresa fundada en razones de interés general, como podría ser el de la eficaz persecución de los delitos contra la libertad sexual.

Mayores recelos, desde el punto de vista constitucional, plantearían la existencia de bancos de datos de tal naturaleza relativos a toda la población, a modo de Registro Civil, pues no se ocultan los problemas de connotaciones éticas habida cuenta de que la información que permite ofrecer el análisis de ADN va mucho más allá de la mera identificativa. En consecuencia, a falta de ley específica que regule los bancos de datos, la recogida y tratamiento de los datos sensibles, y por ello de la información genética, deberá tener como límite la investigación concreta reducida al sumario o diligencias para los que fueron recogidos (Choclan, 1994).

Sin embargo, aunque existen reticencias para implantar estas bases de datos por el posible atentado que suponen contra la privacidad de la información genética y problemas derivados de la confidencialidad de la información, sus ventajas para la investigación criminal en ciertos delitos como el de violación son tan obvias que deberían implantarse inmediatamente (Carracedo y Pestoni, 1995).

En resumen, corresponderá al legislador valorar la concurrencia de razones de interés general que determinen la oportunidad de acomodar la legislación española a la vigente en otros ordenamientos sobre constitución de bancos de datos de ADN a los fines de investigación criminal, lo que, demostrada su eficacia en la prevención y represión del delito, especialmente de los delitos contra la libertad sexual, se erige en cuestión de política jurídica (Choclan, 1994).

Bibliografía

AULLO CHAVES M. (1993). *Estado actual de la legislación española y otros países de nuestro entorno en lo relativo a las pruebas de identificación mediante el empleo de sondas de ADN.* Utilización de material genético en criminalística y pruebas de paternidad: aspectos éticos y legales. (ISFH) pp 55-74

CARRACEDO A., PESTONI C. (1995). *La huella genética. Aplicaciones de los polimorfismos del ADN a la investigación criminal.* Clinica Policial, 29: 89-100

CHOCLAN J.A. (1994). *Las técnicas de ADN como método de identificación del autor de delitos contra la libertad sexual.* La Ley, 3556: 1-6

GONZÁLEZ DUARTE R Y CASADO M (1996). "Bioética y Genética" en *Materiales de Bioética y Derecho* pp 241-256, M. Casado Ed., Cedecs Textos Abiertos, Barcelona, Cedecs Editorial S.L.

ISFH (1989). *Recomendations of the Society for Forensic Haemogenetics concerning DNA polymophisms.* Fore.Sci. Int., 43: 109-111

• (1992a). *Report concerning recommendations of the DNA Commission of the ISFH relating to the use of DNA polymophisms.* Int. J. Leg. Med., 104: 361-364

• (1992b). *Report concerning recommendations of the DNA Commission of the ISFH relating to the use of PCR-based polymophisms.* Int. J. Leg. Med., 105: 63-64

• (1993). *DNA Recomendations-statement by the DNA commission of the International Society for Forensic Haemogenetics concerning the National Academy of Sciences Report on DNA technology in forensic science in the USA.* Int. J. Leg. Med., 105: 361

• (1994) *DNA recomendations- 1994 report concerning further recommendations of the DNA Commission of the ISFH regarding PCR-based polymorphisms in STR (short tandem repeat) system.* Int. J. Leg. Med., 107: 159-160

KIRBY L.T. (ed.). (1990). *DNA Fingerprinting. An introduction.* New York, Stockton Press.

LÓPEZ-FRAGOSO T. (1995). *Las pruebas biológicas en el proceso penal. Consideraciones sobre la identificación por el ADN.* Derecho y Salud, 2: 200-207

LORENTE J. A., LORENTE M.(1995). *El ADN y la identificación en la investigación criminal y en la paternidad biológica.* Granada, Editorial Comares.

PERIS RIERA JM (1992). *La identificación genética y los derechos fundamentales (Euforia criminalística y restricciones derivadas del principio de proporcionalidad de los sacrificios)* Arbor CXLIII, 564 (Diciembre): 45-79

RUIZ-JIMENEZ AGUILAR J. (1993). *Aspectos legales y prácticos del empleo de la información genética en criminalística y pruebas de paternidad. Utilización de material genético en criminalística y pruebas de paternidad: aspectos éticos y legales.* (ISFH) pp 15-27

LAS REPERCUSIONES JURÍDICO-PENALES DE LAS NUEVAS TECNOLOGÍAS GENÉTICAS. APROXIMACIÓN GENERAL

Jaime Miguel Peris Riera
Universidad de Murcia

Introducción

Hace ya bastantes años que está de moda el tema de las relaciones entre el Derecho y la Ciencia. Ello es evidentemente cierto, aunque no lo es menos reconocer que en esta década el fenómeno se ha agudizado. En tono algo más que humorístico resalta Vivant la imagen según la cual hoy es difícil encontrar a alguien que no tenga una opinión al respecto, pero tambien es difícil –dice– "tener una opinión pertinente".[1]

Importantes sectores doctrinales destacan la necesidad de que el jurista no sólo "racionalice" el presente, por entender que su tarea debe de ir más allá y, por tanto, alcanzar una cierta "programación" del futuro.[2] Pese a ello, el Derecho en la actualidad, frente a las actividades científicas, se debate entre dos actitudes diametralmente opuestas: la de un Derecho que se retira y la de un Derecho que interviene. La primera posición la adopta en todos aquellos casos en los que decide, por muy diversas razones y por muy distintos intereses, no intervenir, originando el consabido "vacío legal". Se trata de supuestos en los que elige "no programar", y en los que el mundo de la investigación científica se mueve en un área de "no Derecho", sólo ceñida a los criterios marcados por la conciencia del investigador o de su grupo. La segunda opción parece surgir cuando la desconfianza, u otros intereses, recomienda la intervención. Ésta puede iniciarse mediante muy sutiles mecanismos, suavemente, o de forma abierta a través de la creación de leyes especiales dedicadas al control legislativo de esas actividades científicas.

Es bastante común que las actividades científicas dedicadas en especial a las manipulaciones genéticas, o a las actividades biomédicas en general, no planteen directamente el problema de su ilicitud, sino más bien una cuestión centrada en los

1. Vivant, M. (1993). *La regulation juridique de l'activité scientifique,* en: Sciences et Dèmocratie, Presses universitaires de Strasbourg, pp. 17.

2. Mantovani, F., *Manipulaciones genéticas, bienes jurídicos amenazados, sistemas de control y técnicas de tutela*, traducción de Jaime Peris, en: Revista de Derecho y Genoma Humano,

límites de licitud. La tarea se complica porque no se trata de prohibir, sin más. El objetivo es reglamentar[3] aquellas iniciativas "fijando sus límites y sancionando las violaciones con el fín de que se aseguren los beneficios y se eviten los daños para el hombre"[4]. Se trataba de evitar desde un principio acciones irresponsables como pudiera serlo permitir a la gente involucrarse en reproducciones humanas operando en una absoluta oscuridad legal[5].

Desde la perspectiva del Derecho, las nuevas situaciones surgidas con las técnicas de manipulación genética, son afrontadas según las dos posiciones que el orden jurídico tradicionalmente adopta frente a los retos que le son novedosos: o readapta las disposiciones jurídicas ya existentes o procede a la elaboración de regulaciones que las encaucen. Así, ha podido reconocerse que desde el punto de vista jurídico lo decisivo es resolver una cuestión previa: "cómo debe intervenir el Derecho y con qué efectos y sobre qué aspectos"; para ello se recomienda un análisis que oriente la identificación de los bienes jurídicos que pueden verse afectados; a su vez, ese examen debe indicar los límites de la materia necesitada de regulación y, por último, la determinación de lo que debe prohibirse y sancionarse, con qué intensidad y mediante qué instrumentos jurídicos.[6]

La pregunta clave gira en estos últimos años en torno al papel que debe jugar el especialista en Derecho a la hora de encauzar los temores infundados, los potenciales riesgos y las peligrosas actuaciones precipitadamente oportunistas: ¿qué actitud le corresponde mantener a un legislador atento a los problemas de su época?

La sociedad tiene efectivamente que manifestarse al respecto. Es en su seno donde deben ser discutidas las cuestiones éticas y morales que se suscitan, siendo una tarea de todos sus miembros y no competencia de pequeños grupos de opinión y de presión[7]. Pero el jurista, al ponderar los resultados de esa valoración, no puede olvidar que la sociedad perfilada por nuestra Constitución es ideológicamente plural[8]. Se trata de cuestiones que en la mayoria de casos afectan a la propia esencia del ser humano y que por ello están siempre abiertas al debate y al conflicto, no solo jurídico.

---

3. La perspectiva "reglamentadora" cuenta con más adeptos que ninguna otra; en última instancia lo que se busca con ahínco es alguna clase de clarificación legislativa, no la prohibición directamente penal.

4. Mantovani, F. (1993). *Manipolazioni genetiche*, Estratto dal Digesto Italiano, 4 ediz., vol.VII, UTET, pag. 18.

5. Cusine, D. (1991). *Experimentation: some legal aspects*, en: Experiments on embryos, dirigido por Dyson & Harris, Nueva York, pp. 123.

6. Romeo Casabona, C.M. (1994). *Límites penales de la manipulación genética*, en El Derecho ante el Proyecto Genoma Humano, vol.III, Fundación BBV, Madrid.

7. Hendee, W. (1991).. *Public attitudes towards human genetics research: endorsement, indifference or opposition*, en: Intern.Jal.of Bioethics, 2, pp. 246.

8. Cuerda Riezu, A. (1988). *Límites jurídico-penales de las nuevas técnicas genéticas*, en: Anuario de Derecho Penal y Ciencias Penales, pp. 418.

Estimo que la tarea jurídica puede ser muy importante siempre que logre alejarse de una pura actitud de límite y control. No podemos reducir nuestra actividad a una simple puesta en práctica de medidas coercitivas que asfixien el derecho a la libertad de investigación[9]. Entre otras cosas porque, tal y como he tenido ocasión de destacar desde hace unos años, en muchos ámbitos mandaremos lo mismo que mandaba el rey Canuto sobre las mareas.

1. El marco general de la intervención del Derecho. Planos de actuación

A la hora de afrontar la regulación de esta materia, según los objetivos que persiga la tutela y según el riesgo que se trate de evitar, las iniciativas varían tanto en intensidad como en extensión.Eser[10], en una conocida fórmula escalonada, ofrece una serie de posibilidades que tratan, en conjunto, de dar respuesta a las necesidades reales tratando de evitar que el miedo, provocado por la desinformación, origine reacciones desorbitadas.

1.1. La comunidad investigadora puede comenzar utilizando determinados mecanismos de autocontrol deontológico. Son mecanismos de autodisciplina y autocontrol profesional. A pesar de la importancia que en la dinámica habitual de actuación pueden llegar a tener estas instancias, incluso aunque algunos autores hayan resaltado cómo la historia de muchos fracasos humanos se ha correspondido con el fracaso de la conciencia y deontología profesionales[11], me inclino en favor de aquella opinión que ve en los códigos tradicionales de deontología médica y en la genuina ética médica un mecanismo insuficiente para hacer frente a los progresos actuales en los distintos ámbitos de la Medicina.[12]

Instancias como las constituidas por los Comités de Ética pueden ser buenas para atender a finalidades garantistas, desarrollando una función abiertamente contraria a la autotutela del grupo, nunca encubridora de inmunidades elitistas, pero el Estado no debe renunciar bajo ningún concepto a las tareas de intervención que le corresponden, puesto que menester de aquéllos no es la fijación del ámbito y los

---

9. Demmer, K. (1989). *Tecnología genética y hombre. Implicaciones éticas de un reto contemporáneo*, en: La vida humana.Origen y desarrollo.Reflexiones bioéticas de científicos y moralistas. Universidad Pontificia de Comillas, Madrid, pp. 289.

10. Eser, A. (1985). *Genética humana desde la perspectiva del Derecho Aleman*, en: Anuario de derecho Penal y Ciencias penales, pp. 363.

11. Mantovani, F. (1945-1990). *I delitti contro l'essere umano*, en: Studi in onore di Giuliano Vassalli. Evoluzione e riforma del Diritto e della procedura penale, vol.I, pp. 452.

12. Koch,H.G. (1992). *Etica médica y Derecho médico:una propuesta de teoría armonizadora*, en: Eguzkilore, nº5, extraordinario, pp. 113.

límites de la licitud de las actividades biomédicas. Estos sistemas de autocontrol deontológico sólo pueden desarrollar, por tanto, una función de complementariedad, incluso de garantía, pero nunca de fuente de licitud de unas actividades que repercuten directamente en la colectividad.[13]

1.2. En un segundo plano se coloca todo un sistema de garantias administrativas de caracter procesal; instancia muy utilizada, que es además la que se adoptó por el Ordenamiento Jurídico español como vía única hasta la entrada en vigor del Código Penal de 1995. Esta iniciativa no debe extrañar puesto que en las sociedades desarrolladas se admite el intervencionismo de los poderes públicos en cuestiones relativas a la salud, por lo que estando reguladas muchas de las actividades biomédicas más complejas, con mayor motivo debe extenderse la regulación a las manipulaciones genéticas entendidas en sentido ámplio, tanto sobre personas como sobre animales o plantas. Estos sistemas, con sus correspondientes sanciones, se reconocen muy adecuados por la Doctrina por cuanto pueden controlar adecuadamente los grandes intereses económicos que generalmente subyacen a estas actividades(con los correspondientes grupos de presión que los sustentan).

Este plano de control en el ámplio marco de las nuevas tecnologías genéticas comienza a consolidarse en España en 1988 y se completa en 1994. La cobertura normativa general puede desde entonces esquematizarse en base a distintos elementos de regulación.

1.2.1. En primer lugar se colocarían algunas previsiones constitucionales íntimamente relacionadas con las técnicas de investigación en genética humana, animal y vegetal(el derecho fundamental a la producción y creación científica, el derecho al matrimonio y la obligación correlativa del Estado de proteger la familia, el reconocimiento constitucional a la salud, etc.).

A ello se añadirían, en el área de la legislación general, una serie de normas aplicables a estas cuestiones, bien por remisión de las leyes específicas, bien por resultar imprescindibles o complementarias en algunos de los presupuestos y consecuencias de las actividades contenidas en esas leyes. Así, por citar las más relevantes, la Ley 14/1986, de 25 de abril, General de Sanidad; la Ley Orgánica 1/1982, de 5 de mayo, sobre la protección civil del derecho a la intimidad personal y familiar, al honor y a la propia imagen; la Ley Orgánica 5/1992, de 29 de octubre, de regulación del tratamiento automatizado de los datos de caracter peresonal y la Ley 25/1990, de 20 de diciembre, del medicamento (y un gran número de decretos relacionados con ellas).

---

13. vid., al respecto y más ámpliamente mi libro *La regulación penal de la manipulación genética en España: principios penales fundamentales y tipificación de las genotecnologias*, Civitas, Madrid 1995, pp. 56 y 57 y bibliografía allí citada.

1.2.2. El área de la legislación específica se configura mediante tres leyes que se ocupan de encauzar los comportamientos posibles, marcando las infracciones y sanciones para las actividades que sobrepasan los límites de lo permitido. Ley 35/1988, de 22 de noviembre, sobre técnicas de reproducción asistida humana; Ley 42/1988, de 28 de diciembre, de donación y utilización de embriones y fetos humanos o de sus células, tejidos u órganos; y Ley 15/1994, de 3 de junio, por la que se establece el régimen jurídico de la utilización confinada, liberación voluntaria y comercialización de organismos modificados genéticamente, a fín de prevenir los riesgos para la salud humana y el medio ambiente.

En general, puede decirse que las leyes específicas reguladoras de las actividades de manipulación genética componen un amplio marco de licitud para las genotecnologias, y otras conductas complementarias o afines, en el que destacan las grandes competencias de control asignadas a la Administración a través de las pertinentes comisiones previstas al respecto. Las leyes de 1988 vienen a ser una plasmación legislativa de las recomendaciones contenidas en el denominado "Informe Palacios", elaborado por la Comisión Especial de Estudio de la fecundación in vitro y la inseminación artificial humanas[14]. Esta Comisión, en una dinámica semejante a la que se había mantenido en otros paises europeos, enumeró tambien en su informe una serie de "desviaciones no deseables", y supuestos de utilización indebida de las técnicas biomédicas, sugiriendo la creación de determinadas prohibiciones. Sólo que, al hacerlo, distinguió entre unas conductas que debían ser "prohibidas categóricamente y consideradas como delito criminal", y otras que se entendían igualmente prohibidas, pero sin especificar si la prohibición debía alcanzar el nivel penal o quedar en el administrativo. La ley 35/1988 sobre técnicas de reproducción asistida humana se limitó a contemplar la mayor parte de estas conductas, además de otras, como infracciones muy graves, sin prever la configuración de ilícitos penales. En sentido semejante se desarrollaron la Ley 42/1988 y la Ley 15/1994, que únicamente contemplaron infracciones, graves y muy graves, de naturaleza administrativa.

Las valoraciones doctrinales sobre el régimen de infracciones y sanciones contenido en estas tres leyes fueron bastante coincidentes, se reconoció, en general, que esta regulación se ajustaba "a los parámetros constitucionales que deben presidirla realizando una limitación de la genética humana compartida mayoritariamente por nuestra sociedad"[15]. Ciertamente, las disensiones nunca se movieron sobre el plano de lo que debía estar o no prohibido, sino el tipo de medio preventivo y tutelar que debía acordar el Ordenamiento Jurídico a la hora de canalizar el intervencionismo de los

---

14. Informe Palacios (Informe y trabajos de la Comisión Especial de estudio de la fecundación in vitro y la inseminación artificial humanas) (1987). Congreso de los Diputados, Madrid.

15. Valle Muñiz,J.M./Gonzalez Gonzalez,M. (1992). *Utilización abusiva de técnicas genéticas y Derecho Penal*, en: Poder Judicial, nº 26, pp. 117.

poderes públicos en las actividades de manipulación genética humana, animal o vegetal(incluida la reproducción asistida). La disputa se centró en el tipo de instrumento, penal o administrativo, a utilizar.

1.3. Que al Derecho Penal, con sus correspondientes prohibiciones, había que llegar sólo cuando éste representase el "último freno", venía constituyendo una opinión presente en todos los autores especializados en ésta problemática. Se reconocía que a la instancia punitiva había que acudir verificando, en cada caso concreto, la necesidad de protección, la necesidad de la pena y la idoneidad de la pena[16]. La brevedad y esquematismo perseguido en estas páginas impide desarrollar pormenorizadamente las razones por las que mantenemos una severa crítica respecto de la iniciativa acometida por el legislador español en el Código Penal de 1995 en el que, al regular el Título V del Libro II, "De los delitos relativos a la manipulación genética", ha incluido preceptos que, sin duda, respetan y armonizan con estos principios generales del Derecho Penal, pero tambien ha creado infracciones que, a nuestro juicio, se enfrentan abiertamente con los mismos. Veamos sintéticamente el contenido y alcance de los delitos, efectuando las críticas que estimamos más destacables, aunque ello se haga desde una perspectiva no excesivamente técnica.

2. El recurso al Derecho Penal: la criminalización de conductas de manipulación genética

Cuando el hoy Título V del Libro II del Código, "De los delitos relativos a la manipulación genética", apareció en el Proyecto de 1992 -con una redacción y estructura notablemente distinta a la actualmente en vigor- una parte de la Doctrina especializada valoró positivamente la inclusión de delitos sobre estas actividades en el Código Penal, "como voluntad del legislador de sancionar penalmente las conductas más graves vinculadas con aplicaciones no deseables de la biotecnología"[17]. Sin embargo, tambien de inmediato se resaltó por otros autores la desafortunada plasmación técnica de esa voluntad en los concretos tipos penales; sobre todo porque el prelegislador olvidó que no era factible en general acometer desde el Derecho

16. Eser, A. (1989). *La moderna medicina de la reproducción e ingeniería genética (aspectos legales y socio-politicos desde el punto de vista alemán)*, en: Ingenieria genética y reproducción asistida, ed.Marino Barbero Santos, Madrid, pp. 297.

17. Romeo Casabona, C.M. (1993). *El proyecto Genoma Humano: implicaciones jurídicas*, en: Dilemas éticos de la medicina actual, Nº 7, *Etica y biotecnologia*, ed. Javier Gafo, Universidad Pontificia de Comillas, Madrid, pp. 200.

Penal la totalidad de posibilidades en las que las técnicas genéticas se hicieran merecedoras de un reproche del Ordenamiento Jurídico.[18]

Con todo, la actitud final mantenida por el legislador en el Código de 1995 da la razón a quienes de forma abierta manifestaron su descontento con la sola instancia administrativa de prohibición, por considerar que este plano de regulación era insuficiente y que estaba necesitado de un mayor nivel de reacción: la punitiva.

La que puede denominarse regulación penal de la manipulación genética (entendida por el legislador en un sentido muy amplio) contiene una serie de infracciones criminales centradas en conductas específicas respecto de las que hay en la Doctrina nacional e internacional bastante coincidencia a la hora de defender las razones de su penalización: utilización de la ingenieria genética para la producción de armas biológicas o exterminadoras de la especie humana[19], la fecundación de óvulos humanos con cualquier fín distinto a la procreación humana, la clonación o el uso de cualquier procedimiento dirigido a la selección de la raza[20]. A su vez, y partiendo de ese concepto ámplio o vulgar de manipulación genética, contempla el delito de reproducción asistida sin consentimiento de la mujer[21], que nada tiene que ver con el contenido general del Titulo.

Sin embargo, y a pesar de estas regulaciones específicas, el mismo Código contempla tambien una criminalización general de toda manipulación de genes humanos que no se lleve a cabo con una finalidad orientada a la eliminación o disminución de taras o enfermedades graves[22], constituyendo este tipo general tan

---

18. Valle Muñiz,J.M./González González,M., *Utilización abusiva de técnicas genéticas y Derecho Penal*, cit., nota 57 a pie de página 130.

19. Artículo 160. La utilización de la ingenieria genética para producir armas biológicas o exterminadoras de la especie humana será castigada con la pena de prisión de tres a siete años e inhabilitación especial para empleo o cargo público, profesión u oficio por tiempo de siete a diez años.

20. Artículo 161. 1.Serán castigados con la pena de prisión de uno a cinco años e inhabilitación especial para empleo o cargo público, profesión u oficio de seis a diez años quienes fecunden óvulos humanos con cualquier fin distinto a la procreación humana.
2. Con la misma pena se castigarán la creación de seres humanos idénticos por clonación u otros procedimientos dirigidos a la selección de la raza.

21. Artículo 162. 1. Quien practicare reproducción asistida en una mujer, sin su consentimiento, será castigado con la pena de prisión de dos a seis años, e inhabilitación especial para empleo o cargo público, profesión u oficio por tiempo de uno a cuatro años.
2. Para proceder por este delito será precisa denuncia de la persona agraviada o de su representante legal. Cuando aquella sea menor de edad, incapaz, o una persona desvalida, tambien podrá denunciar el Ministerio Fiscal.

22. Artículo 159. 1.Serán castigados con la pena de prisión de dos a seis años e inhabilitación especial para empleo o cargo público, profesión u oficio de siete a diez años los que, con finalidad distinta a la eliminación o disminución de taras o enfermedades graves, manipulen genes humanos de manera que se altere el genotipo.
2. Si la alteración del genotipo fuere realizada por imprudencia grave, la pena será de multa de seis a quince meses e inhabilitación especial para empleo o cargo público, profesión u oficio de uno a tres años.

ámplio el núcleo del debate jurídico. Tal y como se contempla la figura delictiva básica de manipulación, es posible afirmar que cualquier manipulación de genes humanos que no se lleve a cabo con esa finalidad y que altere el genotipo, tendrá relevancia penal. Esta conclusión, que no es apresurada como hemos querido demostrar en otros trabajos[23], obliga a forzadas interpretaciones para evitar tan indeseado alcance, pero lo cierto es que así como está redactado el precepto, y dando al término genotipo su estricto significado –como conjunto de genes que se haya presente en el ADN de los cromosómas de cada célula– evitar esa trascendencia juridico-penal resulta sumamente artificioso.

Esta actitud, la criminalización general, que parte de lo que puede ser un equivocado uso del término genotipo[24], se inscribe en la tendencia a utilizar fórmulas omnicomprensivas y facilistas, que prohibiendo, sin especificar, cualquier tipo de experimentación o manipulación genética, convierten otra vez el Derecho Penal "en el brazo secular de una persecución oscurantista y contraproducente"[25].

Solo para que el lector se haga una idea de los niveles de indiscriminada criminalización que se logran, baste decir que, a la hora de penalizar las manipulaciones, no se ha respetado la fundamental distinción entre células somáticas y sexuales, diferenciación que hace tiempo está plenamente asumida por toda la comunidad científica en virtud de la diferencia abismal de resultados. Además, al prosperar esta inconveniente iniciativa, se produce una incongruencia dentro del mismo Ordenamiento Jurídico puesto que normas como las referenciadas en el apartado anterior, especialmente la de técnicas de reproducción asistida humana, mientras permiten la investigación y experimentación con otros fines distintos a los expuestos (por ejemplo, la investigación básica sobre el origen de la vida humana en sus fases iniciales, sobre el envejecimiento celular, así como sobre la división celular, la

23. "La regulación penal de la manipulación genética en España (principios penales fundamentales y tipificación de las genotecnologías)", cit., y bibliografía allí referenciada.

24. Desde el momento en que resulta inevitable dar al término genotipo el contenido técnico que posee, como conjunto de genes que se encuentra en el ADN de los cromosomas de cada célula, está claro que cualquier manipulación genética, que lo es porque se refiere a los genes, va a alterar el genotipo aunque se haya realizado ex vivo sobre una célula humana. Esto es así, y entendemos que no debería serlo, porque si en el fenotipo entran en juego tanto factores genéticos como no genéticos(el caracter físico de un individuo queda determinado por factores de ambas clases) en el genotipo son solo los genes los que lo conforman, iguales en cada célula, con independencia de que se expresen de manera distinta según la célula de que se trate. Por eso cuando, por ejemplo, se manipule en una célula epitelial humana que el investigador tenga en un cultivo, se modificará el genotipo de esa célula, que era igual al del resto del organismo al que pertenecía, aun cuando el cambio no se llegue a manifestar sobre este organismo. No parece posible creer que fuera esta la conclusión a la que deseaba llegar el legislador, pero lo cierto es que al usar de este modo el término genotipo no cabe dar un alcance distinto al precepto sin forzarlo.

25. Soto Lamadrid, M.A. (1990). *Biogenética, filiación y delito. La fecundación artificial y la experimentación genética ante el Derecho*, Buenos Aires, pp. 259.

meiosis, la mitosis y la citocinesis) resulta que el Código contiene a la vez delitos que reprimen penalmente estas actividades.[26]

La penalización generalizada, que tiene menos sentido cuando ya se han contemplado a nivel de delitos específicos actividades concretas que pueden producir mayores niveles de riesgo-y sobre cuyo castigo penal es posible afirmar que existe coincidencia doctrinal-contrasta con la dominante opinión especializada que entiende que el catálogo de delitos únicamente debe constituirse con aquellas investigaciones "que sin ninguna utilidad posible, solo por mera curiosidad científica, dañen a la humanidad lesionando la dignidad del hombre"[27]. Entiendo que se habla con demasiada facilidad de la modificación del patrimonio genético humano sin determinar explícitamente en qué casos y con qué circunstancias, y ésto puede acabar por limitar muy seriamente la investigación y experimentación olvidando, como dice Dulbecco[28], que la Ciencia, por su propia naturaleza, es neutral desde el punto de vista ético. Todo nuevo descubrimiento, cualquier novedosa teoría científica, "no son ni buenos ni malos por sí mismos", su bondad o su maldad se fijan en función de cómo se emplean.

3. Consideraciones críticas. Condicionantes derivados de los principios básicos del Derecho Penal

Existen múltiples razones para criticar con rotundidad toda iniciativa basada en la criminalización indiferenciada de las actividades fundamentales de la Biología y de las Ciencias biomédicas. Sin ánimo de ser excesivamente técnico, entiendo que deben exponerse aquí los motivos de mayor peso para argumentar dicha crítica. En primer lugar, porque el reconocimiento constitucional a la producción y creación científica y técnica no admite una restricción indiscriminada de este derecho fundamental; puede ser limitado, como todos, porque no tiene validez absoluta, pero al hacerlo deberán respetarse las reglas básicas del principio de proporcionalidad.

Por otro lado, y así lo apuntan incluso quienes se muestran favorables a las actividades de criminalización, el racional principio leges non sunt multiplicandae sine necessitate debe tener vigencia igualmente en el específico marco de las activi-

26. Sobre esto, y sobre los problemas generales planteados al Derecho, vid., mi libro *Orden biológico versus orden jurídico. El Derecho en el Tercer Milenio*, Instituto de Derecho y Etica Industrial, Fundación CEFI, Madrid 1997.

27. Soto Lamadrid, M.A., op.cit.,loc.cit.

28. Dulbecco,R./Chiaberge,R. (1989). *Ingenieros de la vida. Medicina y ética en la era del ADN*, ed.Pirámide, Madrid, pp. 15.

dades biomédicas, haciéndose frente al asistémico fenómeno de la inflación penal especial.[29]

A nivel general, tambien debe ser valorado el hecho, perteneciente a los principios básicos del Derecho Penal contemporáneo, de que la adopción de cualquier medida penal conlleva en todo caso una injerencia en la esfera de libertad del individuo y que, precisamente por ello, esa intervención solo puede quedar legitimada cuando se realiza para proteger otros bienes o intereses, quedando justificada cuando tal nivel de tutela resulte "necesario, adecuado y proporcionado". Este principio de mínima intervención supone tambien un "criterio económico" de gran relevancia cuya desatención produce una serie de daños sociales, "daños a las personas que padecen una criminalización innecesaria y daños a la convivencia social que se crispa y enturbia cuando la solución de conflictos que no lo requieren se libra acudiendo al instrumento penal"[30]. Lo que a mi juicio resulta especialmente claro y palpable en una penalización indiscriminada de estas actividades como la acometida en el Nuevo Código Penal de 1995, que puede obligar, como ya está sucediendo, a interpretaciones forzadas para evitar la literalidad –y absurdidad– del tipo básico (de hecho el mismo Consejo General del Poder Judicial ya se manifestó en tal sentido ante algunas iniciativas criminalizadoras de manipulaciones genéticas que no llegaron a consolidarse, por fortuna, en el ámbito del derecho positivo).

Por último, recordar que la tendencia –casi "afición"– del legislador actual a educar al ciudadano a través del instrumento penal no es valorada positivamente desde importantes y distintos sectores doctrinales. La pena no es el instrumento más adecuado para introducir en la sociedad cambios de valores, porque el Estado "carece de legitimidad para promover(cualquier cosa)a través del Derecho Penal, reforzando procesos educativos ya existentes"[31]. No hay duda de que nos movemos en un area en la que estarán continuamente presentes las funciones promocional y simbólica atribuidas al derecho Penal.

En concreto, la función simbólica, "uno de los temas favoritos de la moderna teoría de la legislación"[32], podrá ser utilizada por entender que puede cumplir aquí un perfecto papel de "refuerzo moral" frente a conductas desviadas[33]; pero actuando así, el legislador, habrá olvidado que tal iniciativa no incrementa realmente el nivel de garantía en la protección de los bienes implicados, objetivo prin-

---

29. Mantovani, F., *I delitti contro l'essere umano*, cit., pp.453 y 454.

30. Consejo General del Poder Judicial, Anteproyecto del Código Penal de 1992 e informe y votos agregados del Consejo General del Poder Judicial, Cuadernos del CGPJ, nº11, Madrid 1992, pp.165 y 166.

31. Silva Sánchez, J.M. (1992). *Aproximación al derecho Penal contemporáneo*, ed.Bosch, Barcelona, pp. 303.

32. Kauffmann, A. (1988). *Relativización de la protección jurídica de la vida*, en: Avances de la medicina y Derecho Penal, PPU, Barcelona, pp. 48.

33. Romeo Casabona, C.M., *Límites penales de las manipulaciones genéticas*, cit., pp. 186.

cipal de su propia existencia, y que constituye un mal instrumento de política criminal[34]. Viendo la regulación que el legislador español ha creado en la figura genérica de manipulación, resulta muy difícil no apreciar en alguna de sus iniciativas el efecto retórico que caracteriza, cuando sólo hay eso, a la función simbólica del Derecho Penal, completamente rechazable como fundamento de la creación de una norma.

4. Intervenciones de futuro. Conclusión

Entiendo que se hace necesaria una reforma del tipo básico de manipulación genética en el sentido de abarcar de algún modo las diferencias entre la manipulación genética en células sexuales y en células somáticas, a la vez que armonizando la criminalización entre conductas manipuladoras no permitidas y otras autorizadas por las leyes, con condiciones, pero posibles. Al mismo tiempo tendría que matizarse el alcance de la modificación del genotipo, a no ser que se desee, con pretensiones excesivamente preventivas, castigar absolutamente todo, lo que contraviene como hemos indicado principios generales del actual Derecho punitivo.

En el ámbito de la penalidad, habría que hacer proporcional el castigo de conductas con un alcance tan distinto como la creación de seres humanos idénticos por clonación u otros procedimientos dirigidos a la selección de la raza y la fecundación de óvulos humanos con cualquier fín distinto a la procreación humana. Comportamientos todos que hoy, sorprendentemente para los científicos, reciben idéntico tratamiento punitivo.

De futuro se hace necesario un equilibrio, que hoy no es posible individualizar, entre el orden social y el orden jurídico. Es cierto que existe temor en el tejido social ante algunas de las posibilidades que las biotecnologias pueden abrir, pero cuando los ciudadanos escuchan noticias como las que hablan de recientes descubrimientos de genes defectuosos que se podrían convertir en la auténtica llave genética de la predisposición humana a varios tipos de cancer, tambien es cierto que sienten estar en presencia de algo nuevo, no solo peligroso, que puede cambiar sus vidas. Creo que un buen ejemplo de ello es el resultado que se ha producido recientemente en Suiza en el primer auténtico referendum sobre biotecnologías, donde las expectativas de caracter positivo han vencido claramente a los temores y reservas. Al fin y al cabo, pienso que no debemos sentirnos incómodos a la hora de reconocer la perplejidad que nos producen los cambios a los que estamos asistiendo.

---

34. Jung, *Biomedizin und Strafrecht*, en: ZStW,T.100,1988, pp.13. Citado por Cuerda Riezu, A., *Límites juridico-penales de las nuevas técnicas genéticas*, en: Anuario de Derecho Penal y ciencias penales, 1988, pp. 416.

La magnitud de las implicaciones no debe de hacer retroceder al jurista. Es muy importante el papel que está llamado a jugar el especialista en Derecho, y más aún en Derecho Penal, a la hora de afrontar decisiones reguladoras y criminalizadoras. Deberá tener muy presente que el prejuicio está agazapado a la vuelta de la esquina, que salta con fuerza ante el menor cambio, innovación o progreso, "que se presenta con raices religiosas, metafísicas o simplemente desde la superstición o el miedo a afrontar lo que no se conoce y produce inseguridad"[35]. Los prejuicios van a multiplicarse porque en esta materia las incertidumbres se proyectan –nada más y nada menos– que sobre las condiciones de evolución de nuestro comportamiento en un contexto que ha cambiado, relacionandolo con nuevas opciones y alternativas[36]. Eso es algo que el jurista tiene necesariamente que valorar y para lo que el Derecho debe de estar preparado. Si el actual no puede, tendrá que ser otro.

Bibliografía

CUERDA RIEZU, A. (1988). "Límites jurídico-penales de las nuevas técnicas genéticas": *Anuario de Derecho Penal y Ciencias Penales.*

ESER, A. (1985). "Genética humana desde la perspectiva del Derecho Alemán": *Anuario de Derecho Penal y Ciencias Penales.*

MANTOVANI, F. (1993). "Manipolazioni genetiche", estratto dal *Novissimo Digesto Italiano,* 4ª ediz., Vol. VII.

• (1994). "Manipulaciones genéticas, bienes jurídicos amenazados, sistemas de control y técnicas de tutela", traducción de Jaime Peris: *Revista de Derecho y Genoma Humano.*

PERIS RIERA, J.M. (1995). *La regulación penal de la manipulación genética en España: principios penales fundamentales y tipificación de las genotecnologías.* Madrid.

• (1997). *Orden biológico versus Orden Jurídico. El Derecho en el tercer Milenio.* Madrid.

ROMEO CASABONA, C.M. (1995). "Límites penales de la manipulación genética": *El Derecho ante el Proyecto Genoma Humano,* Vol. III, Madrid, Fundación BBV.

SOTO LAMADRID, M.A. (1990). *Biogenética, filiación y delito. La fecundación artificial y la experimentación genética ante el Derecho.* Buenos Aires.

VALLE MUÑIZ, J.M./González González, M. (1992). "Utilización abusiva de técnicas genéticas y Derecho Penal": *Poder Judicial,* nº 26.

35. Peces Barba, G. (1994). "La libertad del hombre y el Genoma": *El Derecho ante el Proyecto Genoma Humano,* volumen I, Fundación BBV, Madrid, pp. 201.

36. Sánchez Asiaín, J.A. (1993). Presentación al libro *Proyecto Genoma Humano: Ética,* Fundación BBV, segunda edición, Bilbao, pp. 9.

LA PATENTABILIDAD DE LAS INVENCIONES BIOTECNOLÓGICAS: CONSIDERACIONES ÉTICAS

Octavi Quintana
Insalud

La llamada ingeniería genética, y por extensión la biotecnología, estimulan preocupaciones éticas, tanto entre los profesionales y los expertos como entre el público en general. Estas preocupaciones, que muchas veces se convierten en temores, son mucho más acusadas que para otras tecnologías, incluso para las más nuevas o las que más han cambiado nuestra forma de vivir, como son la informática o las telecomunicaciones. Hay varias explicaciones a esta mezcla de temor y fascinación que produce la biotecnología, que sin duda tienen que ver con la capacidad de ésta de referirse a los arquetipos culturales más arraigados: el nacimiento y la muerte, la reproducción y las relaciones familiares, la identidad del individuo y de su cuerpo y la capacidad humana de controlar su destino y el de las generaciones futuras.

Varias encuestas de opinión, entre las que cabe destacar las del Eurobarómetro, muestran que de todas las posibles aplicaciones de la biotecnología hay unas que tienen mejor aceptación que otras. Las que tienen que ver con la medicina, tanto para técnicas de diagnóstico como de tratamiento, son mejor aceptadas que las que se refieren al campo de la alimentación y, en general, a la modificación genética de plantas y animales con fines industriales.

En este contexto de temor -o de desconfianza- a la biotecnología, se sitúa un valor muy preciado en nuestra sociedad, por lo menos, teóricamente. Este valor dice que el cuerpo humano y sus partes no pueden ser objeto de transacción comercial; es decir, no se pueden comprar ni vender. Dado que para una serie de enfermedades las partes del cuerpo humano de un individuo sirven para ayudar a otro, como por ejemplo la sangre, los órganos y los tejidos, hay que establecer un modo de uso del cuerpo humano y sus partes que quede fuera de la transacción comercial. Este modo es la donación que en nuestra sociedad es altruista; es decir, gratuita, voluntaria y anónima. El principio de la donación ha ido abriéndose paso en Europa de forma que en la mayoría de países la donación es la única forma de uso del cuerpo humano y sus partes.

El valor de que el cuerpo humano debe quedar fuera de comercio plantea algunos problemas para la investigación, que en muchos casos está basada en un importante esfuerzo financiero con el objetivo de obtener un retorno. La biotecnología que tiene una mejor percepción por el público, la biotecnología sanitaria, está basada en gran medida, como lo muestra el sector farmacéutico, en la investigación con capital a riesgo, cuyo objetivo es obtener retorno. La forma de asegurar este retorno es la patente, que otorga la exclusiva de utilización del producto biotecnológico durante un tiempo determinado. Existe por lo tanto una tensión entre, por una parte, el principio de que el cuerpo humano debe quedar fuera de las transacciones comerciales, y que la investigación en biotecnología está basada en un gran esfuerzo financiero. La forma de resolverla es mediante una delimitación clara de qué es patentable y qué criterios deben observarse para que no suponga una transacción comercial del cuerpo humano.

1. El debate de las invenciones biotecnológicas en la Unión Europea

El 16 de julio de 1997, el Parlamento Europeo aprobó, por una mayoría muy considerable, 388 votos de los 510 emitidos, el informe Rothley con una serie de enmiendas; es decir, la primera lectura favorable para la nueva propuesta de Directiva sobre la protección jurídica de las invenciones biotecnológicas en la Unión Europea.

Este resultado constituye el punto de inflexión clave en un debate que empezó hace diez años. En 1998, la Comisión Europea propuso una Directiva para armonizar la concesión de patentes biotecnológicas y las diversas jurisprudencias nacionales, definiendo lo patentable y lo no patentable en el ámbito de la biotecnología. El Parlamento Europeo ha venido exigiendo, desde entonces, que se clarifiquen las implicaciones éticas de esta propuesta, dado que importantes sectores de las opiniones públicas nacionales se oponían, y se oponen, a la propiedad industrial sobre los seres vivos en general y sobre los genes humanos en particular. Este temor se vio reflejado en el rechazo, en marzo de 1995, por el Pleno del Parlamento Europeo, de un proyecto de Directiva que, sin embargo, había sido consensuado previamente por los principales grupos parlamentarios y por el propio Consejo de Ministros.

Tras aquella derrota, la Comisión abrió una profunda reflexión, de la cual surgió la nueva propuesta de diciembre de 1995. El eje de esta reflexión fueron precisamente las implicaciones éticas, específicamente en el ámbito de la biomedicina y de los productos farmacéuticos. En realidad, se tuvieron en cuenta las enmiendas propuestas por el Parlamento, y la prueba de ello es que se han aceptado 65 de las 66 que se presentaron.

Un elemento decisivo en el complicado ejercicio de presiones políticas que precedió a la decisión parlamentaria, fue la activa participación de las organizaciones de enfermos y sus familiares, en particular de enfermedades genéticas, que abogaron vigorosamente por una legislación que favoreciera la investigación y el desarrollo en biotecnología y que pueda movilizar los recursos necesarios para conseguir medicamentos eficaces, para lo cual la condición es que esta investigación tuviera una adecuada protección jurídica.

El otro elemento clave ha sido la opinión emitida por el grupo de Consejeros para la ética en las biotecnologías (GECB), que fue consultado y cuyas recomendaciones se adoptaron prácticamente en su integridad en la confección de la nueva Directiva.

2. La opinión del GCEB

La opinión del GCEB se basa en la Convención de Munich sobre el derecho de patentes, y, ante todo, quiere dejar claro que una patente otorga un monopolio de explotación de una invención durante un tiempo determinado, pero no supone una autorización para utilizar o comercializar la invención. La segunda premisa es que, independientemente de otras cuestiones, las patentes pueden ser excluídas por ir contra el orden público o las buenas costumbres; es decir, traducido en lenguaje actual, ir contra aspectos éticos o morales o vulnerar los derechos fundamentales de la persona humana. Hay que tener en cuenta que la toma de muestras de origen humano se basa en la donación altruista, voluntaria y anónima.

La opinión del GCEB puede resumirse en los puntos siguientes:

- Hay que mantener la distinción tradicional entre descubrimiento e invención, que, en el campo de la biotecnología, cobra una dimensión ética particular. Por esta razón, y porque el cuerpo humano es “res extra comercium”, los conocimientos que se refieren al cuerpo humano o a sus elementos y que suponen un descubrimiento no pueden ser patentables. En particular, cabe decir que el simple conocimiento de la estructura total o parcial de un gen no puede ser patentable. Del mismo modo, el cuerpo humano, en los diferentes estadíos de su constitución y desarrollo, así como sus elementos, no pueden ser patentables, ni tampoco puede compensarse con una remuneración a los donantes ni a sus herederos.
- Respetar el consentimiento libre e informado de los donantes implica dar una información precisa, especialmente acerca de la eventualidad de una solicitud de patente. Esto significa que el donante debe conocer la posibilidad de que a partir de la parte de cuerpo que dona, aunque sea información genética, cabe la posibilidad de desarrollar una patente si se llegara a desarrollar una invención que cumpliera todos los requisitos. El problema es difícil, porque supone que alguien consiga un beneficio económico, a través de la patente, a partir o con la colaboración de un acto fundamen-

talmente altruista. Las opiniones están divididas en este punto, pero el acuerdo al que se ha llegado es que el donante, tras una información suficiente, puede siempre rechazar la donación y lo que no puede hacer es donar a cambio de dinero.

- Por lo que respecta a las invenciones a partir del conocimiento de un gen o de una secuencia parcial de genes humanos, la patente no será aceptable a menos que la identificación de la función propia del gen o de la secuencia genética abra la puerta a nuevas posibilidades (por ejemplo, fabricación de un medicamento). Además la solicitud de patente debe ser suficientemente precisa; es decir, no serían patentables propósitos generales que intenten cubrir cualquier posible aplicación futura del gen o la secuencia.
- Quedan además excluídos de la patente procedimientos de clonación reproductiva humana, la terapia génica terminal, procedimientos que utilicen embriones humanos y los modelos con animales transgénicos que impliquen un sufrimiento no compensado por su utilidad médica o veterinaria.

El Parlamento Europeo ha recogido estos criterios éticos y les ha añadido una última exigencia: la constitución de un Comité de ética de las biotecnologías, que evaluará el cumplimiento de estos requisitos en las futuras patentes europeas. En realidad, esta evaluación ética será un requisito para todos los proyectos de investigación financiados por la Comisión Europea a partir de 1998 en el ámbito de las biotecnologías.

El Consejo de Ministros ha alcanzado un acuerdo positivo sobre esta nueva propuesta de la Comisión, de modo que el texto ha vuelto al Parlamento Europeo para una segunda lectura. La aprobación de esta Directiva, que habrá de ser desarrollada por los Parlamentos nacionales antes de terminar 1999, permitirá a Europa beneficiarse, como productora y no sólo como consumidora, de las más avanzadas biotecnologías, preservando además los derechos fundamentales de las personas. El debate no está cerrado, dado que por una parte se critica a la Directiva porque impone limitaciones al desarrollo de las biotecnologías que harán que Europa quede muy rezagada respecto a sus competidores de Estados Unidos y Japón, y por otra las críticas acusan a la Unión Europea de haberse sometido a la presión de la industria en contra de la opinión pública. En principio el que las críticas vengan por ambas partes no es un mal signo, pero habrá que ver cómo se transpone a los distintos países y qué impacto tiene en el desarrollo biotecnológico y en la confianza de la sociedad hacia los productos obtenidos por biotecnología.

REFLEXIONES DESDE EL MEDIO AMBIENTE

María Jesús Montoro Chiner
Universitat de Barcelona

1. La calidad de vida como valor

El preámbulo de la Constitución proclama la voluntad de promover el desarrollo de la cultura y de la economía para asegurar a todos una digna calidad de vida. Aunque la calidad de vida no conste enumerada entre los valores superiores del ordenamiento jurídico que consagra el art. 1.1 de la Constitución (libertad, justicia, igualdad y pluralismo político) puede mantenerse la opinión de que tales valores, en la estructura total del orden constitucional, adquieren su importancia en relación con los derechos de la persona. El libre desarrollo de la personalidad adquiere su sustancialidad cuando el orden constitucional crea un compromiso social tendente a ponerlo al servicio de aquélla.

Cuando en el texto constitucional aparece la calidad de vida de la mano del progreso social, no pueden cerrarse los ojos al progreso, si a través del progreso se obtiene mayor calidad de vida.

Cómo se plasma este equilibrio en las normas rectoras de los distintos sectores de la actividad, es cosa de los poderes públicos. La Constitución consagra el derecho al medio ambiente (art. 47) y la promoción del progreso social (art. 40), lo que presupone la salvaguardia de lo ambiental en toda política que afecte al desarrollo económico.

Inmersos, sin embargo en la sociedad del riesgo (BECK.U), en la etapa avanzada de la modernidad, la producción social de riqueza lleva sistemáticamente a la producción de riesgos. Todos estamos ante el convencimiento de que nuestras vidas se conforman según propósitos que pueden fracasar; y el fracaso puede alcanzarnos como personas con proyección personal, profesional, económica, o incluso como personas, seres humanos con capacidad de proyectarse y reproducirse.

Resulta jurídicamente admisible extraer de los valores plasmados en la Constitución, las consecuencias que permitan combinar el desarrollo tecnológico, los desafíos de la genética y sus constantes avances, con la calidad de vida, el desarrollo de la persona y su capacidad de proyectarse hacia el futuro.

2. La positivización del concepto desarrollo sostenible. Su aplicación en la genética

El denominado megaprincipio del desarrollo sostenible se esbozó en la Conferencia de Estocolmo de 1972, predicándose, lo que por entonces parecía imposible de plasmar jurídicamente, un progreso industrial tecnológico y económico deferente y compatible con la naturaleza. Posteriormente, sobre tales ideas, el informe de la Comisión presidido por G.BRUNTLAND, formuló sus bases definitorias como "el desarrollo que satisface las necesidades de las generaciones presentes sin comprometer la capacidad de las generaciones futuras", bases que calaron hondamente en la Conferencia de Naciones Unidas, celebrada en Río de Janeiro en 1992; idea que se plasmará en el Convenio sobre los derechos de las futuras generaciones.

El Tratado de la Unión Europea atribuye a la Unión la misión de promover, mediante el establecimiento de un mercado común y de una unión económica y monetaria, a través de diferentes políticas comunes, el desarrollo armonioso y equilibrado de las actividades económicas en el conjunto de la Comunidad, y un crecimiento sostenible y no inflacionista que respete el medio ambiente. Para alcanzar lo anterior se fijan unas políticas medioambientales que el art. 130 R del Tratado concretiza, para la adecuada, prudente y racional utilización de los recursos naturales, partiendo del consenso doctrinal, de que de su calidad depende el desarrollo de los seres humanos. La formulación del art. 130 R es coincidente, en parte, con el art. 45 de la Constitución de 1978, que emplea la misma expresión "utilización racional de los recursos naturales". Como es sabido, el precedente del art. 130 R del Tratado de la Comunidad Europea se encuentra en el Acta Única Europa de 1986, pero es desde el art. 130 R del Tratado desde donde se van a producir los efectos vinculantes para nuestro país, puesto que se tratará de derecho vigente para los Estados de la Unión, todo aquél que en materia de medio ambiente emane de sus órganos de Gobierno. La legislación que de tales órganos se derive será, eso sí, una legislación ambiental "de mínimos", mejorable por la de los estados miembros. Nuevamente encontramos la similitud con nuestra Constitución, puesto que en la distribución competencial interna al Estado corresponde dictar la legislación básica, y a las Comunidades Autónomas dictar las normas adicionales de protección (art. 149.1.23).

La potencialidad de tan gravísima renovación en el panorama europeo se transmite a través del efecto directo de la legislación europea; pero por si fuera poco, el Tratado de la Comunidad Europea declara lo que se ha dado en llamar la transversalidad de la materia medio ambiente, formulando la máxima, tan sencilla como profunda, de integración del medio ambiente en el resto de funciones europeas. Así, "las exigencias de la protección del medio ambiente deberán integrarse en la definición y en la realización de las demás políticas de la Comunidad". Tras la modificación operada por el Tratado de Amsterdam, tal declaración ha pasado al art. 6 del Tratado de la Comunidad Europea.

A partir de ello, difícil es dudar de que las decisiones sobre técnicas de reproducción, genética, etc., han de formularse en clave ambiental; si la protección del medio ha de inspirar las políticas agrícolas, de pesca o de residuos que se desarrollen en la Unión Europea, razón de más para que inspire las relacionadas con la manipulación de órganos, genes o alimentos.

La clave ambiental de las diversas políticas –positivizada ya como respeto a las generaciones futuras por la Ley 4/1989 de Protección de los espacios naturales, la flora y la fauna silvestre– fue asumida por la Sentencia del Tribunal Constitucional de 26 de junio de 1995. El medio ambiente fue entendido como un sistema y conjunto de elementos y su yuxtaposición, cuyas relaciones determinan el ámbito y las condiciones de vida, reales o ideales de las personas o sociedades.

La dimensión ambiental de los reinos de la naturaleza, de los sistemas vitales, y de los procesos ecológicos, ha sido ya tenida en cuenta en los procesos y avances tecnológicos relacionados con la genética. En efecto, el legislador ha introducido el límite de la dimensión ambiental en la Ley de 3 de junio de 1994 de régimen jurídico de la utilización confinada, liberación voluntaria y comercialización de órganos modificados genéticamente (art. 1 en absoluta concordancia con el también artículo primero de la Directiva 90/219 CEE, del Consejo, de 23 de abril, de igual denominación). El riesgo que las técnicas mencionadas comportan ha impulsado recientemente a incluir los daños que de ellas se deriven en el anteproyecto de Ley de responsabilidad por daños ambientales.

3. Los derechos al medio ambiente

Los sistemas o ecosistemas de la naturaleza son frágiles. Pero el medio ambiente es concebido, por el momento, desde su visión antropocéntrica. Por ello, y aunque la visión ecológica, por ejemplo, en los animales, ha sido ya plasmada en normas (Ley 5/1995 del Parlamento de Cataluña y Decreto 214/1997, de 30 de julio sobre utilización de animales para experimentación y otras finalidades científicas), la preocupación mayor de doctrina y jurisprudencia continúa siendo los derechos al medio ambiente y su sistematización.

Se entiende el derecho al medio ambiente como un derecho de tercera generación dirigido a la sostenibilidad de las condiciones de vida, de ahí que haya de mantenerse para las futuras generaciones. Se entiende también como un derecho colectivo, de uso o de goce, protegible por todos en el plano procesal; se ha entendido como derecho subjetivo, no fundamental, que otorga al individuo una situación jurídica reaccional; se ha entendido como una *joint ownership* (Constitución japonesa, arts. 13 y 25); y se ha entendido también como una *public trust*, a estilo norteamericano.

Aunque éste no es el lugar para extenderse sobre la teoría del derecho al medio ambiente, y sobre su naturaleza o no de derecho subjetivo, lo cierto es que el reflejo de lo medioambiental se proyecta sobe otros derechos que sí son derechos subjetivos, por ser derechos fundamentales reconocidos en la Constitución: derecho a la vida y a la integridad física, derecho a la intimidad, entre otros. Tal condición impulsa la idea de que en las bases del derecho común europeo de naturaleza constitucional, se ha de incluir un sistema de protección de derechos humanos, entre los que se encuentra el medio ambiente, fundado en la dignidad humana, como legado común y en los valores éticos espirituales.

La posición del legislador ante los derechos al medio ambiente se deduce del propio texto constitucional. El derecho al medio ambiente informará e inspirará la legislación y la jurisprudencia; si bien la tendencia de calificar el derecho al medio ambiente como derecho subjetivo, reforzaría la dimensión subjetiva del derecho en el plano del ejercicio individual.

La referencia a otros derechos fundamentales, o mejor dicho, la proyección del medio ambiente sobre otros derechos fundamentales (vida, salud, integridad física, intimidad) goza de peculiar relevancia en el ámbito de la genética, directamente en conexión con los conflictos o colisión entre derechos. Por lo general, el sistema de protección de derechos fundamentales se articula ante las injerencias de los poderes públicos (art. 40 y 41 LOTC). Tal protección se hace efectiva a través del legislador y del juez ordinario que la aplica. En el ámbito de la genética al legislador le incumbe adoptar las decisiones y programas legislativos que puedan dar mayor efectividad a los derechos fundamentales, (dimensión objetiva de los derechos fundamentales). Al juez ordinario, y al Tribunal Constitucional en su caso, corresponde dar protección a las lesiones sufridas en tales derechos, cuando son causadas por los poderes públicos. Si la lesión a la vida, a la integridad o a la intimidad se ha causado por sujetos privados (teoría de la *Drittwirkung*) surge una colisión que debe resolverse, con independencia de la protección arbitrada a través del art. 24 de la Constitución (tutela judicial efectiva). Por ello es necesario construir unos límites a los avances de naturaleza biotecnológica, límites que, en ocasiones, según ya se ha dicho, están contenidos ya en las propias normas. Así, la vida humana y el medio ambiente, son límites impuestos en razón del bien jurídico que representan; la tutela del ser humano puede justificar la imposición de límites al derecho de creación (en su vertiente de invención); como el deber de informar sobre los descubrimientos podría constituir un límite a la libertad de creación científica; o las condiciones meteorológicas o climáticas podrían constituirse en límites para la circulación de productos.

4. Características de las normas con implicaciones ambientales

La realidad, y la actividad humana y, en general, el avance científico suelen desbordar a la actividad legislativa. Pero, incluso cuando los legisladores actúan con diligencia, las características de las normas en este ámbito hacen muy difícil su inteligencia y su cumplimiento. Por lo general, se trata de normas finalistas, cuyo objetivo es el de reducir los riesgos para la salud humana y para el medio ambiente, que han de aplicarse a técnicas que están en constante cambio y variedad, de forma que la letra de la Ley no siempre las abarca a todas; para ello, se recurre a los elementos o ámbitos excluidos, con el fin de identificar los incluidos (arts. 1 y 4 de la Ley 15/1994).

El ámbito de aplicación de la norma y su contenido de regulación se delimita por criterios de experiencia o científicos. Así, la trascendencia del día decimocuarto tras la fecundación. Hasta el día decimocuarto mencionado es aplicable la regulación de la Ley de reproducción asistida 35/1988; a partir del referido día los supuestos recaen en la regulación de la Ley 42/1988, de donación y utilización de embriones humanos.

Las normas se proyectan sobre una realidad capaz de generar riesgos desconocidos; por ello, el interés de la norma es el de ofrecer un control que garantice un estándar de protección. De ahí deriva su tecnificación, su carácter finalista, además de su ambigua expresión así: "organismos vivos liberados en el medio ambiente en grandes cantidades o pequeñas, con fines experimentales o como productos comerciales, pueden reproducirse en el medio ambiente y atravesar fronteras nacionales ... los efectos de dichas liberaciones en el medio ambiente pueden ser irreversibles" (Directiva 90/220 CEE). "El responsable de la comercialización está obligado a informar a la Administración ... a adoptar las medidas necesarias para proteger la salud humana y el medio ambiente, cuando con posterioridad a la presentación de la solicitud o al otorgamiento de la autorización, se disponga de nuevos datos respecto de los riesgos que el producto pueda suponer para la salud humana y el medio ambiente". (Art. 22.1 Ley 15/1994).

Se trata de normas que han de adaptarse constantemente a la realidad científica y tecnológica; debido a ello se las tiene por normas fugaces y efímeras cuya efectividad depende más de la interpretación que de su propia letra.

El principio de legalidad se resiente ante tales normas que, por otra parte, tienen una gran incidencia en derechos personales y económicos de los particulares. El Estado de Derecho, como principio, es sinónimo de predictibilidad y de capacidad regulativa. El Estado preventivo es el único capaz de compensar los riesgos de la sociedad; sin embargo, la ciencia alcanza el progreso con un margen de inseguridad apreciable, que rompe los esquemas jurídicos, la capacidad regulativa del legislador y desconoce la amplitud de los daños que puedan producirse. En consecuencia, disminuye la capacidad regulativa del Derecho; la ciencia acomete la investigación con la finalidad de lograr el bienestar, y las normas regulan la actividad, respetando el principio de libertad, pero para evitar los riesgos desconocidos.

Para equilibrar ambas tensiones la producción normativa ha de ir respaldada y amparada por la experiencia. Comisiones científicas han de aportar su experiencia al legislador, que debe ser seguir las consideraciones que se le sugieran si provienen de comités de expertos de disciplinas distintas.

Las normas así configuradas originan también problemas posteriores, que pueden resumirse en la dificultad de los aplicadores, especialmente de los jueces, a la hora de su interpretación. Ello se debe a las expresiones con que se conciben y redactan las normas: términos como "contrario a las buenas costumbres" "contrario al Derecho" o "mejor tecnología disponible", requieren un esfuerzo interpretativo basado en criterios científicos, difícil de realizar. La misma composición de los Tribunales, que deben de decidir con criterios jurídicos, pone a prueba el alejamiento del Derecho. Si se recurre a dictámenes de expertos, el poder del juez puede verse sustituido por el de los expertos. Qué es o no contrario a las buenas costumbres necesita, con independencia del análisis técnico de la actividad, una apreciación con base a valores éticos, sociales, etc. Resulta un ejemplo paradigmático de lo que se expone en el art. 9 (y su conexo nº 24 de la Exposición de Motivos, de la Directiva, en elaboración, relativa a la protección jurídica de las invenciones tecnológicas (DOCE 11.10.97).

Lo anteriormente señalado, se potencia, si cabe, cuando lo que el legislador concibe implica la transposición de Directivas europeas en el Derecho interno. Su carácter finalista, y la necesidad de que encuentren aplicación en cada Estado, obliga a los órganos europeos a una redacción ambigua, recargada que, en ocasiones, fija tan sólo objetivos. A través de definiciones, los legisladores pretenden identificar el objeto y el contenido de la regulación. Pero tal intención se traduce, en ocasiones, en definiciones artificiosas, como, por ejemplo, la que distingue "descubrimiento" e "invención", (Propuesta de Directiva del Parlamento y del Consejo relativa a la protección jurídica de las invenciones biotecnológicas, DOCE 11.10.97).

Por último, las implicaciones éticas que suponen los retos de la biología, la biotecnología y la medicina, requieren declaraciones institucionales que inspirarán las futuras normas o la posición de otros órganos ejecutivos, a nivel interno e internacional.

Tales declaraciones que a nivel político son más que deseables, suelen contener afirmaciones, muestra del buen deseo por proteger la dignidad humana, que dan lugar a elaboradas doctrinas sobre su contenido, y sobre la valoración posterior del mismo. Así, la resolución del Parlamento europeo (Pleno) de 17 de marzo de 1997, reconoce que todo individuo "tiene derecho a su identidad genética" y que debe seguir prohibiéndose la clonación de seres humanos. Si la derivación de ese derecho se origina desde la dignidad humana o desde el libre desarrollo de la personalidad, o incluso desde el derecho a la vida o a la integridad física, es algo que está por esclarecer.

5. Principios informadores en el medio ambiente y en la genética

Los principios informadores del Derecho ambiental (causalidad, territorialidad, prevención, etc.) se perfilan y adornan de matices éticos cuando se examinan las implicaciones ambientales de la genética.

Tomando como ejemplo los principios que informan la legislación sobre utilización de tejidos humanos, se extraen los principios de voluntariedad, altruismo, gratuidad, anonimato, consentimiento previo e informado y respeto a la dignidad de la persona (Ley 30/1979 de extracción y trasplante de órganos).

La tecnología genética, aplicada a los animales o vegetales, está informada por principios que, de manera parecida, protegen y garantizan la salud humana, la continuidad de las especies y la biodiversidad.

Para la correcta aplicación y valoración de principios éticos, no se descarta la constitución de Comisiones de ética que tengan capacidad de proposición de nueva normativa respecto de temas tan preocupantes como es el de la clonación de animales, experiencias con patentes, etc.

En el momento actual, la declaración más ambiciosa producida sobre los principios informadores que vinculan la tecnología genética y el medio ambiente, se encuentra en el Convenio sobre la diversidad biológica suscrito en Río de Janeiro en 5 de junio de 1992, ratificado por España en 16 de noviembre de 1993. Con el fin de garantizar la utilización sostenible de los recursos biológicos. Una de las declaraciones sobre la sostenibilidad de los recursos se aplica frente a las tecnologías que utilizan material genético, y en general, frente a la biotecnología.

Bibliografía

BERKA, W. (1996). Rechtliche Probleme im Hinblick auf die Tätigkeit der Ethikommissionen. *Sozialrechtliche Probleme bei des Ausübung von Heilberufen*. Wien.

ESTEVE PARDO, J. (1999). *Técnica, riesgo y Derecho*. Barcelona.

MONTORO CHINER, M.J. (1989). *Adecuación al ordenamiento y factibilidad presupuestos de calidad de la normas*. Madrid.

LAS NUEVAS TECNOLOGÍAS GENÉTICAS Y LA ÉTICA

Víctor Méndez Baiges
Universitat de Barcelona

En la actualidad, si hay una idea que parece venir sola a la cabeza a la hora de hablar de las nuevas tecnologías genéticas es la de la necesidad de considerar sus implicaciones éticas. En realidad, la conveniencia de una regulación ética de todo el quehacer científico en general, y dentro de éste de la biomedicina y de la genética en particular, aparece hoy como un lugar común ya en boca de todos. Y cuando una idea se extiende tanto esto suele implicar dos cosas: primera, que hubo un momento anterior en que esa idea no estaba tan clara ni era tan conocida y, segunda, que algo cambió posteriormente, permitiendo con ello que la idea se difundiera.

En lo que sigue nos referiremos al cambio que permitió pasar del predominio social de las tesis que defienden la neutralidad de la ciencia a la difusión actual de las tesis que sostienen su responsabilidad. Haremos mención asimismo de las consecuencias que ese cambio ha tenido para las nuevas tecnologías genéticas pero también nos detendremos en las que ha tenido para la propia ética.

1. El momento previo: de Galileo Galilei a John Scopes

Hemos dicho que la popularización de una tesis suele suponer un momento anterior en el cual lo que era popular era la tesis contraria. En nuestro caso, ese momento previo al actual es el periodo histórico que se inicia con la aparición de la ciencia moderna en el Renacimiento y que llega, aproximadamente, hasta la segunda guerra mundial. Durante todo ese tiempo –un periodo que viene a coincidir con lo que se ha llamado la modernidad– los defensores de la idea de que la imposición de cualquier regulación externa a la actividad de búsqueda de la verdad constituía por principio algo absurdo e inútil fueron ganando una batalla tras otra a los partidarios de un control religioso, político o de cualquier otra índole sobre la ciencia. La serie de victorias que consiguieron sirvió para imponer la idea de que la forma de adquisición de conocimiento en que consiste la ciencia era una de las actividades humanas más importantes y útiles y que, en consecuencia, debía ser independiente y respetada por todos los miembros de la sociedad.

Una de las ideas que se consagraron a lo largo de toda esa serie de victorias fue la tesis de la neutralidad ética de la ciencia. Según esta tesis la ciencia no consiste más que en una mera descripción de los hechos del mundo: un conjunto de proposiciones verdaderas cuya formulación y cuya verdad es independiente de las consecuencias morales que tales proposiciones puedan tener. Los defensores de esta tesis no negaban que es más fácil pensar un sentido moral para la existencia de alguien que vive en el centro del universo que para la de alguien que está circulando sobre una masa que se desplaza a velocidad uniforme en torno al sol. Pero afirmaban que eso es indiferente a la hora de establecer la verdad o falsedad de la afirmación que dice que la tierra está fija en el centro del universo. Tampoco discutían que, y a fin de orientarnos en nuestra conducta, puede resultar más útil considerarnos a nosotros mismos más estrechamente emparentados con los ángeles que con los gorilas, pero señalaban que esa consideración vuelve a ser del todo ajena a la hora de establecer la verdad o falsedad de las pruebas biológicas que establecen nuestra relación de parentesco con los simios.

La modernidad convirtió así la tesis que postula la existencia de un abismo entre la esfera del ser y la esfera del deber ser, una separación tajante entre el ámbito de los hechos y el de los valores, en uno de sus principios rectores. Encajaba con la visión analítica de las cosas que se extendió durante ese periodo histórico. La ciencia nos iba a contar cómo era la realidad independientemente del juicio de valor que esa realidad nos mereciera. Oponerse a esa independencia, y querer cruzar la frontera que separa al hecho del valor, dictando al hecho como debería de ser, suponía enfrentarse a una tarea imposible y arriesgarse a cargar por ello, en última instancia, con un inexcusable ridículo.

La condena de Galileo por la Santa Sede en 1633 constituye la puesta en escena más clásica de este postulado básico de la modernidad. Tenemos aquí, por un lado, a los que no creen en la neutralidad de las proposiciones científicas y, por otro, a los que sí creen en ella: a los miembros del Tribunal del Santo Oficio frente a Galileo. Y tenemos que los primeros condenan al segundo, que le prohiben la difusión de sus libros, que le obligan a abjurar, que le confinan y le humillan, todo por una afirmación suya sobre hechos: su defensa del copernicanismo y su afirmación de que la tierra gira alrededor del sol. Y vemos finalmente al ridículo caer sobre los primeros, a pesar de su aparente y momentánea victoria. Un ridículo sobrevenido que les va cubriendo de forma implacable por cuanto va haciéndose cada vez más evidente que han pretendido algo imposible: dictar la verdad a la ciencia desde presupuestos externos a ella.

La leyenda expresó esa derrota, y la soberbia de las pretensiones del tribunal, suponiendo que Galileo dijo en voz baja al ser condenado que, a pesar de todo, la tierra se movía. La victoria póstuma de Galileo ayudó a establecer así de forma duradera la idea de que el científico se encuentra a solas con la verdad y que, en esas condiciones, lo mejor que puede hacer un tercero es no molestarle.

Hay otra escenificación mucho más reciente –y ya menos gloriosa– de la idea de la neutralidad de la ciencia. Se trata del juicio de Scopes, también conocido como "el juicio del mono", que se celebró en Dayton, localidad situada en el estado norteamericano de Tennessee, en 1925. Al final de ese juicio, John Scopes, profesor sustituto de biología, fue condenado por el juez a pagar una multa simbólica por contravenir la ley estatal que prohibía enseñar en las escuelas públicas cualquier doctrina contraria a la de la creación divina del mundo. A pesar de esta condena, y análogamente a lo que pasó en el caso de Galileo, John Scopes salió como vencedor del juicio. La amplia cobertura del proceso por los periódicos de todo el país, junto con el ridículo del que se cubrió el movimiento fundamentalista en la persona del acusador de Dayton William Jennings Bryan, transformó todo el asunto en una tumultuosa victoria del darwinismo ante la opinión pública norteamericana y sumió en el descrédito general a los que defendían las tesis creacionistas[1].

En Dayton fracasó la pretensión de un control democrático sobre la ciencia –hablamos de una ley querida por la mayoría y que se refería a la enseñanza en las escuelas públicas sostenidas con dinero de la mayoría–. Fracasó por parecidas razones por las que había fracasado anteriormente la pretensión de un control teológico sobre el conocimiento científico. Lo hizo confirmando la ya vieja idea de que la ciencia no debe rendir cuentas a nadie y que ha de ser aceptada por todos tal como es. El caso es que es esta idea la que se derrumbaría unas décadas más tarde.

2. El momento actual: necesidad de una regulación

La victoria rotunda que se produjo en el juicio de Dayton parece hoy algo muy lejano. Su mensaje –"dejad a la ciencia en paz"- nos suena ajeno y poco adecuado para nuestro momento. Actualmente, el que la ciencia debe someterse a algún tipo de control nos parece un hecho indiscutible que resulta inútil negar. La idea de la neutralidad de la ciencia ha ido situándose gradualmente fuera de nuestra visión y la hemos sustituido por la idea de la responsabilidad de la ciencia ante la sociedad. Es esta apelación a la responsabilidad, unida a la palabra "ética", lo que se nos presenta hoy como la nueva ortodoxia.

¿Cómo se ha producido ese cambio? En primer lugar cabe señalar que se ha debido sobre todo a transformaciones acaecidas en lo que la ciencia es y en lo que la ciencia hace. No sólo la tierra se mueve, tal y como afirmaba Galileo: la ciencia también. Y desde la muerte del florentino la ciencia ha ido adquiriendo importancia y se

---

1. Se puede encontrar un muy buen resumen del juicio de Scopes en el artículo titulado "Una visita a Dayton", incluido por Stephen Jay Gould en su libro *Dientes de gallina y dedos de caballo*, Madrid: Herman Blume, 1984. Una revisión del asunto por el propio Gould se halla en el artículo "La última campaña de William Jennings Bryan", texto incluido en el libro del mismo autor *Brontosaurus y la nalga del ministro*, Barcelona: Crítica, 1993.

ha ido transformando en una actividad social poderosa, capaz de modificar de forma notable la realidad que le rodea y que, en consecuencia, tiene una gran influencia sobre nuestras propias vidas. Su relación actual con la salud, con la industria, con las actividades bélicas, con el desarrollo económico, con el modo de vida de la población, con la crisis ecológica incluso, no hacen más que poner esa característica suya de manifiesto.

Para atrapar conceptualmente esa transformación de la ciencia en algo nuevo y con tanto poder ha surgido el término tecnociencia. Por tecnociencia se entiende ese complejo de ciencia y de tecnología en que consiste la ciencia contemporánea. Cuando se habla de la tecnociencia se habla de un entramado de saber y de hacer ya inseparable –piénsese en la informática y en lo mal que funciona en ella la distinción entre saber teórico y aplicación tecnológica de la teoría– y que posee constitutivamente una clara dimensión transformadora de la realidad.[2]

Es cierto que esa dimensión de la ciencia moderna estaba ya presente en el momento de la aparición de la misma. Pensemos en las consignas baconianas que ligan el conocimiento al poder, en la voluntad de la propia ciencia de mostrarse desde sus inicios como algo útil a la sociedad, y también en el mito del progreso, que ha acompañado desde sus orígenes a la difusión del conocimiento científico. Pero lo que ha ocurrido desde la segunda guerra mundial es que esa dimensión transformadora de la ciencia se ha convertido en su característica dominante. Para lograr eso, la tecnociencia contemporánea se ha vencido hacia el lado de la acción y ha necesitado financiación. De ahí su relación estrecha con el mundo de la empresa y de la industria. En la época de Galileo, o incluso en la de Darwin, el científico necesitaba relativamente pocos medios para llevar a cabo su labor. Pero en la época actual la investigación consume una parte importante del producto nacional bruto de los países desarrollados. Y la investigación consigue el dinero bien gracias a la iniciativa privada, bien gracias a la iniciativa pública (en muchos casos ligada a los intereses militares) y ha de retornar la invertido. Eso la convierte inevitablemente en parte de una compleja decisión política y económica y contribuye a alejarla del mundo especulativo de las teorías[3].

En estas condiciones, la vieja aspiración a la neutralidad del científico de gabinete, cuyo problema giraba en torno a la verdad o falsedad de un conjunto de proposiciones, parece hoy cosa de un pasado que ya no volverá. Ahora ya no hablamos de

---

2. Sobre este concepto de tecnociencia puede consultarse S. Riera, *Més enllà de la cultura tecnocientífica*, Barcelona: Edicions 62, 1994, o también José Sanmartín, *Tecnología y futuro humano*, Barcelona: Anthropos, 1990 y, en su relación con la ética, Gilbert Hottois, *El paradigma bioético. Una ética para la tecnociencia*, Barcelona: Anthropos, 1989.

3. La reflexión sobre la tecnología se ha desarrollado en nuestro siglo en gran parte en pugna con la idea de que la ciencia consiste unicamente en teoría. Los interesados en la filosofía de la tecnología, inclinada desde sus inicios hacia la dimensión práctica de la misma, pueden consultar el libro de Carl Mitcham, *¿Qué es la filosofia de la tecnología?*, Barcelona: Anthropos, 1989.

un saber sino de un hacer. Y es para el hacer para el que se reclama control, y no para el saber. No se trata de valorar las consecuencias de una serie de proposiciones verdaderas, sino los efectos que puede tener una importante acción social. Y esta última valoración resulta inexcusable. Por eso ya no es posible para los científicos seguir diciendo: "dejadnos hacer libremente". La tecnociencia constituye hoy un poder social que se caracteriza por la importancia de sus consecuencias para el hombre y por las transformaciones irreversibles que genera en el medio. Da a luz unas transformaciones con las que habrá que convivir irremediablemente y a las que habrá que administrar en el futuro.

La tecnociencia contemporánea aparece así ligada a la noción de consecuencia de la acción y a la noción de riesgo. Ulrik Beck ha llegado a referirse a nuestra sociedad tecnificada como la sociedad del riesgo, considerándola como una sociedad cada vez más experimental, que se ha transformado en un gran laboratorio en el cual los riesgos, cada vez más uniformemente distribuidos entre los diferentes grupos sociales, cada vez mayores, cada vez menos calculables y cada vez más irreparables, necesitan ser cuidadosamente administrados por la autoridad social[4].

La consideración de la ciencia actual (o tecnociencia) como una actividad transformadora capaz de generar riesgos nos lleva inevitablemente a consideraciones sobre su responsabilidad. Responsabilidad por las propias acciones; responsabilidad por daños y por negligencia; responsabilidad civil y responsabilidad penal ante las posibles consecuencias de la actividad; responsabilidad general ante la sociedad y también responsabilidad ética, en definitiva, que se alza frente a la vieja idea de neutralidad.

De lo que se trata ahora es de que la ciencia responda por lo que hace. Durante un tiempo J. Robert Oppenheimer, uno de los padres de la bomba atómica, que sugirió que al dar luz a "la bomba" los físicos habían conocido por fin el pecado, representó públicamente la voluntad de asumir esa responsabilidad. Con su actitud colaboraba a inaugurar una nueva era.

Los congresos de genetistas celebrados en Asilomar en 1975 marcan el encuentro de la biología molecular y las tecnologías de ADN recombinante con ese nuevo movimiento histórico. El desarrollo de la genética tras la segunda guerra mundial había constituido un caso paradigmático de aparición y evolución de una tecnociencia contemporánea. Por una parte, el paso en ella de los descubrimientos más generales a las actividades generadoras de beneficios en el mercado fue muy rápido, pues apenas llevó unas décadas. Por otra parte, el conjunto de nuevas tecnologías que permitió alterar el genoma de un organismo –la llamada ingeniería genética– se presentaba ante la sociedad como algo capaz de tener consecuencias imprevistas y potencialmente peligrosas para el medio ambiente. Poder, transcendencia, riesgo, responsabilidad, eran palabras que se venían solas a la boca al oír hablar en los años

4. Ulrik Beck, *La sociedad del riesgo*, Barcelona: Paidós, 1997 (edición original en alemán de 1986).

setenta de las increibles posibilidades de las técnicas del ADN recombinante. Y esto no dejó de tener sus consecuencias.

Hacia 1973 los temores en torno a las nuevas tecnologías genéticas y a sus desarrollos comerciales comenzaron a difundirse y los propios científicos involucrados en ellas empezaron a exigir el establecimiento de reuniones para tratar sobre ese asunto. Las revistas Science y Nature publicaron, en julio de 1974, una moratoria para ciertos experimentos y, al año siguiente, se celebraron las reuniones de genetistas en Asilomar, cuyo objetivo declarado era controlar la potencial peligrosidad de la ingeniería genética y establecer una renuncia temporal a las prácticas de mayor riesgo.

Aunque muchos de los científicos presentes en Asilomar se arrepintieron después de lo acordado en las reuniones y tildaron toda la gestión del asunto de alarmista, lo cierto es que lo que pasó durante ese año de 1975 es que la nueva genética nacida de la biología molecular descubrió su responsabilidad. En palabras de Roger Dworkin, uno de los abogados que habló en Asilomar: "Lo que un público versado en derecho habría considerado algo común y corriente, elemental y obvio, fue considerado por los distinguidos científicos como una novedad, chocante y aterradora. El llamar la atención de los investigadores hacia sus posibles responsabilidades les produjo un temor similar al temor del profano a los bichitos virulentos que se escapan del laboratorio"[5].

Entre esas responsabilidades que los genetistas descubrieron en los años setenta estaba la responsabilidad ética. No asustaba tanto, es cierto, como la responsabilidad jurídica y -casi seguro- quitaba mucho menos el sueño que la responsabilidad penal. Pero también tenía que ser asumida. Genética y ética se han visto obligadas por ello a caminar juntas desde entonces. Explicaremos algunas de las consecuencias que esto ha tenido en el próximo epígrafe.

3. Ampliación de la ética y responsabilidad de la ciencia

Las nuevas tecnologías genéticas pueden crear organismos nuevos resultado de cruzar el material genético de organismos pertenecientes a especies diferentes separadas por millones de años de evolución. Una de esas especies es el hombre. Resulta innegable, pues, que la genética tiene poder, un poder que toca de cerca cosas muy importantes para la humanidad. Por eso se supone que la ética, que es una reflexión sobre la libertad y la elección, sobre la bondad y la maldad de las acciones, debería tener algo que decir sobre la actividad de los genetistas. Algo muy básico, además. Por eso, y desde que se produjo el estallido de la responsabilidad durante los

---

5. Citado en Roger Shattuck, *Conocimiento prohibido*, Madrid: Taurus, 1998, pag. 233.

años setenta, muchas de las miradas se volvieron hacia la ética exigiéndole unas respuestas.

El camino seguido por la ética como disciplina académica durante la mayor parte del siglo XX la había ido centrando en cuestiones cada vez más abstractas sobre la naturaleza última de las afirmaciones morales y eso no la preparaba, precisamente, para hacer frente a desafíos tan concretos como los que se le planteaban desde las nuevas tecnologías genéticas. Sin embargo, llegó un momento en que alguien debía responder a las preguntas que se formulaban en torno a la bondad de mezclar los genes de un hombre y de un orangután, por ejemplo, o sobre si se debe o no, o si es indiferente –desde un punto de vista ético– modificar genéticamente especies para luego liberarlas al medio ambiente. Dado que se esperaba que alguien respondiera a preguntas como éstas y puesto que, a fin de facilitar su labor, empezaron a dotarse de un presupuesto conveniente las tareas de elaborar las respuestas (pensemos en la exigencia del proyecto Genoma Humano de invertir no menos de un cinco por ciento de su presupuesto en el estudio de sus aspectos éticos y jurídicos, así como en la proliferación de programas que financian el estudio del impacto ético, jurídico y social de las nuevas tecnologías) esas respuestas no tardaron en llegar.

El primer impacto de la genética sobre la ética fue, pues, el de un aumento del trabajo de esta última. Las nuevas tecnologías genéticas constituyeron de hecho una parte muy importante de esas cuestiones que surgieron del lado de la biomedicina y que, según Stephen Toulmin, salvaron la vida a una ética que languidecía bajo el reinado de las consideraciones más abstractas[6]. Pero una de las consecuencias de este aumento de trabajo fue que algunos se apresuraron a ofrecer su ayuda a la ética a fin de satisfacer las demandas que se le formulaban. Esto creó una confusión entre ella y otro tipo de discursos que, en gran parte, aún perdura.

Los primeros en movilizarse para suministrar respuestas fueron los que provenían del campo religioso. Al fin y al cabo, dar respuesta a interrogantes difíciles constituye su especialidad. Así, ciertos eclesiásticos, conscientes de que el discurso religioso era cada vez menos escuchado por una sociedad cada vez más laica, decidieron promocionar la palabra "bioética", tras la que pretendían pasar de contrabando una especie de Derecho Natural Biológico en el cual ellos se proclamaban expertos y que resultaba, según ellos, de obligado cumplimiento por el legislador democrático. Empezaron así a defender la existencia de unos límites "éticos" a la acción humana y a hablar de la necesidad insoslayable de respetar esos límites "éticos" que nos impone la naturaleza. Aprovechando el desconcierto inicial que se produjo ante las novedosas posibilidades que las nuevas tecnologías genéticas suministraban, lograron difundir una doctrina para el control de las mismas basada en presupuestos

6. Stephen Toulmin, "How Medicine saved the life to Ethics", en *Perspectives in Biology and Medicine,* nº 4, 1982.

religiosos y en verdades absolutas, que se presentaban, no obstante, como intuitivas o como simples pilares básicos de una de las comunidades morales –la cristiana– y por ello, en definitiva, como parte de la ética fundamental.

La confusión entre ética y religión que esto supuso no fue la única confusión que apareció durante este periodo. A fin de satisfacer la demanda creciente de ética en estos asuntos, y también a fin de contrarrestar la influencia que el discurso religioso comenzaba a ganar ante la opinión pública en este terreno, hubo quien promovió una especie de "ética civil" que acabó siendo, en el mejor de los casos, una mezcla nada clara de ética y derecho. Esta idea de una "ética jurídica" al servicio de presentar la solución jurídica de determinados problemas como la solución moral por excelencia logró difundirse, a pesar de su falta de claridad, y alcanzó influencia sobre las legislaturas de diversos países. En España, ciertas afirmaciones del preámbulo de la ley sobre técnicas de Reproducción Humana Asistida (ley 35/1988, de 22 de noviembre) en torno a una "ética que responda al sentir de la mayoría y a los contenidos constitucionales" y "cuya validez radique en una aceptación de la realidad" sugieren la presencia de esa idea en la legislación. En realidad, a estas alturas de siglo resultaba muy extraño que una ley se autoproclamara ética –además de jurídicamente– válida. Por ello es de agradecer que posteriores desarrollos legales hayan evitado seguir por ese camino[7].

No son estas dos confusiones las únicas a las que la explosión de la demanda de ética dio lugar. Permitió otras muchas. Dio paso incluso a la intervención de los indignados profesionales, de aquellos que, en cuanto oyen hablar de ética, creen que de lo que se trata es de exigir más mano dura, más castigos para los que se atrevan a desafiar a la autoridad, a la decencia, a la dignidad humana o a lo que sea. No dejaron éstos tampoco de intervenir aquí. Precisamente fue un exceso de intervención de estos personajes lo que se notó en el debate reciente en torno a la clonación y lo que lo ha convertido –vía la manufacturación de la histeria colectiva– en esa clase de pseudodebate inútil, y sólo durante un cierto tiempo entretenido, que tanto abunda en los actuales medios de comunicación de masas.

Ahora bien, no debe pensarse que es únicamente un aumento de la confusión lo que debemos a la necesidad de responder ante la cual las nuevas tecnologías han situado a la ética. Puede observarse que esa necesidad también ha dado lugar a una discusión específicamente ética y en absoluto superflua para el hombre contemporáneo. Esa discusión se caracteriza por la voluntad de hacer frente a las nuevas situaciones originadas por el desarrollo de esas tecnologías y por su disposición a reformar, si parece necesario, algunas de las ideas éticas tradicionales. Es una discusión dispuesta a aceptar que la ampliación del campo de trabajo de la ética puede impli-

7. Buen ejemplo de esto es el RD 415/1997 de 21 de marzo por el que se crea la Comisión Nacional de Reproducción Asistida Humana, el cual apenas habla de ética y que se limita, a la hora de señalar sus objetivos, a referirse a la necesidad de tutelar la dignidad humana y los derechos de los individuos.

car también un aumento de los sujetos morales a considerar o de las acciones involucradas y que asimismo, admite que los conceptos relevantes a tener en cuenta a la hora de valorar las acciones pueden haber cambiado. Ni ignora que la ciencia es una actividad ni aspira a establecer una regulación taxativa sobre la misma. Conforma así una serie de doctrina que, atenta al fenómeno de la tecnología, ha acabado poniendo el énfasis en conceptos como los de responsabilidad, solidaridad o riesgo.

La obra de Hans Jonas es seguramente uno de los mejores ejemplos de esta asunción desde la reflexión ética de las nuevas características del mundo tecnológico. En su obra más conocida, *El Principio de responsabilidad*, Jonas prueba a establecer los principios de una ética orientada hacia el futuro, una ética cuyo punto de partida consiste en que la promesa de la tecnología moderna se ha convertido actualmente en una amenaza. Aceptado esto, Jonas asume que las premisas básicas en que se basaba la ética tradicional –la limitación del alcance de la acción del hombre; la permanencia, en lo fundamental, de la condición humana; la determinación del bien humano con claridad desde esa naturaleza– han desaparecido con el desarrollo tecnológico y que, en consecuencia, se hace preciso trazar una serie de nuevos principios éticos que permitan tener en cuenta el bienestar de las generaciones futuras a la hora de juzgar una acción, o que permitan considerar un bien la superviviencia de la vida humana sobre la tierra. Son una serie de principios que acaban conformando, en su conjunto, una nueva ética que Jonas llama la ética de la responsabilidad[8].

La llamada a la responsabilidad se transforma en grito sobre la crisis ecológica en muchos de los continuadores de Jonas. Sus consideraciones sobre la solidaridad les han llevado a plantear la batalla por el lado de la ampliación del círculo de los sujetos morales poseedores de derechos. Así, los defensores de la llamada ética ecológica han hablado de los derechos de las generaciones futuras, de los derechos de los animales, de los derechos de los seres vivos, de los derechos de los árboles e incluso de los derechos de la especie como un sujeto moral en sí mismo considerada (lo cual parece realmente estar llamando a un buen podador de conceptos armado de unas buenas tijeras de Occam). Muchas de sus propuestas abundan todavía en un cierto caos y en profusión de enmiendas a la totalidad, además de incluir múltiples discusiones heterogéneas. Expresan confusión pero, a la vez, es innegable que se refieren a problemas éticos genuinos. Nos señalan un campo de discusión que se ha revelado como fecundo y que es donde se realizará, con casi total seguridad, gran parte de la discusión ética del futuro.

Para llevar a cabo esa discusión resultará fundamental eliminar ciertas ambigüedades y no pretender que las preguntas éticas nos den soluciones para todo. La reflexión ética nunca nos ha proporcionado ni una guía infalible para la construcción del derecho perfecto ni un consejo impagable para la realización del experimento sin

8. Hans Jonas, *El principio de la responsabilidad,* Barcelona: Herder, 1995. También del mismo autor, *Técnica, medicina y ética*, Barcelona: Paidós, 1997.

fallos y, con toda probabilidad, no lo va a empezar a hacer ahora. Nos acompañó siempre, sin embargo, en la discusión de las grandes cuestiones y nos acompañará con toda seguridad en la que trata sobre el papel de la ciencia y de la tecnología en nuestra sociedad. Pues la ética ha tenido siempre mucho más que ver con el agobio del que se pregunta que con la tranquilidad del que sabe la solución y, en el futuro, es de esperar que esto, para bien y para mal, continue igual.

Bibliografía

AGAZZI, E. (1996). *El bien, el mal y la ciencia.* Madrid, Tecnos.

BECK, U. (1997). *La sociedad del riesgo.* Barcelona, Paidós.

GOULD, S. (1984). *Dientes de gallina y dedos de caballo.* Madrid, Heman Blume.

• (1993). *Brontosaurus y la nalga del ministro.* Barcelona, Crítica.

HOTTOIS, G. (1989). *El paradigma bioético. Una ética para la tecnociencia.* Barcelona, Anthropos.

JONAS, H. (1995). *El principio de responsabilidad.* Barcelona, Herder.

• (1997). *Técnica, medicina y ética.* Barcelona, Paidós.

MARTIN MATEO, R. (1993). *El hombre: Una especie en peligro.* Madrid, Campomanes.

MITCHAM, C. (1989). *¿Qué es la filosofía de la tecnología?* Barcelona, Anthropos.

RIECHMANN, J. Y DURAN, A. (comp.)(1998). *Genes en el laboratorio y en la fábrica.* Madrid, Trotta.

RIERA, S. (1994). *Més enllà de la cultura tecnocientífica.* Barcelona, Anthropos.

SANMARTIN, J. (1990). *Tecnología y futuro humano.* Barcelona, Anthropos.

SILVER, L.M. (1998). *Vuelta al edén.* Madrid, Taurus.

SHATTUCK, R. (1998). *Conocimiento prohibido.* Madrid, Taurus.

SUZUKI, D. KNUDTSON, P. (1991). *GenÉtica.* Madrid, Tecnos.

TOULMIN, S. (1982). "How medicine saved the Life to Ethics", en *Perspectives Biology and Medicine*, nº 4.

Capítulo III
EL FUTURO DE LA GENÉTICA

¿HAY QUE PONER LÍMITES A LA INVESTIGACIÓN GENÉTICA?

Francesca Puigpelat Martí
Universitat Autònoma de Barcelona

Introducción

En el libro de Kieffer *Bioética* [1] y en el capítulo titulado "Ciencia y Sociedad" hay un apartado dedicado a "Áreas de investigación moralmente discutibles". Según este autor, el que nos veamos obligados a reflexionar acerca de la responsabilidad social de los científicos se debe a que presumimos que no toda investigación científica es inherentemente buena y deseable. Parecen existir buenas razones para dejar de lado ciertas áreas de investigación o al menos sujetarlas a ciertos límites.

Una de las áreas que allí se considera discutible es la de la investigación sobre la predeterminación del sexo de los hijos. He de reconocer que en 1983 esta propuesta concreta no me pareció especialmente problemática. Los argumentos con los que habitualmente suele justificarse esta reserva me parecían, entonces, bastante convincentes: la posibilidad de un desequilibrio inestable en la relación entre los sexos, la discriminación de las mujeres a la que podía dar lugar el conocimiento del sexo del futuro hijo, el jugar a ser Dios, la pendiente resbaladiza.

Desde 1983 han pasado, sin embargo, muchas cosas. Pese a su carácter problemático, estas investigaciones no se han detenido. El legislador español ha reaccionado frente a ellas estableciendo ciertos límites a sus aplicaciones. Como es sabido, la Ley de Reproducción Asistida de 1988 prohíbe la selección del sexo de los hijos sin finalidades terapeúticas. Pero tras haber ido reflexionando sobre esta cuestión, ni las reservas sobre esta área de investigación, ni los argumentos utilizados para prohibir sus aplicaciones cuando no concurren finalidades terapeúticas me parecen especialmente convincentes[2].

---

1. El libro de George H. Kieffer, Bioética, Editorial Alhambra, Madrid, 1983, ha sido, durante muchos años, un libro especialmente útil para los estudiantes de Derecho que participaban en los Seminarios de Bioética que impartía como actividad complementaria a las clases de "Derecho Natural".

2. Cfr. F. Puigpelat, "La selección del sexo: aspectos jurídicos y valoración crítica", en *Revista de Derecho y Genoma Humano*, nº 6, Bilbao, 1997, pp. 21-39.

De ahí los interrogantes en el título de mi intervención. ¿Podemos determinar de antemano lo que hay que investigar ? ¿Qué límites hemos de trazar a las materias objeto de investigación? Basándome en la experiencia que he mencionado, creo que no es posible dar una respuesta general y definitiva sobre qué materias pueden o no pueden ser ser objeto de investigación científica.

Por de pronto no es muy coherente, desde el contexto de nuestra tradición cultural, sustraer determinados aspectos de la realidad al conocimiento científico. Para la mayoría la reconstrucción de esta tradición tiene su punto de partida en Grecia. Consideramos como rasgos propios de la sociedad griega su forma democrática de organización política y una actitud especial frente al saber. Como testimonio del interés griego en el conocimiento perviven en nuestros hábitos linguísticos ciertas frases célebres : la que estaba grabada en el santuario de Apolo en Delfos , que muchos atribuyen a Sócrates, "conócete a tí mismo"; la de Sócrates "sólo sé que no sé nada"; y la de Aristóteles "todo el mundo por naturaleza desea saber".

El sentido unitario de estas frases, además de otros datos, nos permiten suponer que el conocimiento, el saber, era especialmente valioso en la sociedad griega. No sé si hoy estaríamos tan dispuestos a creer que el afán de saber constituye para todos una inclinación natural. Algunos han señalado que sería más pertinente afirmar que lo que todo el mundo desea por naturaleza es consumir, o imponerse a los demás, o ser famoso a cualquier precio, etc. Tampoco es probable que hoy se acepte, sin más, que el saber es un fín en sí mismo. Tal vez encontraría más consenso la idea de que sólo se legitima la búsqueda del conocimiento en la medida en la que éste reporta a la sociedad y/o al individuo alguna utilidad. No puede desconocerse que la ciencia moderna asocia el conocimiento con el poder. Sólo si se conocen las causas de las cosas se está en disposición de poder controlarlas y utilizarlas[3].

Pero, a pesar de estas reservas, creo que la vieja aspiración de la filosofía griega, el deseo de saber, el saber sobre uno mismo y la conciencia de las limitaciones de lo que se sabe, es lo que impulsa la actividad científica[4]. Conocer la estructura y la función de los genes es el objetivo del Proyecto Genoma Humano y el Proyecto Diversidad del Genoma Humano. A partir de sus resultados la posibilidad de conocernos a nosotros mismos puede llegar a grados hasta ahora inimaginables. Pero también creo que muchos de los que participan en estas investigaciones son conscientes de que ese conocimiento sobre nosotros mismos será un conocimiento necesariamente parcial, porque lo que somos como seres sociales no se nos alcanza con la sola lectura de la impronta genética. Las investigaciones sobre el hombre como ser cul-

3. Cfr. J.I. Flemming, "La ética y el Proyecto Genoma Humano sobre la Diversidad", en *Revista de Derecho y Genoma Humano*, nº 4, 1996, pp. 161 ss.

4. Aunque no son desdeñables como elementos de motivación el aumento de la reputación personal y las recompensas económicas, la curiosidad es el factor más importante aunque el objetivo úlltimo de la ciencia sea el de control. Cfr. Th. F. Lee, *El Proyecto Genoma Humano*, Gedisa, Barcelona, 1994, p. 24.

tural han permitido poner de manifiesto que no hay una correspondencia exacta entre lo que somos como seres biológicos y lo que somos como seres sociales[5].

Lo que sí ha cambiado en nuestra sociedad es la fe en la bondad absoluta del conocimiento científico. La filosofía griega no se preocupó especialmente de delimitar hasta dónde podemos llegar en nuestro afán de saber. Nosotros tenemos una actitud más recelosa frente al quehacer científico. Y, desgraciadamente, por razones fundadas. No sólo se ha evidenciado que tras la búsqueda del conocimiento existen grandes grupos económicos cuyo interés es básicamente mercantil, sino que hemos comprobado que determinados descubrimientos científicos han contribuido a la aniquilación de grupos humanos y a la vulneración de derechos individuales. En muchos casos, la obtención del saber mismo se ha alcanzado a costa de la lesión de derechos básicos[6], y los efectos de las innovaciones científicas sobre el medio ambiente han llegado a ser peligrosos para la supervivencia de la Humanidad.

Por ello, la reflexión actual sobre la función y límites de la ciencia no puede dejar de hacerse eco de la tensión existente entre dos principios constitutivos de las sociedades occidentales actuales: el de la libertad de investigación científica y el de la inviolabilidad del individuo. Cuando la ciencia se dirige al conocimiento del mundo físico, la libertad de investigación puede percibirse como un valor incondicionado, pese a los problemas que pueden derivarse de la aplicación técnica de este conocimiento. En cambio, cuando la ciencia se orienta al conocimiento de la constitución genética del hombre, son problemáticas no sólo las posibles aplicaciones de este conocimiento sino también las formas de obtención del mismo.

1. Límites razonables en la investigación genética

La libertad de investigación en materia genética debe tutelarse y sólo habrá de limitarse para evitar la vulneración de derechos individuales y/o bienes especialmente valiosos para la sociedad[7]. Para hacer posible esta conciliación hay que ser

5. Cfr. J. Jiménez Blanco, " Ecología humana: convergencia de los paradigmas sociológico y biológico", en E. Lamo de Espinosa/J.E. Rodríguez Ibáñez, *Problemas de teoría social contemporánea,* Centro de Investigaciones Sociológicas, Madrid, 1993, pp. 47-86.

6. El problema de la adquisición del conocimiento puede plantear problemas éticos más allá de los casos notorios de los médicos nazis en los campos de concentración. Así, Jonas se pregunta por la licitud de inyectar células cancerosas a sujetos no enfermos de cáncer, o de retirar el tratamiento a un "grupo de control" de pacientes de sífilis. Es decir, el propio trabajo interno de la ciencia plantea cuestiones éticas que no pueden hallar justificación con la sola referencia al interés de conocimiento científico y la libertad de investigación. Cfr. H. JONAS, *Técnica, medicina y ética. Sobre la práctica del principio de responsabilidad,* Paidós, Barcelona, 1997, pp. 71 ss.

7. En el Convenio sobre Derechos Humanos y Biomedicina de 19 de Noviembre de 1966 el art. 15 consagra el principio de la libertad de la investigación científica. Libertad que ya estaba consagrada en

especialmente cautelosos con los procedimientos de investigación, con la transmisión del conocimiento obtenido en la investigación y con la aplicación de lo que se sabe. Los límites a la investigación han de ir referidos no tanto a qué se investiga sino a cómo se investiga, cómo se transmite lo conocido en la investigación y cómo se utilizan los resultados de la misma.

1.1. ¿Cómo ha de llevarse a cabo la investigación?

El proceso de investigación debe ajustarse a ciertos requisitos. Los más importantes serían los siguientes:

a) El investigador ha de ser un sujeto científicamente competente. Este debe ser un requisito previo esencial de toda investigación. La competencia científica incluiría el atenerse a las reglas del método científico, el no mentir, el no obtener conclusiones aisladas, etc.[8]

b) El sujeto sobre el que se investiga debe otorgar su consentimiento expreso razonablemente informado[9]. Hay que explicarle la naturaleza de la investigación, los riesgos, los beneficios y las alternativas a la misma. También hay que decirle que puede retirar libremente su consentimiento y apartarse del proyecto. En el caso de que la persona objeto de la investigación no pueda dar su consentimiento por ser menor o incapaz, el requisito del consentimiento deviene especialmente problemático.

---

el art. 19 de la Declaración Universal de Derechos Humanos de 1948. El Proyecto de Declaración Universal sobre el Genoma Humano y los Derechos de la Persona de la UNESCO establece en su art. 5 que la investigación es una parte esencial del pensamiento, pero señala en el art. 6 que ningún avance científico en los campos de la biología y la genética puede prevalecer sobre la dignidad y los derechos de la persona humana. Una de las conclusiones de la Declaración de Bilbao de 1993, fruto de una Reunión Internacional sobre "El Derecho ante el Proyecto Genoma Humano", dice: "la investigación científica será esencialmente libre, sin más cortapisas que las impuestas por el autocontrol del investigador. El respeto a los derechos humanos consagrados por las declaraciones y las convenciones internacionales marca el límite a toda actuación o aplicación de técnicas genéticas en el ser humano". Cfr. C. Romeo Casabona, "El Proyecto de Declaración de la UNESCO sobre Protección del Genoma Humano: observaciones a una iniciativa necesaria", en *Revista de Derecho y Genoma Humano*, nº 3, 1995, p. 165.

8. Cfr. H. Jonas, *Técnica, medicina y ética*, cit., p. 66. Cfr. La Declaracion sobre los Principios de Actuación en la Investigación Genética. Aprobada por el Consejo de HUGO en Heidelberg, el 21 de Marzo de 1996", en *Revista de Derecho y Genoma Humano*, nº 3, 1995, p. 250. Las especiales exigencias de rigor científico en la investigación biológica y genética son reconocidas en el art. 13 del Proyecto de Declaración Universal sobre el Genoma Humano y los Derechos de la Persona Humana de la UNESCO.

9. El consentimiento informado en relación a tests génicos con finalidades terapeúticas o científicas se inició, según Marín, en el hospital de mujeres de Boston, asociado a la Harward Medical School, para realizar determinados análisis cromosómicos de los recién nacidos. Cfr. E. Marin, "La genética y la filosofía de los Derechos humanos", en *Genes en el Estrado, Límites jurídicos e implicaciones sociales del desarrollo de la genética humana*, Consejo Superior de Investigaciones Científicas, Madrid, 1996, p. 85.

Se ha considerado que en estos casos debería exigirse que la investigación redunde en un beneficio directo para el sujeto. Pero no puede saberse de antemano si una investigación alcanzará este objetivo. Por ello, lo más razonable es autorizar la investigación cuando ésta no pueda hacerse más que en esta clase de sujetos, y sólo cuando el riesgo para el individuo sea mínimo. En todo caso, debe autorizarlo por escrito el representante legal, y es preciso que la persona interesada no se oponga. Habría que incluir en este supuesto la investigación genética sobre embriones[10].

c) Cuando la investigación se realice sobre animales deberá evitarse que sufran dolor y sólo se utilizarán los imprescindibles para que la investigación sea estadísticamente fiable.

d) Los proyectos de investigación deberían someterse a la supervisión y al control de Comités de Ética independientes, pluridisciplinarios y pluralistas[11].

1.2. ¿Cómo se transmite lo que se conoce?

Si se dota a la investigación genética de tantos recursos económicos, es porque tiene una trascendencia social que vá más allá del interés de conocimiento individual, aunque éste sea en sí mismo valioso[12]. Por ello, los resultados de la investigación no se consideran un patrimonio exclusivo del sujeto que investiga, sino que forman parte del patrimonio común de la sociedad que la ha posibilitado. La difusión del conocimiento es una exigencia inherente a la posibilidad del conocimiento mismo,tanto en su vertiente individual como en su vertiente colectiva.

Los destinatarios de la información no sólo son los sujetos que han contribuido como sujetos pasivos a obtener el conocimiento. También los demás miembros de la comunidad han de poder acceder a los resultados de las investigaciones científicas. Sólo así es posible un control intersubjetivo de los descubrimientos científicos. De ahí que:

a) Los resultados de la investigación deben comunicarse a la persona interesada de forma comprensible.

b) La persona objeto de investigación puede negarse, sin embargo, a saber los resultados de dicha investigación. Este no querer saber tiene un sentido especial en

---

10. Hay que señalar que está prohibido por la legislación española la creación de embriones para investigación.

11. El art. 15 del Proyecto de Declaración Universal sobre el Genoma Humano reconoce el interés de los Estados en la creación de estos comités de ética.

12. El art. 15 del Proyecto de Declaración Universal sobre el Genoma Humano señala la interrelación entre investigación sobre el genoma humano, aseguramiento de condiciones intelectuales y materiales para llevar a cabo estas investigaciones y la ayuda que éstas pueden prestar para aliviar el sufrimiento y mejorar la salud de los individuos y la Humanidad.

materia génica en la medida en que no existen todavía soluciones para prevenir, tratar y paliar ciertas enfermedades genéticas y el individuo nada podría hacer para evitarla.

c) Puesto que la información genética forma parte del derecho a la intimidad, ha de protegerse frente al acceso no autorizado de terceros[13]. Esta protección incluye negar la información a un familiar que sea portador del mismo gen patológico que el de la persona sobre la que se ha investigado. Sin embargo, esta especial tutela de los datos genéticos ha sido puesta en duda en la medida en que los datos médicos genéticos no afectan sólo a la persona interesada sino que es posible que sean de particular interés para el resto de los miembros de la familia[14]

d) Es necesario que exista colaboración entre individuos, poblaciones e investigadores para que el flujo de información sea libre[15].

e) El patentar datos genéticos no debe limitar el acceso a los mismos. El derecho de patentes surgió para proteger las invenciones de artefactos materiales, no los descubrimientos. Aunque en materia genética la línea divisoria entre descubrimiento e invención es problemática algunas legislaciones son especialmente permisivas en cuanto a la posibilidad de patentar material biológico. Ello se explica en el deseo de compensar los enormes costes que generan las investigaciones en esta materia involucrando en ellas al sector privado. Pero habría que evitar que las patentes impidiesen que la información sobre los resultados de las investigaciones fuesen conocidos por la comunidad científica[16]

f) Se deba fomentar la enseñanza y el debate público acerca del saber científico sobre el genoma humano más allá de los círculos estrictamente académicos. En este debate público debería hacerse mención de los costos de la investigación, en cuanto actividad social y no sólo individual, para que la sociedad pueda opinar acerca de las prioridades en materia de disponibilidad de recursos económicos existentes. En España este fomento sería especialmente necesario, dado el escaso grado de conocimiento científico de los ciudadanos españoles en comparación con el de otros países y su actitud ante la ciencia y la tecnología caracterizada por una combinación de optimismo, desconfianza y desconocimiento[17].

---

13. El art. 9 del Proyecto de Declaración Universal sobre el Genoma Humano se refiere al principio de confidencialidad.

14. Cfr. L. Nielsen, "Pruebas genéticas y Derecho a la intimidad: una perspectiva europea, en *Revista de Derecho y Genoma Humano*, nº 4, 1996, pp. 66 ss.; G. Freire Falcão de Oliveira, "Implicaciones jurídicas del conocimiento del genoma (Parte II)", en *Revista de Derecho y Genoma Humano*, nº 7, 1977, pp. 92 ss.

15. En el art. 16 del Proyecto de Declaración Universal sobre el Genoma Humano los estados se obligan a favorecer la difusión internacional de los concimientos científicos sobre el genoma y la cooperación científica y cultural entre los países en vías de desarrollo y los industrializados.

16. Cfr. R.R. Kishore, "El Genoma Humano: promesas, preocupaciones y controversias (ParteII)", en *Revista de Derecho y Genoma Humano*, nº 7, 1977, pp. 201 ss.

17. Cfr. L. Moreno, "La opinión pública y los avances en genética", en D. Borrillo (ed.) *Genes en el Estrado*, cit., pp. 12 y 16.

1.3. ¿Cómo se utiliza lo que se sabe?

Ésta es, básicamente, la problemática sobre la que debe girar la discusión pública sobre los límites a las investigaciones genéticas. Lo que puede ser peligroso para los individuos es el uso que se haga de la información que las investigaciones genética aportarán.

Los resultados de la investigación genética pueden ser utilizados de forma muy diversa. Una distinción significativa puede ser la de finalidades terapeúticas y finalidades no terapeúticas. A su vez, las terapias genéticas pueden serlo en la línea somática y en la línea germinal. De entre las finalidades no terapeúticas cabe diferenciar entre las de diagnóstico, militares y sociales.

Las finalidades terapeúticas en la línea somática plantean los mismos problemas que plantea cualquier intervención médica sobre un sujeto.

Las finalidades terapeúticas en la línea germinal plantean problemas especiales, puesto que las consecuencias de la intervención no son controlables de forma inmediata y pueden producir efectos imprevisibles en las generaciones futuras. Podría decirse que en este caso se opera sin el el consentimiento del posible afectado por la intervención. De ahí que haya un enorme consenso acerca de su prohibición. Sin embargo, debería huirse de las excesivas generalizaciones, ya que éstas conducen invariablemente al establecimiento de prohibiciones que bloquean la posibilidad de encontrar respuestas más satisfactorias. Aunque la prudencia aconseja abstenerse por el momento, dado el nivel de conocimientos existente, no creo que deba excluirse la posibilidad de intervención en la línea germinal cuando se trate de erradicar una patología genética[18]. Permitir esta intervención no supone necesariamente practicar la eugenesia[19].

En cuanto a las finalidades militares de la investigación genética, existe un amplio consenso sobre su prohibición. Esta reserva me parece especialmente convincente puesto que la humanidad ya dispone de suficientes medios para su destrucción con los ahora existentes. Al estar orientado a objetivos estrictamente militares, su control sería únicamente político y, por ello, potencialmente más peligroso para los individuos.

Las finalidades no terapeúticas, pero de diagnóstico, plantean problemas específicos, pues se ha constatado que pueden tener consecuencias importantes en el mercado laboral y en los contratos de seguros. Deberán articularse límites jurídicos a la

---

18. El problema es que no es fácil determinar cuándo estamos ante una terapia o ante una simple mejora. La confección de una lista de enfermedades ligadas a la herencia, realizada por expertos y revisable, podría servir de límite útil. Cfr. C. Romeo Casabona, "Protección de bienes jurídicos y genoma humano", en *Genes en el Estrado*. cit., p. 148.

19. Me parece incluso más razonable sostener, como hace Kishore, que la terapia génica en la línea germinal es preferible a la somática en la medida en que es más económica. Cfr. R.R. Kishore, *El Genoma Humano...*, cit., p. 209.

utilización discriminatoria de los datos genéticos en estos ámbitos. En el terreno personal las finalidades de diagnóstico también puden ser problemáticas. El pronóstico de enfermedades puede ser una fuente de angustia para el individuo y su familia y puede forzarle a tener que tomar decisiones moralmente difíciles.

2. Efectos perversos de la investigación sobre el genoma humano

No me detendré en un análisis pormenorizado de todas las cuestiones mencionadas, ya que son objeto de una amplio debate en la literatura especializada. Quisiera sólo hacer algún comentario sobre dos afirmaciones que se recojen en la Declaración sobre los principios de actuación en la investigación genética, aprobada en Heidelberg en 1996, y que son compartidas por algunos sectores de la opinión pública:

– El temor a que la investigación del genoma humano puede conducir a la discriminación y estigmatización de personas y poblaciones y a ser utilizada para fomentar el racismo.

– La reducción de los seres humanos a sus secuencias de ADN y la atribución de los problemas sociales y otros problemas humanos a causas genéticas.

En relación al primer punto:

Los resultados que proporcionen las investigaciones sobre el genoma humano sin duda pueden servir como fundamento de actiudes y comportamientos discriminatorios y racistas. En la medida en la que se muestre que ciertas características no están igualmente distribuidas, se puede intentar justificar un trato desigual en base a esa desigualdad. Pero las actitudes y comportamientos discriminatorios y racistas no necesitan de los datos que pueda proporcionar la genética. Una simple ojeada a nuestro alrededor y a nuestra historia nos muestra que ha habido discriminación sin necesidad de la investigación genética.

Nosotras las mujeres hemos padecido la discriminación como colectivo durante muchos siglos en los que la investigación genética no existía. Se me puede objetar que, precisamente, la discriminación se basaba en cuestiones biológicas. Biológicamente éramos distintas y por tanto esto justificaba que se nos tratase de forma desigual. Para decirlo en sus consecuencias: como alguien inferior y subordinado al hombre. La biología, pues, marcaba el destino subordinado del 50% de la población.

Pero en la actualidad nadie acepta que este dato biológico sea el que justifique la posición subordinada de la mujer en la sociedad. ¿Por qué? Porque la reflexión feminista ha puesto de manifiesto que la construcción social "género femenino" "género masculino", en base a la cual se ha diseñado la posición de subordinación de las mujeres y la superioridad de los hombres, no es una derivación necesaria del hecho biológico hembra/varón. Lo que cuenta en la conformación de las relaciones sociales no son los datos aparentemente objetivos que manejamos sino el significado social y las consecuencias que les atribuimos.

El embarazo es un hecho biológico que afecta, sin duda, sólo a las mujeres. Esta diferencia biológica suele alegarse para justificar que las mujeres estén en peor situación para acceder al mercado laboral. La mujer no estaría discriminada en este ámbito, pues es un hecho que la mujer durante un período de su vida estará ocupada en tareas procreativas. Pero lo que transforma este hecho biológico en una desventaja para las mujeres son las políticas laborales hasta ahora existentes. Pueden establecerse medidas legislativas en el orden laboral que impidan que el embarazo suponga siempre para las mujeres una desventaja a los efectos de promoción laboral.

Más aún, no es un hecho natural que la organización del trabajo productivo esté diseñado pensando que quienes van a desempeñarlo no tienen que realizar tareas de cuidado. Cuando las feministas de fin de siglo entendían que la maternidad era un factor integrante de la "diferencia" del sexo femenino negaban, sin embargo, que diferencia fuese igual a inferioridad o a "biología". La maternidad era una función social que debía estar remunerada. Exigían un "salario de madre" cuestionando de esta forma que la división social entre trabajo remunerado y no remunerado se fundase en razones de sexo[20]

Es por ello que creo que los datos que puede proporcionar la genética no tienen porque tener a efectos de discriminación más peso que otros datos biológicos que conocemos desde siglos. La crítica ideológica realizada para acabar con la discriminación por razón de raza, sexo, enfermedades mentales y/o físicas, minusvalías etc, ha de ser utilizada para combatir a la llamada "discriminación genética", porque también aquellas causas de discriminación más tradicionales tienen origen genético. Esto no significa que no puedan darse casos puntuales de discriminación genética, pero las sociedades políticas democráticas están en condiciones de reelaborar críticamente las prácticas discriminatorias.

Es previsible, sin embargo, que la información que puede aportar la investigación genética para el diagnóstico de enfermedades y habilidades tenga consecuencias discutibles a nivel del bienestar psicológico de los individuos examinados, ya que al ser básicamente predictivos generarán incertidumbre. Los diagnósticos preconceptivos, el diagnóstico prenatal al feto y el diagnóstico preimplantatorio obligarán, también, a tener que tomar decisiones moralmente difíciles que seguramente no siempre serán las más aceptables desde determinadas opciones morales. Lo mismo puede ocurrir con el desarrollo de la terapia génica en la línea somática y germinal.

20. Cfr. G. Bock/ P. Thane (eds.), *Maternidad y políticas de género*, Cátedra, Madrid, 1996, pp. 33 s.

Se ha señalado que todo ello puede dar lugar a una nueva forma de eugenesia. Romeo Casabona la denomina neoeugenesia porque señala que ésta, a diferencia de los movimientos eugenésicos de principios de siglo, que tenían carácter social y colectivo, se plantea como una opción médica, como algo que se desenvuelve en el ámbito privado de la salud individual[21]. El peligro de la decisión individual-sanitaria es que parece políticamente neutral y menos permeable a una reelaboración crítica.

Sin desconcer este peligro, creo que la información genética puede ser especialmente útil para la crítica social. Podrá mostrarnos de forma más clara como se distribuye la lotería natural. Hasta ahora sobre este hecho aleatorio se han ido conformando relaciones sociales claramente desigualitarias. Se ha señalado, sin embargo, que es el desconocimiento de esta desigualdad lo que nos obliga a elegir unos principios de justicia que son beneficiosos para todos por igual. En la medida en que no sepa cuales son mis habilidades, ni mi inteligencia, ni mi salud, me interesará elegir una forma de organización social en la que las personas desfavorecidas estén protegidas. Podría ser que yo fuese una de ellas[22].

Desvelar las circunstancias personales llevaría, según esta tesis, a disminuir los lazos de solidaridad. Pero podríamos ver las cosas de otra forma. Nos es difícil ponernos en el lugar de los demás porque pensamos que los demás pueden ser como somos nosotros. Darse cuenta de la diversidad y de la aleatoriedad de esta diversidad creo que puede ser un punto de partida sólido para la solidaridad. La comprensión, y con ella la tolerancia, está normalmente asociada al conocimiento y no a la ignorancia.

También creo que no debería impedirse que los resultados de las investigaciones genéticas sirviesen para posibilitar, en algunos casos, la corrección de esa desigualdad originaria. Por ello, el acceso a la ingenieria genética debería ser una prestación social en casos de grave desigualdad. Pero, pese a su carácter público, la decisión sobre el contenido de la intervención habría de ser estrictamente individual. No puede ser impuesto por el poder político un modelo de excelencia genética. Así, los datos genéticos que quieran modificarse habrán de ser elegidos voluntariamente por los individuos y no por un poder externo a ellos.

En cuanto al segundo punto:

El intento de reducción ya se ha propugnado antes de tener los resultados de la investigación. La obra de Wilson, Sociobiología, de 1975 pretende ofrecer una explicación del comportamiento humano desde la tendencia evolutiva de los genetipos individuales a maximizar su éxito reproductivo. De ahí que se haya visto en esta propuesta una forma moderna de darwinismo social. También el darwinismo social

21. Cfr. C. Romeo Casabona, "El Derecho penal ante el racismo y la eugenesia"; D. Soutullo, *La Eugenesia. Desde Galton hasta hoy, Eguzkilore*, Número Extraordinario 11, 1977, p. 111; Tolosa, Madrid, 1997. pp. 159.

22. Cfr. J.L. Lujan, "Genética: gestión del riesgo y contrato social", en D. Borrillo (ed.), *Genes en el estrado*, cit., p. 6.

intentó explicar la vida social desde categorías biológicas. Pero, pese a ello, se vio obligado a reconocer que determinadas facultades humanas, que son tanto o más importantes que las propiedades orgánicas, no se transmiten fisiológicamente, sino por el aprendizaje y la tradición[23].

A toda propuesta reduccionista de explicación de lo humano y lo social creo que puede oponérsele la crítica de Sahlins: " la biología, aunque es una condición absolutamente necesaria para la cultura, es igual y absolutamente insuficiente: es completamente incapaz de especificar las propiedades culturales del comportamiento humano o las variaciones que experimentan éstas de un grupo humano a otro"[24].

Pero conocer las secuencias de ADN creo que puede contribuir a que ciertos prejuicios sociales frente a ciertos sujetos disminuyan. Por ejemplo, estar delgado es hoy un valor que se ha construido socialmente y que genera considerables beneficios económicos. Algunos obesos que no satisfacen este valor suelen perder la autoestima. Mostrar que hay ciertas predisposiciones genéticas a la gordura permitiría una mejor reelaboración de los conflictos del individuo con los valores sociales dominantes.

Lo deseable sería que las personas fuesen conscientes, a raíz de las investigaciones genéticas, de que, constituídos a partir de la contingencia y necesariedad de lo genético, nos construimos como sujetos sociales en base a referencias culturales que se nos imponen pero que podemos modificar. La reflexión crítica es insustituible en orden a la reelaboración de aquellos modelos culturales vigentes en una sociedad que son opresivos. Pero los resultados de la investigación genética pueden contribuir a que los individuos dotados de claras desventajas iniciales se sitúen en mejores posiciones. La terapia génica y la crítica cultural deben actuar conjuntamente para que en la sociedad puedan materializarse los ideales de libertad e igualdad.

Bibliografía

BERGER, P.L., LUCKMANN, T. (1997). *La construcció social de la realitat.* Barcelona, Herder.

BOCK, G., THANE, P. (eds.)(1996). *Maternidad y políticas de género.* Madrid, Cátedra.

BORILLO, D. (ed.)(1996). *Genes en el Estrado.* Madrid, Consejo Superior de Investigaciones Científicas.

JONAS, H. (1997). *Técnica, Medicina y Ética.* Barcelona, Paidós.

LAMO DE ESPINOSA, E., RODRÍGUEZ IBÁÑEZ, J.E. (eds.) (1993). *Problemas de teoría social contemporánea.* Madrid, Centro de Investigaciones Sociológicas.

SAHLINS, M. (1982). *Uso y abuso de la biología.* Madrid, Siglo XXI.

SOUTULLO, D. (1997). *La Eugenesia. Desde Galton hasta hoy.* Madrid, Talasa.

---

23. Cfr. F. González Vicen, "El darwinismo social: Espectro de una ideología", en *Anuario de Filosofía del Derecho*, 1984, p. 170.

24. Cfr. M. Sahlins, *Uso y abuso de la biología,* Siglo XXI, Madrid, 1982, p. 3.

MODELOS ANIMALES DE ENFERMEDADES HEREDITARIAS

Gemma Marfany
Universitat de Barcelona

La creación de modelos animales de enfermedades hereditarias humanas es una de las fuentes de información más importante para llegar a entender cuál es la función de un gen, y cómo su disfunción contribuye a desarrollar el fenotipo de la enfermedad. Se han creado nuevos métodos para obtener organismos transgénicos "a la carta" en los que se ha introducido una información genética nueva, o bien se ha modificado de forma dirigida la ya existente y, de esta manera, se han abierto excelentes vías no sólo para la comprensión de los mecanismos moleculares subyacentes a las enfermedades, sino también para intentar paliar o curar determinadas enfermedades mediante el análisis de nuevas medicinas o la terapia génica.

Así pues, la elección del modelo es un punto crucial dentro de este tipo de investigación biomédica. En esta elección se han de valorar diferentes criterios como son:

1. Similitud general (fisiológica, bioquímica, etc.) del organismo modelo con el humano.
2. Similitud de los síntomas que presenta o presentará el organismo modelo con los que presenta el paciente humano (importante, sobre todo, cuando se ha de valorar la actividad terapéutica de diferentes drogas antes de su aplicación a humanos).
3. Similitud del defecto génico que causa la enfermedad en los dos organismos (especialmente cuando se ha de valorar el efecto de posibles terapias génicas).
4. Posibilidad de estudio sistemático experimental del organismo modelo, incluyendo en este apartado aspectos tan variables como importantes: número suficiente de individuos para el estudio científico, ciclo vital corto que posibilite el estudio en un tiempo aceptable desde el punto de vista experimental, facilidad de trabajo, conocimientos previos sobre el organismo que faciliten su manipulación a fin de adaptarse a las necesidades del modelo y la comprensión de los resultados obtenidos, etc.

Se escogerá, pues, uno u otro organismo modelo en función del objetivo de la investigación y, por tanto, de la importancia que se dé a éstos y a otros criterios. La limitación más importante de un modelo es el conocimiento previo del organismo. Esto hace que muy pocos organismos hayan sido considerados como posibles modelos: la levadura, el nemátodo *Caenorhabditis elegans, Drosophila*, el pez cebra y el ratón. De todos estos organismos, el más adecuado para el estudio de las enfermedades hereditarias humanas es el ratón, por las razones que mencionaremos a continuación. Se podría pensar que los organismos modelo más adecuados para el estudio de las enfermedades humanas son los primates superiores dada su proximidad al hombre. Por contra, existen numerosas razones (éticas y de manipulación experimental) por las que su uso se ha desestimado. En cambio, el ratón de laboratorio es el organismo de elección como modelo animal, ya que a sus facilidades de cultivo y manejo se añaden el extenso conocimiento sobre su genética, bioquímica y fisiología, relativamente similares a los humanos. Su pequeño tamaño y su corto ciclo reproductivo permiten disponer de un gran número de individuos en un espacio y tiempo mínimos; esto y su desarrollo embrionario acelerado permiten estudios que son totalmente inaccesibles en humanos. Además, se han desarrollado líneas isogénicas en las que todos los individuos comparten la misma información genética y en las que el único cambio introducido sería el gen que se ha manipulado.

Uno de los motivos de crear organismos transgénicos sería obtener modelos animales que emulen el fenotipo de las diferentes enfermedades humanas, que nos permitiesen comprender sus etiologías y evolución, así como valorar las posibles aproximaciones terapéuticas. La información obtenida ha sido valiosísima, pero no siempre los modelos obtenidos con ratones transgénicos consiguen emular totalmente las características fenotípicas de las enfermedades humanas. Esto hace que la extrapolación a humanos de los resultados obtenidos en el ratón no sea en todos los casos directa.

Históricamente, se han obtenido modelos de enfermedades humanas de forma casual mediante mutantes que o bien se encuentran de forma natural, o bien se han originado por mutagénesis y selección artificial, y que presentan síntomas similares al de los pacientes humanos con el gen homólogo afectado. Actualmente, la creación de modelos se basa en la introducción de un gen exógeno o en la manipulación de un gen propio del ratón, es decir, en la producción de animales transgénicos y *Knock-out*.

De forma general, un animal transgénico es aquel animal al que se le ha introducido una información genética (ADN) exógena o transgén. Para que se pueda constituir una línea estable de animales transgénicos, esta información ha de ser heredable y, por tanto, se ha de introducir en la línea germinal. Se han descrito numerosas técnicas para introducir ADN en células de mamífero, pero las más empleadas en la producción de transgénicos son la microinyección en cigotos y el direccionamiento génico (*gene targeting*) en células cepa embrionarias (*ES-embryonic stem cells*).

1. Introducción de ADN recombinante mediante microinyección en cigotos

Esta técnica es la más eficiente en la entrega del ADN en la célula receptora, ya que implica la inyección directa del ADN *in vitro* dentro del pronúcleo masculino del cigoto, y la posterior implantación en el útero de una madre de alquiler pseudoembarazada. Aproximadamente del 20 % al 30 % de los huevos microinyectados llegan a buen término si la manipulación la han realizado manos experimentadas, pero sólo del 3 % al 10 % del total inicial presentan integración del transgén. El organismo obtenido tiene todas las células con el transgén, de forma hemicigótica, y se denomina organismo fundador, ya que a partir del mismo y mediante cruzamientos se puede conseguir una línea estable de transgénicos.

En esta técnica, la integración del transgén es al azar, así como el número de copias integradas. Por tanto, todos los organismo fundadores obtenidos son diferentes. Además, la expresión del transgén es muy variable, ya que depende de la localización cromosómica y del efecto de las regiones cercanas en la regulación de la expresión génica. Estos problemas se están solucionando gracias al perfeccionamiento de la técnica que permite microinyectar una medida de ADN superior (de centenares de kilobases), que puede abarcar toda la región genómica de un gen, incluyendo las regiones reguladoras y las LCR (*locus control region*). Así pues, actualmente se pueden conseguir transgenes de expresión correcta, independientemente del lugar de integración y dependiendo del número de copias integradas.

Este tipo de transgénico sólo se puede emplear como modelo de enfermedad humana cuando ésta se debe a un exceso de expresión de un gen concreto, en enfermedades de herencia dominante, en enfermedades donde hay un exceso de dosis génica (por ejemplo trisomías), o bien cuando hay introducción genética exógena, por ej. virus. No obstante, no se puede emplear para emular enfermedades que se deban a pérdida de función génica o a mutaciones concretas de un gen.

2. Introducción de ADN recombinante en células cepa embrionarias (ES)

Esta técnica es más reciente, ya que sólo pudo llevarse a cabo cuando se encontraron las condiciones adecuadas para mantener células embrionarias totipotentes sin que se diferenciaran después de unas cuantas divisiones. Estas células se obtienen a partir de embriones en la fase de blástula, donde las células mantienen su totipotencia y se pueden mantener y replicar mediante cultivo para incrementar su número y, posteriormente, ser introducidas en un nuevo blastocisto receptor que será implantado en una madre de alquiler pseudoembarazada. Estas células ES se reorganizan con las células del blastocisto receptor, dando lugar a los diversos tejidos fetales y, posteriormente, a los del adulto (incluidas las células germinales). El organismo obtenido es una quimera o un animal quimérico, ya que sus tejidos están formados por células de dos orígenes diferentes. Si las células ES introducidas han sido manipuladas genéticamente o transducidas con un gen de interés y han sido seleccionadas mientras estaban en cultivo, el animal quimera será transgénico y podrá fundar una línea estable a partir de sus gametos que producirán las células germinales transgénicas de su cuerpo.

El punto clave de la técnica es el cultivo de las células ES, que permite disponer de un gran número de éstas, transducirlas y seleccionar aquellas cuya manipulación ha sido la deseada por el investigador, aunque su porcentaje sea mínimo. Mediante las construcciones de ADN recombinante y los métodos de selección adecuados se permite el crecimiento y réplica de aquellos clones celulares en los que la integración se produce por recombinación homóloga justo en la localización génica que interesa. Este direccionamiento génico recibe normalmente el nombre de *gene targeting*. Cuando el *gene targeting* interrumpe bruscamente la función de un gen, se denomina *knock-out*. El análisis del animal homocigoto para este *knock-out* permite el estudio de la función o funciones que tiene el gen disruptado y, de hecho, con la descripción continua de nuevos genes humanos, esta técnica se emplea cada vez más para averiguar su posible función. Éste es el tipo de transgénico empleado para analizar la función de un gen y los efectos de su disfunción y para estudiar enfermedades de herencia recesiva que se deban a la pérdida de función génica.

Pero, además, la manipulación genética dirigida permite crear organismos transgénicos más perfeccionados, en los que se recrea la mutación o mutaciones que realmente provocan la enfermedad en humanos. De esta manera, el organismo modelo se acerca más a la realidad, ya que muchas enfermedades no presentan una disrupción génica completa, sino mutaciones puntuales que originan fenotipos concretos. Así pues, empleando las construcciones adecuadas se puede intercambiar el gen normal por el mutado en las células ES en cultivo y, posteriormente, obtener el transgénico homocigoto. Esto es lo que se ha denominado obtención de transgénicos "a la carta".

¿Cuál es la utilidad de estos modelos animales? La respuesta más directa es: para llegar a comprender los mecanismos moleculares que están en la base de las enfermedades, y como organismo de prueba de nuevos medicamentos. Pero además, son el material idóneo para probar la posible eficacia de nuevas terapias, como la terapia génica, que supone la entrega de genes recombinantes o, incluso, la sustitución de genes mutados en el genoma a fin de paliar, y a lo mejor curar, las enfermedades genéticas hereditarias en los humanos.

Una revisión de la literatura biomédica más reciente nos muestra innumerables ejemplos de ratones como modelos animales de enfermedades humanas hereditarias. Hemos escogido unos cuantos, muy pocos, a fin de ilustrar algunos de los aspectos que hemos comentado.

3. Modelos animales de enfermedades monogénicas. Ejemplo: enfermedad de Lesch-Nyhan

A priori, obtener un modelo murino de una enfermedad humana causada por la pérdida de función de un único gen parece cosa fácil. Se trataría de mutar el mismo gen en un ratón mediante *knock-out,* obtener su homocigoto y observar que presenta los mismos síntomas que los humanos. Este último punto es crucial, ya que la única manera de validar el modelo animal es ver que realmente emula la enfermedad humana. A partir de este hecho se puede hablar de análisis más exactos y de valoración de diferentes terapias.

Aunque los ratones y los humanos son mamíferos relativamente similares, existen pequeñas diferencias bioquímicas y fisiológicas. Dado que los genes no actúan en solitario sino que ejercen su función mediante múltiples interacciones génicas, estas pequeñas diferencias a nivel molecular pueden repercutir y variar visiblemente el fenotipo y su gravedad. Ya que se tienen conocimientos previos del organismo, se pueden hacer manipulaciones posteriores para ajustar el modelo, como sucede con los modelos de la distrofia muscular de Duchenne, o la enfermedad de Lesch-Nyhan. Otras veces, según el tipo de modificación genética que se ha hecho, el modelo obtenido se ajusta más o menos a la enfermedad humana, como ocurre con los modelos murinos de la fibrosis quística. Por supuesto, también hay modelos que funcionan muy bien como tales, caso de los de la hemofilia A y B.

Como ejemplo, daremos un vistazo al modelo murino de la enfermedad de Lesch-Nyhan. Esta enfermedad humana es recesiva y ligada al cromosoma X. Esto quiere decir que la padecen más frecuentemente individuos del sexo masculino. La causa de la enfermedad son mutaciones inactivantes del gen HPRT (Hipoxantina-guanina-fosforibosiltransferasa). La enzima codificada actúa en las vías de reciclaje de las purinas de ácidos nucléicos. La ausencia de esta enzima provoca de forma secundaria una disfunción en la vía de la dopamina, que es un neurotransmisor. De forma que los principales efectos son a nivel neurológico. El fenotipo se caracteriza por retraso mental, parálisis cerebral espástica, ácido úrico en la orina y automutilación corporal compulsiva por mordeduras de dedos y labios, especialmente.

Cuando se creó el modelo con disrupción génica mediante *knock-out* del gen HPRT murino, desgraciadamente los organismos obtenidos no presentaban ningún fenotipo de comportamiento anormal. Un estudio más minucioso de la vía de reciclamiento de las purinas en el ratón mostró que estos organismos presentan una expresión génica más elevada del gen APRT (adenina-fosforibosil transferasa) que los humanos. Esta expresión más alta de APRT compensaría la ausencia del producto del gen HPRT. Por tanto, para obtener un buen modelo animal de esta enfermedad se tenía que mutar no sólo el gen HPRT sino también el gen APRT. Una primera prueba hecha con ratones *knock-out* para HPRT que han sido tratados con antagonistas químicos que impiden la acción de la enzima APRT, han permitido obtener ratones que sí presentan un fenotipo similar al de Lech-Nyhan, destacándose las automutilaciones que se inflingen. Esto, pues, es un retoque sobre el primer modelo que ha permitido emular de forma correcta la enfermedad humana. A pesar de ello, el modelo parece ser un poco más complejo, ya que los primeros resultados de ratones doble *knock-out* por HPRT y APRT no presentan exactamente el mismo fenotipo.

4. Modelos animales de enfermedades que afectan al desarrollo. Ejemplo: enfermedades óseas, craneosinostosis

A menudo, una mutación inactivante o deletérea que afecta a un gen con una función vital suele ser letal. Si sólo estudiásemos los genes que causan enfermedades, la gran mayoría de genes con funciones muy importantes pasarían desapercibidos. Esto es particularmente cierto cuando se trata de genes que actúan en momentos clave del desarrollo embrionario, ya que suelen provocar un aborto espontáneo temprano. Una manera ingeniosa de acceder a esta información y poder extrapolarla a los humanos es mediante el análisis de mutantes que sean letales durante el desarrollo del ratón y mediante la creación de *knock-out* o transgénicos de genes homólogos a los que se han descrito que intervienen en el desarrollo de organismos tan estudiados como *Drosophila.* De esta manera, se puede acceder a una información que no se puede obtener directamente en humanos.

En los mamíferos, muchos de los genes implicados en el desarrollo forman parte de familias génicas que han sufrido procesos de duplicación y de posterior refinamiento de su función. A pesar de ello, hay una información genética básica ancestral que permanece en cada uno de los representantes génicos. La ausencia de uno solo de estos genes no tiene siempre un efecto letal sino deletéreo: unas cuantas funciones de refinamiento que se han perdido, mientras la función básica se mantiene. Así pues, para saber realmente la función y la información codificada en estos genes es necesario muchas veces realizar dobles y triples *knock-outs*. Este tipo de experimentación sólo se puede hacer en ratones, ya que los organismos obtenidos mueren en diversos estadios embrionarios según el momento del desarrollo en el que su función es indispensable.

En muchos casos se puede establecer una correlación directa entre la enfermedad humana y el gen de ratón que se ha mutado para obtener un modelo. Aún se puede ir más allá e ir mutando genes de ratón de función más o menos conocida para observar qué efectos fenotípicos se producen e irlos asociando a una enfermedad humana con características fenotípicas similares. Esto es lo que se ha hecho con diversos genes que intervienen en la formación de huesos y, por tanto, son genes candidatos a ser los responsables de enfermedades humanas que afecten al esqueleto. Se han ido produciendo ratones *knock-out* para muchos de los genes que codifican diferentes colágenos, y, después de observar el fenotipo, se asigna cada uno como modelo para una determinada enfermedad humana con la que presenta similitud de fenotipo. Por ejemplo, ratones con mutaciones en el gen *Cola1* constituyen el modelo para la osteogénesis imperfecta, o ratones a los que se ha mutado el gen *Col9a1* son el modelo para la displasia múltiple epifisial.

En algunos casos, el mutante de ratón ha sido providencial para encontrar el gen humano responsable de la enfermedad. Así pues, mutaciones en el gen *Col11a1* en ratones causan condrodisplasia. Dada la similitud del fenotipo del ratón mutado por *Col11a1* con el fenotipo presentado por los enfermos del síndrome de Stickler, y dada la relación entre el agente causante de esta enfermedad y el gen *Col11a2* de humanos, se consideró que mutaciones en este gen eran las causantes de la enfermedad en humanos, como así se demostró.

Los modelos en ratones permiten también estudiar enfermedades genéticas hereditarias dominantes, que en muchos casos se deben a mutaciones que causan un incremento de función génica. Hasta ahora, el método empleado para ir encontrando los genes responsables de enfermedades humanas ha sido básicamente el ligamiento genético seguido de análisis posicional y, actualmente, el análisis de genes candidatos posicionales. Muchas veces se encuentra un gen que, por su patrón de expresión y su posible función, parecería ser el gen implicado en la enfermedad, pero el análisis de mutaciones en enfermos sólo muestra mutaciones de cambio de aminoácido. Para demostrar que realmente estas mutaciones en estos genes son las responsables de la enfermedad, se puede crear un modelo de ratón transgénico al que se le introduce el gen con la misma mutación que la presentada en los pacientes humanos, a fin de analizar el fenotipo resultante.

Uno de los ejemplos más claros se ha obtenido al estudiar la craneosinostosis de tipo 2. Una de cada 3.000 personas se ve afectada por algún tipo de craneosinostosis, una enfermedad que se caracteriza por malformaciones del cráneo y que tiene una gran heterogeneidad genética, ya que mutaciones en genes diferentes causan un fenotipo similar. A veces, puede verse acompañada de otras características fenotípicas como son otras malformaciones esqueléticas, retraso mental, epilepsia y dolores de cabeza intensos y recurrentes. La craneosinostosis de tipo 2 presenta una herencia autosómica y dominante. No causa retraso mental, pero muchos individuos afectados presentan dolores de cabeza muy intensos. Las malformaciones del cráneo se deben a un cierre prematuro de las suturas craneales, que provoca un abombamiento de los huesos debido al crecimiento cerebral que ejerce presión sobre el cráneo.

Mediante ligamiento génico y análisis de gen candidato posicional se determinó que el gen responsable de la enfermedad era *Msx2*. Este gen codifica una proteína con homeobox, por tanto un factor de transcripción y, además, se expresa en el cráneo y en los tejidos neurales subyacentes durante el desarrollo. La búsqueda de mutaciones en los individuos enfermos permitió detectar una mutación que originaba un cambio de aminoácido, de una prolina a una histidina, dentro del homeodominio, en una posición extremadamente conservada incluso en invertebrados.

A fin de demostrar que realmente esta mutación en *Msx2* es suficiente para causar la enfermedad y, además, para obtener el modelo animal correspondiente, se obtuvieron una serie de transgénicos, a los que se les microinyectó el gen humano salvaje y el gen humano con la mutación. Los transgénicos con el gen mutado presentaron craneosinostosis ya que al poco de nacer presentaban todas las suturas craneales prematuramente cerradas, pues el cartílago era sustituido por hueso, impidiendo el crecimiento concertado del cráneo y el cerebro y, por tanto, provocando malformaciones craneales a medida que el cerebro iba creciendo, de manera muy similar a lo que sucede en los humanos afectados por esta enfermedad. Se podría decir, entonces, que este ratón transgénico es un buen modelo para la craneosinostosis de tipo 2.

5. Modelos animales de enfermedades neurodegenerativas complejas. Ejemplo: enfermedad de Alzheimer

Las enfermedades neurodegenerativas, como puedan ser la enfermedad de Alzheimer o la enfermedad de Parkinson, tienen un gran interés social ya que afectan a un porcentaje muy amplio de la sociedad. La gran mayoría de estas enfermedades afectan principalmente a ancianos, y como la neurodegeneración suele ser progresiva y actualmente la esperanza de vida humana es larga, existe un porcentaje de la sociedad al que estas enfermedades afecta e incapacita gravemente. Así pues, se entiende la elevada inversión farmacéutica para encontrar nuevas terapias. La creación de modelos animales es muy valiosa para el análisis y desarrollo de diferentes estrategias terapéuticas.

El principal problema que existe en las enfermedades neurodegenerativas es crear un modelo animal que emule todas las consecuencias neurológicas de una enfermedad, como son las desviaciones del comportamiento, en claro constraste con las características fenotípicas que afectan a la estructura, bioquímica o viabilidad tisulares, y que son valorables objetivamente. El hombre tiene una psicología más compleja que la de la mayoría de los mamíferos y es difícil aseverar cómo y cuándo un ratón ve modificado su comportamiento, memoria o trato social. A pesar de ello, se han desarrollado una serie de ejercicios y actividades sencillos que ponen a prueba el comportamiento de los ratones. La comparación de los resultados obtenidos entre ratones control y ratones modelo puede valorarse, aunque siempre está sometida a una cierta subjetividad.

Una de las enfermedades en la que más interés hay para la obtención de un modelo animal es la enfermedad de Alzheimer. Esta enfermedad afecta a una de cada dos personas dementes y es la causa de la demencia más frecuente entre la tercera edad (demencia senil). Se caracteriza por la deposición en el cerebro de placas amiloides, nudos de neurofibrillas y apoptosis neuronal. Los individuos afectados presentan un comportamiento que se va alterando progresivamente, ya que sufren una pérdida progresiva de memoria que acaba incapacitando a los individuos. Esta enfermedad tiene una etiología muy compleja, ya que tiene componentes hereditarios, de susceptibilidad o riesgo, y otros factores ambientales no determinantes. En algunas familias donde se ha determinado una herencia autosómica dominante, se han encontrado mutaciones en uno de estos tres genes: APP (la proteína precursora del péptido ß-amiloide), y los genes de las presenilinas 1 y 2 (dos genes que comparten un 67 % de homología y pertenecen a la misma familia génica). Estas mutaciones producen cambios de aminoácidos en las proteínas codificadas, pero no se ha detectado nunca ninguna mutación que cause un cambio de pauta de lectura o una ruptura prematura de la proteína codificada.

Uno de los primeros modelos de la enfermedad de Alzheimer que se obtuvieron eran ratones transgénicos que sobre-expresaban el gen humano APP salvaje. Se constataba una mayor producción de proteína precursora con incremento del péptido ß-amiloide y se reproducían algunas de las características fenotípicas asociadas al Alzheimer, pero no todas, pues, por ejemplo, no se observaron deposiciones (placas amiloides) en el cerebro de los ratones. Una segunda aproximación fue obtener un ratón transgénico que expresara el gen humano APP mutado. En estos ratones sí que se obtuvo el fenotipo esperado, ya que se observaron numerosas placas amiloides en el cerebro, que incrementaban con la edad, y también se detectaba apoptosis neuronal, como sucede en los pacientes humanos. Además, los ratones parecían presentar alteraciones del comportamiento a medida que pasaba el tiempo y, por tanto, los autores concluyen que han creado un buen modelo, al menos en lo referente a las características fenotípicas que afectan a la estructura y viabilidad celular en el cerebro.

También se han intentado obtener ratones *knock-out* para el gen de la presenilina 1, pero en este caso los individuos homocigotos no son viables, y, por tanto, este gen debe estar implicado en procesos muy importantes para el organismo y no se puede eliminar. En todo caso, para la obtención de nuevos modelos más conseguidos se deberían crear organismos transgénicos donde se hubieran introducido los genes de las presenilinas con las mutaciones que presentan los pacientes humanos, a fin de observar si el fenotipo es más similar.

6. Modelos animales de síndromes complejos. Ejemplo: síndrome de Down

Como ya hemos comentado, los modelos de enfermedades monogénicas son, a priori, más sencillos de obtener. En cambio, aquellos modelos de enfermedades más complejas, donde intervienen más de un gen, son mucho más dificultosos, y aún más si lo que se quiere modificar es una región cromosómica grande, donde están localizados numerosos genes. Hasta hace poco la obtención de modelos animales de aneuploidías humanas, es decir, de alteraciones en el número de cromosomas, era considerado inviable, a pesar de su interés científico y médico ya que la alteración genética más frecuente en humanos es la del síndrome de Down. Este síndrome se debe a la trisomía del cromosoma 21 (presencia de un cromosoma 21 de más), pero incluso triplicaciones no totales del cromosoma 21 son suficientes para producir las características fenotípicas asociadas.

Técnicamente, la producción de un transgénico trisómico se considera de una extrema dificultad (aún no se ha resuelto la introducción de un único cromosoma de más de un cigoto a en células embrionarias sin que haya fragmentación del ADN) y aún no se ha conseguido. Conceptualmente, la producción de un ratón transgénico modelo del síndrome de Down implicaría conocer cuál es el cromosoma murino homólogo al cromosoma 21 humano, y de alguna forma conseguir su presencia en tres copias. Esta aproximación no puede conseguirse directamente, ya que en las líneas evolutivas que han conducido a roedores y primates, han sucedido numerosas reordenaciones cromosómicas. Así, a pesar de que se ha conservado de forma general la sintenia (ordenación de los genes y de información genética a lo largo de una región cromosómica), los genes y regiones que se encuentran en los humanos en el cromosoma 21 están divididos en tres fragmentos que se encuentran en los cromosomas 10, 16 y 17 de los ratones. La creación de transgénicos con trisomías para estos tres cromosomas de ratón no son viables, pues además de la información de parte del cromosoma 21, también contienen más información genética que hace que la trisomía sea letal. Por otro lado, este hecho también haría que el modelo no sea exactamente igual al humano y que los resultados fuesen difíciles de valorar, ya que el fenotipo resultante sería probablemente distinto en muchas características de las asociadas al síndrome de Down.

Los investigadores están intentando circunvalar estos problemas mediante aproximaciones más simples, pero que pueden proporcionar también mucha información, aunque más fragmentada. En vez de introducir todo un cromosoma de más, se introduce sólo una pequeña fracción de un cromosoma, una región genómica que contenga un número de genes discreto, de uno a diez genes, que traducido a longitud física variaría de 40 kb a 500 kb. Se han desarrollado técnicas más minuciosas que permiten la inyección de ADN de tamaño más grande sin implicar una degradación o ruptura mecánica del ADN, y salvaguardando por tanto la integridad de la información genética. El ADN introducido se obtendría a partir de cósmidos o YACs, de los cuales se puede conocer su localización cromosómica exacta, el número y tipo de genes e, incluso, la totalidad de su secuencia, a medida que la secuencia del genoma humano se está completando. La información que se puede obtener con la creación de este tipo de transgénicos es muy importante ya que permite hacer una correlación directa fenotipo/genotipo, mediante la comparación de la región genómica triplicada y las características fenotípicas obtenidas.

Esta estrategia ya se ha empleado para el análisis minucioso de una región genómica localizada dentro de la DSCR (*Down Syndrome Critical Region*), una región cromosómica de 2 Megabases que parece ser suficiente, cuando está triplicada, como para producir la mayoría de características fenotípicas del síndrome. Se han producido diferentes ratones transgénicos a los que se les ha introducido diferentes YACs que cubren la región. Algunos de los mismos no parecen tener efecto fenotípico alguno sobre los ratones, mientras que dos YACs que se solapan producen transgénicos con dificultades de aprendizaje y algunas diferencias de comportamiento con los ratones salvajes. La región de solapamiento contiene justamente el gen *minibrain,* descrito en *Drosophila,* y que interviene en el desarrollo del sistema nervioso. A partir de aquí se pueden realizar diferentes experimentos a fin de determinar la función de este gen y su posible contribución al desarrollo del fenotipo asociado al síndrome de Down.

Conclusiones

En resumen, la creación de modelos de enfermedades mediante la obtención de ratones transgénicos, *knock-outs* y mutantes creados por doble direccionamiento génico, permiten una herramienta experimental muy valiosa, ya que no sólo proporcionan información minuciosa sobre la función génica, sino también nuevas estrategias terapéuticas. No todos los modelos son igualmente válidos, y los resultados obtenidos se han de sopesar y razonar adecuadamente antes de extrapolarlos a los humanos, implicando muchas veces modificaciones posteriores del modelo para aproximarlo más al caso humano. Muchos investigadores creen que el futuro de la genética humana estriba en averiguar la función e interacciones de los genes que se van descubriendo, y el uso de modelos animales es la estrategia más informativa y potente de las que disponemos actualmente.

Bibliografía

BEDELL, M.A., JENKINS, N.A. & COPELAND, N.G. (1997). *Mouse models of human disease. Part I: techniques and resources for genetic analysis in mice.* Genes Dev. 11:1-10.

BEDELL, M.A., LARGAESPADA, D., JENKINS, N.A. & COPELAND, N.G. (1997). *Mouse models of human disease. Part II: recent progress and future directions.* Genes Dev. 11:11-43.

GAMES, D., ADAMS, D., ALESSANDRINI, R., BARBOUR, R., BERTHELETTE, P., BLACKWELL, C., CARR, T., CLEMENS, J., DONALDSON, T., GILLESPIE, F., GUIDO, T., HAGOPLAN, S., JOHNSON-WOOD, K., KHAN, K., LEE, M., LEIBOWITZ, P., LIEBERBURG, I., LITTLE, S., MASLIAH, E., MCCONLONGUE, L., MONTOYA-ZABALA, M., MUCKE, L., PAGANINI, L., PENNIMAN, E., POWER, M., SCHENK, D., SEUBERT, P., SNYDER, B., SORIANO, F., TAN, H., VITALE, J., WADSWORTH, S., WOLOZIN, B. & ZHAO, J. (1995). *Alzheimer-type neuropathology in transgenic mice overexpressing V717F β-amyloid precursor protein.* Nature 373:523-527.

HIGGINS, L. S. & CORDELL, B. (1995). *Transgenic mice and modelling Alzheimer's disease.* Rev. Neurosci. 6:87-96.

LAFERLA, F.M., TINKLE, C.J., BIEBERICH, C.J., HAUDENSCHILD, C.C. & JAY, G. (1995). *The Alzheimer's Aβ peptide induces neurodegeneration and apoptic cell death in transgenic mice.* Nature Genet. 9:21-30.

LAMB, B.T. & GERHART, J.D., (1995). *YAC transgenics and the study of genetics and human disease.* Curr. Opin. Genet. Dev. 5:342-348.

LIU, Y.H., KUNDU, R., WU, L., LUO, W., IGNELZI, M.A., SNEAD, M.L., & MAXSON, R.E. (1995). *Premture suture closure and ectopic cranial bone and mice expressing Msx2 transgenes in the developing skull.* Proc. Natl. Acad. Sci. USA 92:6137-6141.

PROCKOP, D.J. & KIRIVIKKO, K.I. (1995). Collagens: molecular biology, diseases and potentials for therapy. Annu. Rev. Biochem. 64:403-434.

VIKKULA, M., MARIMAN, E.C.M., LUI, V.C.H., ZHIDKOVA, N.I., TILLER, G.E., GOLDRING, M.B., VAN BEERSUM, S.E.C., DE WAAL MALEFIJT, M.C., VAN DEN HOOGEN, F.H.J., ROPERS, H.H., MAYNE, R., CHEAH, K.S.E., OLSEN, B.R., WARMAN, M.L. & BRUNNER, H.G. (1995). *Autosomal dominant and recessive osteochondrocysplasis associated with the COL11A2 locus.* Cell 80:431-437.

THEURING, F., THUNECKE, M., KOSCIESSA U. & TURNER, J.D. (1997). *Transgenic animals as models of neurodegenerative diseases in humans.* TIBTECH 15:320-325.

TRANSGÉNESIS Y MEJORA ANIMAL

Armand Sánchez Bonastre
Josep M. Folch Albareda
Universitat Autònoma de Barcelona

1. Introducción

En 1980 Gordon y col. describieron por primera vez la obtención de ratones en los que ADN exógeno habia sido incorporado a su genoma mediante microinyección en el pronúcleo de embriones en estadío de una célula. Poco después, otros cuatro grupos lograron también obtener ratones transgénicos y demostraron que el ADN introducido se expresaba y podia transmitirse a la descendencia.

La primera demostración de la posibilidad de alterar el fenotipo en los animales transgénicos fue obtenida por Palmiter y col. (1982), que microinyectaron en ratones el gen que codifica la hormona de crecimiento de rata fusionado con el promotor del gen de la metalotioneína. Los ratones transgénicos expresaban la hormona de crecimiento en diversos tejidos y mostraban un tamaño corporal mucho mayor (de 2 a 4 veces el tamaño de un ratón normal).

Un animal transgénico se puede definir como aquel cuyo genoma ha sido modificado por la introducción de un ADN exógeno o por la deleción de un fragmento de ADN propio. El ADN exógeno puede ser un gen de otra especie o una secuencia nucleotídica propia alterada. El ADN introducido se denomina transgén y, normalmente, se mantiene integrado de forma estable en el genoma del animal transgénico.

2. Técnicas de transferencia de genes

Diferentes métodos han sido desarrollados para la obtención de animales transgénicos:

2.1. Microinyección de ADN en pronúcleo de embriones

Consiste en la microinyección de ADN en el pronúcleo (normalmente el masculino debido a su mayor tamaño) de embriones en estadio de una célula y la posterior transferencia de estos embriones al oviducto de hembras receptoras sincronizadas hormonalmente. Es una técnica relativamente simple y ha sido utilizada extensamente en ratones y en casi todos los animales transgénicos obtenidos en especies productivas. La eficiencia de integración del transgén (animales transgénicos/embriones microinyectados y transferidos) es muy variable, siendo como promedio del 1% en animales domésticos y del 3% en animales de laboratorio (Wall, 1996). La microinyección en animales domésticos se ve a menudo dificultada por la opacidad de los óvulos, que impide la visualización de los pronúcleos, y hace necesario centrifugar los óvulos o utilizar técnicas de microscopia especiales que reducen la eficiencia de la técnica. El número de embriones que se pueden recuperar por superovulación en las especies productivas es limitado y se están desarrollando técnicas que permiten la obtención de embriones mediante la maduración y fecundación *in vitro* de óvulos de ovarios de animales sacrificados en matadero. Además, en especies poco prolíficas es necesario disponer de un elevado número de madres receptoras para implantar los embriones microinyectados. Uno de los mayores inconvenientes de este método es la imposibilidad de controlar el número de copias y el lugar de integración del transgén.

2.2. *Vectores retrovíricos*

Los retrovirus pueden ser modificados para clonar fragmentos de ADN y ser utilizados como vectores para infectar embriones animales. Son potencialmente interesantes debido a la elevada eficiencia de integración del transgén observada en ratones y a la inserción de una única copia intacta del transgén en una determinada localización cromosómica. Presentan, sin embargo, algunos inconvenientes como son la limitación en el tamaño de los insertos de ADN que pueden ser introducidos en los retrovirus (menor de 10 kb), la integración del transgén en sólo una fracción de las células del embrión generándose animales mosaico que no transmiten o lo hacen con una frecuencia baja el transgén a la descendencia, los problemas en el control de la expresión del transgén debido a la presencia de secuencias reguladoras propias del retrovirus y las dudas sobre la seguridad de estos vectores debido a la posibilidad de que sean activados por recombinación con provirus existentes en el genoma huésped.

La utilización de retrovirus en animales productivos ha sido muy escasa y sólo se ha descrito la obtención de transgénicos en aves. En cerdos y ovejas se han utilizado retrovirus salvajes, pero no se han encontrado evidencias de la integración del ADN en línea germinal.

2.3. *Células embrionarias totipotentes*

Las células ES (*Embryonic Stem Cells*) son células totipotentes derivadas de blastocistos que pueden ser cultivadas *in vitro* manteniendo su totipotencia. Es decir, pueden implantarse en un embrión receptor en desarrollo y formar parte de diferentes tejidos, incluyendo la línea germinal. Los animales obtenidos serán por tanto quimeras. Su principal ventaja es la capacidad de ser transformadas con un ADN de interés y posteriormente seleccionadas *in vitro* para un determinado genotipo antes de ser implantadas en un embrión. Es una técnica compleja, pero es la única que permite dirigir por recombinación homóloga la integración del transgén en una localización genómica concreta. Permite inactivar la expresión de un gen (knock-out), sustituir un gen por una versión modificada en el laboratorio y controlar mejor la expresión de un transgén al poder integrarlo en un lugar específico del genoma. El mayor inconveniente de esta técnica es la ausencia del transgén en la línea germinal de muchos de los animales.

A pesar del enorme esfuerzo dedicado a la obtención de células ES en otras especies, hasta hoy su utilización se ha visto limitada al ratón debido a la dificultad en la obtención de cultivos viables de células ES en las especies domésticas.

2.4. Otros métodos

Transfección de espermatozoides. Consiste básicamente en incubar con ADN los espermatozoides, utilizados como vehículo para la transgénesis, y realizar posteriormente una fecundación *in vitro* con los espermatozoides transformados.

La obtención de ratones transgénicos mediante esta técnica fue descrita por Lavitrano *et al.* en 1989, sin embargo, diferentes grupos no han podido reproducir estos experimentos. Posteriormente, se ha demostrado que los espermatozoides de diferentes especies son capaces de incorporar ADN y recientemente, se han obtenido cerdos transgénicos mediante este procedimiento (Sperandio *et al.,* 1996). Uno de los mayores problemas de esta técnica es la presencia de reordenaciones en los transgenes introducidos.

Adenovirus como vectores. Este nuevo método (Tsukui *et al.,* 1996) ha sido descrito para la obtención de ratones transgénicos y consiste en la utilización de adenovirus como vectores para transferir genes a embriones de ratón en estado de pronúcleos a los que se retira la zona pelúcida.

3. Características de los animales transgénicos

Los transgenes contienen normalmente secuencias reguladoras y estructurales. Las secuencias reguladoras son las que determinarán el tipo de tejido y momento de expresión del transgén. El elemento estructural es la secuencia de ADN que codifica para la proteína que se quiere expresar.

En la técnica de microinyección, el ADN se integra normalmente en forma de múltiples copias del transgén y en una única localización cromosómica. Se desconoce el mecanismo molecular de integración de los transgenes y parece no existir límite en el tamaño del fragmento de ADN. La mayoría (>62%) de los animales transgénicos fundadores son mosaicos (sólo una proporción de sus células son portadoras del transgén). Se cree que este fenómeno se produce por la integración del transgén en el genoma después de la primera replicación del ADN cromosómico (Whitelaw *et al.,* 1993). Los animales fundadores son hemicigotos y, por tanto, es de esperar que transmitan el transgén al 50% de su descendencia. No obstante, algunos animales transgénicos no transmiten el transgén o lo hacen con frecuencias inferiores al 50%. La explicación más probable de este fenómeno es el mosaicismo en las células de la línea germinal.

No siempre se produce la expresión del transgén y, a veces, se observa en tejidos o en momentos del desarrollo no específicos (expresión ectópica). En general, la expresión del transgén depende del lugar de integración en el genoma, por lo que diferentes líneas de transgénicos pueden tener patrones de transcripción muy diferentes. Este efecto posicional puede ser debido a la estructura de la cromatina o a la presencia de elementos reguladores próximos.

En algunos transgenes se ha descrito una expresión independiente del lugar de integración, encontrándose una correlación entre los niveles de expresión y el número de copias del transgén. Se han identificado algunos elementos responsables de esta expresión independiente (LCR, MAR, SAR) y se cree que tienen una actividad *enhancer* y/o crean dominios funcionales que aíslan el transgén de la estructura de la cromatina propia del lugar de integración.

4. Aplicaciones de los animales transgénicos en mejora animal

El interés de los animales domésticos transgénicos se ha centrado en cuatro áreas principales (Pursel, 1995): la mejora de caracteres productivos, la resistencia a enfermedades, la utilización de estos animales como modelo de enfermedades humanas y la síntesis de productos biomédicos.

4.1. Mejora de caracteres productivos

La tecnología de animales transgénicos es potencialmente útil para modificar caracteres de importancia económica de una forma rápida y precisa. A diferencia de las técnicas de selección, es necesario un conocimiento de los genes que controlan estos caracteres y su regulación.

Crecimiento. En muchos de los primeros trabajos en especies domésticas se utilizó la hormona de crecimiento dirigida por el promotor de la metalotioneína para controlar su expresión. En estudios posteriores se utilizaron, además de la hormona de crecimiento, el factor liberador de la hormona de crecimiento, IGF-I, cSKI y un receptor de estrógenos (revisado en: Cameron *et al.,* 1994; Pursel, 1995), dirigidos por diversos promotores. Se obtuvieron cerdos y ovejas transgénicas que mostraban niveles elevados de la hormona de crecimiento en el suero. Sin embargo, no se consiguió incrementar su tasa de crecimiento y sólo en algunas líneas aumentó la ganancia media diaria cuando se suplementó la dieta con proteínas. Los mayores efectos se observaron en la reducción de grasa en la canal. Sin embargo, un número elevado de diferentes patologías y una reducción de la capacidad reproductiva fueron descritas en estos animales. Los promotores utilizados no han permitido un control eficiente de la expresión del transgén y, actualmente, se está trabajando con construcciones más complejas que activen o repriman la expresión del transgén de una forma más precisa.

Producción de lana. Los objetivos son mejorar la producción de lana de oveja y modificar las propiedades de su fibra. Debido a que la cisteína parece ser el aminoácido limitante en la síntesis de lana, la primera aproximación para incrementar su producción consistió en transferir genes bacterianos de biosíntesis de cisteína al genoma ovino. Sin embargo, en esta aproximación no se logró la expresión de estos enzimas en el rumen de las ovejas transgénicas. Otra estrategia consistió en dirigir la expresión de IGF-I al folículo de la lana mediante la utilización de un promotor específico (Damak *et al.,* 1996). Con esta aproximación se ha conseguido incrementar la producción de lana (expresada como peso neto) en un 6,2 % como promedio con respecto a los animales no transgénicos.

Esta ha sido la primera demostración de la mejora de un carácter productivo en especies domésticas por transgénesis sin que se observaran efectos deletéreos o secundarios en los animales obtenidos.

Composición de la leche. Las proteínas lácteas están codificadas por genes de copia única que pueden ser alterados para modificar la composición y propiedades de la leche. Entre las diferentes aplicaciones (revisado en Bawden *et al.,* 1994) de la modificación de la leche en animales transgénicos podemos destacar las siguientes:

a) Maternizar la leche de vaca para hacerla más apropiada al consumo de los lactantes. Las principales diferencias entre la leche humana y la bovina son la ausencia de ß-lactoglobulina (ß-LG), una mayor relación proteínas séricas/caseínas, y un elevado contenido en lactoferrina y lisozima. La lactoferrina es responsable del transporte de hierro e inhibe el crecimiento bacteriano. Para introducir la lactoferrina humana en la leche bovina, se han obtenido vacas transgénicas (Krimperfort *et al.,* 1991), pero no se ha descrito posteriormente los niveles de producción de lactoferrina en la leche de estos animales. La eliminación de la ß-LG en la leche de vaca sería otro objetivo interesante debido a que es uno de los principales determinantes de alergia a la leche.

b) Reducir el contenido de lactosa en la leche para permitir su consumo a las personas con intolerancia a la lactosa. Se estima que un 70% de la población mundial es deficiente en lactasa intestinal, enzima necesaria para digerir la lactosa. La reducción en lactosa se podría conseguir expresando ß-galactosidasa en la leche o disminuyendo el contenido de α-lactalbúmina (α-LA; proteína láctea implicada en la síntesis de lactosa).

En ratones transgénicos en los que se ha inactivado el gen de la α-LA (Stinnakre *et al.*, 1994), se obtiene una leche sin α-LA y lactosa. Sin embargo, ésta es muy viscosa y no se secreta al exterior de la glándula mamaria debido a la importancia de la lactosa en la osmoregulación de la leche.

c) Variar el contenido de caseínas de la leche para incrementar su valor nutricional y el rendimiento en la producción de queso. Algunas de las líneas de investigación en las que se está trabajando para mejorar el rendimiento quesero son el incremento en el número de copias del gen de la k-CN, la reducción del tamaño de las micelas y la modificación de la k-CN para hacerla más susceptible a la digestión con quimosina.

4.2. Resistencia a enfermedades

Las aproximaciones que se están realizando incluyen la transferencia de genes de resistencia naturales, de anticuerpos y de proteínas de la membrana vírica (Pursel, 1995). Así, un alelo del gen Mx del ratón, que confiere resistencia al virus *influenza*, ha sido transferido al genoma porcino. No obstante, no se ha obtenido expresión del mismo.

También, diferentes anticuerpos se han utilizado para generar cerdos y ovejas transgénicas, pero suelen formarse anticuerpos quiméricos constituidos por cadenas ligeras codificadas por el transgén y cadenas pesadas codificadas por genes del propio animal, que no muestran la especificidad deseada.

La expresión de un transgén que codifica una proteína de la envuelta del virus de la leucemia avícola ha permitido obtener aves de corral resistentes al subgrupo A de este virus, pero no al subgrupo B. En ovejas se ha introducido el gen de la envuelta proteica del retrovirus *visna* y los animales transgénicos obtenidos expresan el gen, pero no se ha demostrado todavía su resistencia a la infección vírica.

4.3. Modelo animal para enfermedades humanas

Los ratones transgénicos han sido utilizados como modelo de enfermedades genéticas humanas, para ello se elimina el gen o se reemplaza por una forma mutada del mismo. También, sería útil disponer de animales de mayor tamaño como modelo, aunque sería necesario desarrollar la metodología de células ES en especies domésticas.

4.4. *Síntesis de productos biomédicos y órganos para transplantes*

Es la aplicación de la transgénesis en los animales domésticos que ha dado mayores éxitos y ha permitido la síntesis de proteínas terapéuticas humanas de muy difícil obtención por otros medios.

La glándula mamaria ha demostrado ser el órgano ideal para la expresión de proteínas recombinantes por su elevada capacidad de síntesis, los escasos riesgos que presenta la expresión del transgén sobre la salud del animal y la facilidad de recolección y purificación del producto.

La estrategia seguida para expresar proteínas en la glándula mamaria en lactación consiste en la utilización de construcciones que contienen la región codificante del gen que se desea expresar, fusionado con las regiones reguladoras de los genes que codifican las proteínas lácteas. Se han empleado los promotores de diversos genes de proteínas lácteas, incluyendo la ß-LG ovina, la αS1-CN bovina, la ß-CN de vaca, rata y conejo y la WAP de ratón y conejo.

Mediante esta aproximación se han obtenido ovejas, cabras, vacas, cerdos y conejos transgénicos (Tabla I) con expresión específica en glándula mamaria de diversos productos terapéuticos. El resultado más espectacular obtenido corresponde a la expresión de a_1 antitripsina (a_1AT) humana controlada por el promotor de la ß-LG ovina. Así, ovejas transgénicas para esta construcción produjeron hasta 37,5 g/l de a_1AT, es decir, más del 50% del contenido total de proteína de la leche. Resultados comercialmente interesantes también han sido descritos en la expresión, en cabras transgénicas, del activador tisular plasminógeno dirigido por el promotor de la ß-CN caprina y en la expresión, en cerdos transgénicos, de la proteína C humana controlada por la WAP de ratón.

En fase preliminar, se encuentra la producción de hemoglobina humana en cerdos y la modificación de órganos en animales transgénicos, principalmente cerdos, para disminuir el rechazo en el transplante de estos órganos a humanos (revisado en Wall, 1996), aunque la existencia de provirus en el genoma porcino puede suponer un riesgo que debe ser evaluado.

5. Perspectivas futuras

Las técnicas para la obtención de animales transgénicos en especies de interés productivo son todavía ineficientes. Algunas aproximaciones que podrían incrementar esta eficiencia son la selección de embriones transgénicos antes de su implantación en madres receptoras, el desarrollo de células embrionarias totipotentes y el transplante de núcleos de células embrionarias a óvulos.

Para tener mayores garantías de éxito, es importante probar la eficiencia y especificidad de expresión de una construcción en ratones transgénicos antes de ser transferida a una especie doméstica. Aunque no siempre los resultados obtenidos en ratones son extrapolables a otras especies. Una alternativa reciente consiste en la transformación de tejidos somáticos de animales desarrollados, mediante técnicas similares a las utilizadas en terapia génica.

La utilización, en el futuro, de la transgénesis en la mejora de caracteres productivos se encuentra limitada por nuestro desconocimiento sobre la identidad y regulación de los genes que determinan estos caracteres. El avance en la elaboración de mapas genéticos permitirá disponer de un número mayor de genes candidatos susceptibles de ser manipulados.

Una de las aplicaciones más prometedoras a corto plazo es la síntesis de productos biomédicos o de elevado interés comercial en animales transgénicos. La primera generación de productos terapéuticos sintetizados en la glándula mamaria está siendo evaluada en pruebas clínicas para su pronta comercialización. Un mayor conocimiento sobre los mecanismos que determinan la integración de los transgenes y sobre la regulación génica permitirá un control más preciso de la expresión de los transgenes.

Tabla I

Expresión de proteínas terapéuticas en la glándula mamaria de animales domésticos transgénicos.

Animal transgénico	***Gen regulador***	***Proteínas humanas producidas***	***Nivel de expresión (ml^{-1})***	***Referencia***
Oveja	ß-LG ovina	FIX (cDNA)	25 ng	Clark *et al.,* 1989
Oveja	ß-LG ovina	a_1AT (cDNA)	5 mg	Simons *et al.,* 1988
Oveja	ß-LG ovina	a_1 AT (gen)	1,5-37,5 mg	Wright *et al.,* 1991
Cabra	WAP ratón	tPA (cDNA)	3-6 mg	Ebert *et al.,* 1991
Cabra	ß-CN caprina	tPA (cDNA)	1-3 mg	Ebert *et al.,* 1994
Vaca	αS1-CN bovina	LF (cDNA)	N.D.	Krimpenfort *et al.,* 1991
Vaca	αS1-CN bovina	EPO (gen)	N.D.	Hyttinen *et al.,* 1994
Cerdo	WAP ratón	Proteína C (cDNA)	0.001-1 mg	Velander *et al.,* 1992
Conejo	ß-CN conejo	IL-2 (gen)	50-430 ng	Bühler *et al.,* 1990

N.D.: no determinado.

a_1AT: a_1 antitripsina; EPO: eritropoyetina; FIX: factor IX de coagulación; IL-2: interleukina 2; LF: lactoferrina; tPA: activador tisular plasminógeno

Bibliografía

BAWDEN W.S., PASSEY R.J. Y MACKINLAY A.G. (1994). *Biotech. Genet. Eng. Rev.,* 12:89-137.

BÜHLER TH. A., BRUYÈRE TH., WENT D.F., STRANZINGER G. Y BÜRKI K. (1990). *Bio/Technology*, 8:140-143.

CAMERON E.R., HARVEY M.J.A. Y ONIONS D.E. (1994). *Br. Vet. J.*, 150:9-24.

CLARK A.J., BESSOS H., BISHOP J.O., BROWN P., HARRIS S., LATHE R., MCCLENAGHAN M., PROWSE C., SIMONS J.P., WHITELAW C.B.A. Y WILMUT I. (1989). *Bio/Technology,* 7:487-492.

DAMAK S., SU H., JAY N. P. Y BULLOCK D. W. (1996). *Bio/Technology*, 14:185-188.

EBERT K.M., SELGRATH J.P., DITULLIO P., DENMAN J., SMITH T.E., MEMON M.A., SCHINDLER J.E., MONASTERSKY G.M., VITALE J.A. Y GORDON K. (1991). *Bio/Technology,* 9:835-838.

EBERT K.M., DITULLIO P., BARRY C.A., SCHINDLER J.E., AYRES S.L., SMITH T.E., PELLERIN L.J., MEADE H.M., DENMAN J. Y ROBERTS B. (1994). *Bio/Technology,* 12:699-702.

GORDON J.W., SCANGOS G.A., PLOTKIN D.J., BARBOSA J.A. Y RUDDLE F.H. (1980). *Proc. Natl. Acad. Sci. USA*, 77:7380-7384.

HYTTINEN J.M., PEURA T., TOLVANEN M., AALTO J., ALHONEN L., SINERVIRTA R., HALMEKYTÖ M., MYÖHÄNEN S. Y JÄNNE J. (1994). *Bio/Technology*, 12:606-608.

KRIMPERFORT P., RADEMAKERS A., EYESTONE W., VAN DER SCHANS A., VAND DER BOEK S., KOOIMAN P., KOOTWIJK E., PLATENBURG G., PIEPER F., STRIJKER R. Y DE BOER H. (1991). *Bio/Technology*, 9:844-847.

LAVITRANO M., CAMOAIONI A., FAZIO V.M, DOLCI S., FARACE M.G. Y SPADAFORA C. (1989). *Cell*, 57:717-723.

PALMITER R.D., BRINSTER R.L., HAMMER R.E., TRUMBAUER M.E., ROSENDFELD M.G., BIRNBERG N.C. Y EVANS R.M. (1982). *Nature,* 300:611-615.

PURSEL V.G. (1995) K.H. ENGEL, G.R. TAKEOKA Y R. TERANISHI (eds). Genetically modified foods: safety issues. *ACS Symposium series, 605. American Chemical Society*, pp. 211-229.

SIMONS J.P., WILMUT I., CLARK A.J., ARCHIBALD A.L., BISHOP J.O. Y LATHE R. (1988). *Bio/Technology*, 6:179-183.

SPERANDIO S., LULLI V., BACCI M.L., FORNI M., MAIONE B., SPADAFORA C. Y LAVITRANO M. (1996). *Anim. Biotechnol.,* 7:59-77.

STINNAKRE M.G., VILOTTE J.L, SOULIER S. Y MERCIER J.C. (1994). *Proc. Natl. Acad. Sci. USA,* 91:6544-6548.

TSUKUI T., KANEGAE Y., SAITO I. Y TOYODA Y. (1996). *Nature BioTechnol.*, 14:982-985.

VELANDER W.H., JOHNSON J.L., PAGE R.L., RUSSELL C.G., SUBRAMANIAN A., WILKINS T.D., GWAZDAUSKAS F.C., PITTIUS C. Y DROHAN W. (1992). *Proc. Natl. Acad. Sci. USA,* 89:12003-12007.

WALL, R.J. (1996) *Theriogenology,* 45:57-68.

WHITELAW C.B.A., SPRINGBETT A.J., WEBSTER J. Y CLARK J. (1993). *Transgenic Res.*, 2:29-32.

WRIGHT G., CARVER A., COTTOM D., REEVES D., SCOTT A., SIMONS P., WILMUT I., GARNER I. Y COLMAN A. (1991). *Bio/Technology,* 9:830-834.

LA CLONACIÓN DE DOLLY

Dr. Harry Griffin
Instituto Roslin
Edimburgo. Gran Bretaña

Dolly ha sido el primer mamífero obtenido por clonación a partir de células procedentes de un animal adulto. Fué engendrada a partir de células de la ubre de una oveja Finn Dorset de seis años que habían sido cultivadas durante varias semanas en el laboratorio. Células individuales de este cultivo fueron fusionadas con ovocitos a los que se había extraído su material genético. Se cultivaron *in vitro* durante seis dias un total de 277 "ovocitos reconstruídos", –ahora cada una de estas células poseía un núcleo diploide del animal adulto– y 29 embriones que se habían desarrollado normalmente hasta la etapa de blastocisto fueron reimplantados en madres adoptivas de la raza Scottish Blackface. Una de ellas, 148 días después, dió a luz a la oveja Dolly.

1. La noticia

La primera noticia de Dolly fue publicada el domingo 23 de febrero de 1997 en la portada del periódico londinense *The Observer* explicando la historia de la clonación del primer animal adulto. Esta primicia se repitió en el *New York Times*, en el *Chicago Tribune* y, posteriormente, en los periódicos de todo el mundo. En las oficinas del Instituto Roslin y en la empresa de relaciones públicas De Facto, cerca de Londres, seis personas trabajaron durante todo el día contestando las preguntas de los periodistas, fotógrafos y productores de televisión ansiosos de más detalles.

El lunes siguiente, el Instituto Roslin sufrió el asedio de los medios de comunicación. Los equipos de televisión de la BBC, de la ITV y de todas las cadenas norteamericanas aparecieron como por arte de magia. Camiones equipados con sistemas de transmisión por satélite transmitían desde el aparcamiento del centro entrevistas en directo para los programas matinales de la costa este americana. Dolly se convirtió en la oveja más fotografiada del todos los tiempos. En EE UU el presidente Clinton convocó la comisión de bioética para que elaborase un informe sobre las implicaciones éticas de la clonación en un plazo de 90 días. Ian Wilmut, el líder del equipo que hizo posible el nacimiento de Dolly, fue invitado a informar al comité de ciencia y tecnología del parlamento británico, y del congreso estadounidense. La historia fue publicada en la portada de *Time, Newsweek, The Economist, El País,...*

¿Y, por qué tanto ruido? Desde luego que no sólo se trataba de unas ovejas. Se presentía que la clonación de humanos era inminente, ésto es lo que provocó (al menos en los medios de comunicación) una explosión de especulaciones sobre el futuro.

2. Y ahora...

Ocho meses más tarde el interés de los medios se ha ido calmando. Permanecen, sin embargo, al menos tres retos importantes que afectan tanto a los investigadores del Roslin como a cualquier interesado en esta área de investigación. Es necesario:

- separar los hechos de la ficción
- lograr algunos beneficios prácticos
- definir los verdaderos problemas éticos

Para empezar, hay que aclarar los antecedentes y explicar cómo llegamos a embarcarnos en la clonación.

3. ¿Por qué clonar animales de granja?

El Instituto Roslin se encuentra a 10 kilómetros al sur de Edimburgo, cerca del antiguo pueblo minero Roslin, del que el Instituto toma el nombre. Nuestra investigación se ha centrado en la genética de todas las especies importantes de animales de granja: vacas, ovejas, cerdos y aves con el objetivo de mejorar los métodos de mejora utilizados por los criadores de ganado.

El Instituto Roslin es también líder en el desarrollo de la tecnología de animales transgénicos. A mediados de los años ochenta, John Clark y sus colaboradores demostraron que era posible dirigir la expresión de un gen humano en la glándula mamaria de otro mamífero usando el promotor de la beta-lactoglobulina. Este éxito propició la creación, en 1987, de PPL Therapeutics y la síntesis de una oveja transgénica, *Tracy,* que secretaba 35 g de una proteína humana, la alfa-1-antitripsina (AAT), en cada litro de leche. PPL tiene hoy un valor de mercado superior a 120 millones de libras esterlinas y una plantilla superior a 150 trabajadores. Se dedica a la producción de proteínas recombinantes humanas y entre ellas, la AAT sintetizada a gran escala por animales transgénicos, se encuentra en fase II de un ensayo clínico para el tratamiento de la fibrosis quística. Otras compañías, especialmente la estadounidense *Genzyme* y la holandesa *Pharming*, producen proteínas humanas de manera similar. Otros grupos están obteniendo cerdos modificados genéticamente como fuente de órganos para transplantes de corazón y riñón en humanos.

Hasta entonces, la única manera de conseguir animales de granja modificados genéticamente era mediante el método de la inyección pro-nuclear. Éste consiste en inyectar directamente en óvulos recién fecundados de 200 a 300 copias del gen que se desea transferir. Las células microinyectadas eran posteriormente implantadas en madres adoptivas. Pero sólo el 2-3% de los animales que nacen son transgénicos de línea germinal (es decir, transmiten el gen incorporado a la siguiente generación) y además, sólo una pequeña proporción de éstos, muestran niveles suficientemente altos de expresión del gen transmitido para ser comercialmente interesantes.

La inyección pronuclear es simplemente una metodología para incorporar genes. En cambio, la manipulación genética de células en cultivo permite realizar modificaciones mucho más sofisticadas, que incluye la substitución/deleción de genes concretos o la alteración puntual (un par de nucleótidos) de alguno de ellos. La metodología de la "substitución dirigida de genes" (gene targeting) se utiliza hoy de forma rutinaria en células madre embrionarias de ratón. Pero hasta ahora nadie ha aislado una célula madre embrionaria de vaca, oveja o cerdo. Por ello, iniciamos nuestro programa de transferencia nuclear con el objeto de diseñar una ruta alternativa a la "substitución dirigida de genes" en ganado.

4. Transferencia nuclear...

Clonar por transferencia nuclear no es algo novedoso en sí mismo (véase la revisión de McKinnell). Esta estrategia consiste en fusionar una célula donante con un ovocito anucleado y se realizó con éxito por primera vez en 1952. Desde entonces ha sido muy utilizada en anfibios para estudiar el desarrollo embrionario temprano. Así se demostró que, las primeras células resultantes de la división de la célula huevo eran células totipotentes (es decir, células capaces de diferenciarse en todos los tipos celulares del adulto). Sin embargo, a medida que se desarrolla el embrión, las células van perdiendo la totipotencia y por tanto las posibilidades de éxito de la transferencia nuclear se reducen. Algunos autores lograron llevar a cabo transferencias nucleares con células de ranas adultas y consiguieron generar embriones viables, pero éstos nunca superaron la fase de renacuajo.

La transferencia nuclear en mamíferos resultó aún más difícil. En 1977 se describieron experimentos de obtención de ratones por clonación a partir de núcleos de embriones muy tempranos, pero desde entonces nadie ha logrado reproducir este experimento. La investigación en el campo de la transferencia nuclear en especies estabuladas y en particular en el ganado vacuno fue alentada por los beneficios económicos que se derivarían de la multiplicación de embriones de élite. La inseminación artificial permite que cada toro sea padre de mil crías pero cada vaca sólo puede dar a luz a cinco o seis terneros a lo largo de su vida de forma natural. La transferencia de embriones procedentes de hembras súper-ovuladoras y la clonación de embriones disociados han reequilibrado parcialmente la situación, pero su potencial en el futuro es limitado. En cambio, la transferencia nuclear puede generar, al menos en principio, un número ilimitado de animales idénticos.

Hacia mediados de los años ochenta varios grupos de investigación de todo el mundo habían conseguido clonar ovejas y otras especies de ganado vacuno transfiriendo directamente núcleos de embriones muy tempranos. En 1985, Steen Willesden consiguió terneros por transferencia nuclear de embriones del estadío de 64 y 128 células. Esta fue la primera prueba a favor de la transferencia nuclear a partir de células parcialmente diferenciadas. Sin embargo, para conseguir una "substitución dirigida de genes" en especies estabuladas, debíamos producir animales vivos a partir de células procedentes de cultivos *in vitro*.

En 1996 describimos el nacimiento de dos ovejas –Megan y Morag– engendradas mediante transferencia nuclear de células de embriones tempranos cultivadas *in vitro* durante varios meses (Campbell et al., 1996). Un elemento clave de este éxito pudo haber sido la inducción del estado de quiescencia en las células embrionarias dadoras. Sin embargo, en aquel momento no pudimos valorar si el resultado había sido positivo porque, por azar, la transferencia nuclear había sido realizada con un tipo de células especialmente "dóciles".

Iniciamos entonces una serie de experimentos adicionales para probar otros tipos de células. Realizamos otras transferencias nucleares con células cultivadas derivadas de un embrión de nueve días, de un feto de 26 días y de la glándula mamaria de una oveja de seis años en el último trimestre de su embarazo. Nacieron cuatro corderos de las células derivadas del embrión, tres de las fetales y uno de una célula mamaria adulta. Se confirmó su origen por medio de análisis de marcadores de ADN del tipo microsatélite y los resultados fueron publicados en *Nature,* el 27 de febrero de 1997.

5. Un gran avance científico

Para los biólogos evolutivos, la existencia de Dolly cuestiona uno de los principios fundamentales de la biología evolutiva. La mayoría de los científicos creía que la diferenciación –el proceso gradual de desarrollo que permite a la célula huevo fecundada diferenciarse en cientos de tipos de células que configuran el animal adulto– era irreversible. La producción de un cordero vivo a partir de una célula adulta de la glándula mamaria demostraba que no era necesariamente así. Sin embargo, no conocemos la identidad del tipo celular que dió lugar a Dolly, y es posible que se tratase de una célula madre de la glándula mamaria, y no de una célula epitelial adulta. En el futuro, resultará fascinante descubrir cuántos tipos celulares distintos pueden ser "reprogramados".

El caso Dolly ha abierto temas de investigación totalmente nuevos. Por ejemplo, a partir de las nuevas técnicas de transferencia nuclear se podría analizar cómo las llamadas mutaciones somáticas –mutaciones que tienen lugar en la célula adulta y que no son hereditarias– contribuyen al envejecimiento y a la aparición de tumores. Entender los procesos que subyacen a la "reprogramación" podría aportar nuevos datos sobre el control de la expresión génica en células diferenciadas y abrir nuevas perspectivas en la terapia celular.

6. Aplicaciones prácticas

La industria biotecnológica será la primera beneficiaria de la nueva tecnología. La transferencia nuclear proporcionará un método más fiable para conseguir animales transgénicos y reducirá el número de animales necesarios para establecer una línea transgénica. En julio de 1997, PPL Therapeutics y el Instituto Roslin anunciaron el nacimiento de Polly, el primer animal transgénico obtenido por transferencia nuclear. En su caso las células donantes eran fibroblastos fetales, que habían incorporado un gen humano antes de haber sido utilizadas en la transferencia nuclear. Esperamos alcanzar en el futuro nuestro objetivo de extender la técnica de "substitución dirigida de genes" a otras especies estabuladas, como el ganado vacuno y porcino. No será fácil, pero los beneficios potenciales son enormes, como lo demuestran los ejemplos siguientes.

Transplante de órganos: en los últimos 20 años el transplante de corazones y riñones se ha convertido en casi una rutina. Sin embargo, hay una gran escasez de órganos adecuados para el transplante (se realizan alrededor de 5.000 cada año en el Reino Unido) y muchos pacientes mueren por esta causa. Se están obteniendo cerdos transgénicos como fuente de órganos para cubrir la demanda. De momento, se trata de animales que han incorporado genes adicionales que codifican para proteínas humanas. Estas proteínas recubren los tejidos del animal (p.ej. inhibición del factor del complemento) y evitan el rechazo del corazón o riñón trasplantado. Sorprendentemente, la mayoría de los anticuerpos de los pacientes humanos que reconocen las células porcinas sólo interaccionan con un único grupo carbohidrato, galactosa alfa (1,3) galactosa. En el futuro la transferencia nuclear mejorará las posibilidades de los xenotransplantes ya que se podrán obtener cerdos modificados genéticamente en los que la actividad glicosiltransferasa, responsable del enlace del carbohidrato, haya sido eliminada.

Productos de alimentación (Nutriceuticals): La leche de vaca es ideal para los terneros pero no para los bebés. La "substitución dirigida de genes" acoplada a la transferencia nuclear permitirá producir leche con una o más de las proteínas normales de la vaca substituídas por proteínas humanas, con lo cual se mejorará la calidad nutritiva y se adaptará a los nuevos "consumidores".

Modelos animales de enfermedades humanas: En ocasiones la inserción de mutaciones específicas en ratones ha resultado ser de gran utilidad para la creación de modelos de enfermedades genéticas humanas, tales como la fibrosis quística o la obesidad. En algunos casos, las diferencias entre ratones y humanos indican que los efectos de las mutaciones en el hombre y el ratón no son comparables. La transferencia nuclear aumentará el abanico de especies en las que se realice la "substitución dirigida de genes" y, consecuentemente, proporcionará mejores modelos animales para experimentar terapias humanas.

Terapia celular: En la actualidad, se utilizan células intactas para tratar a individuos afectos de diversas enfermedades, incluyendo la leucemia y la enfermedad de Parkinson. En la mayoría de los casos estas células deben proceder de parientes próximos para evitar problemas de rechazo.

El hecho de que Dolly fuese clonada a partir de una célula de una oveja adulta muestra que incluso las células especializadas (o diferenciadas) pueden ser "reprogramadas" y producir todos los tipos celulares del adulto. Cuando sepamos más acerca de estos procesos, quizá sea posible utilizar las propias células del paciente en dichas terapias. Se extraería una muestra de células del paciente, se induciría la diferenciación hacia el tipo celular requerido y, posteriormente, éstas serían reinsertadas en el individuo afecto para el tratamiento.

Clonación de animales de granja: La imagen más popular de la clonación es la obtención de una gran cantidad de animales genéticamente idénticos. La clonación en este sentido tendría un valor limitado en el contexto de los programas de mejora, pero podría ser utilizada para acelerar la transferencia de los progresos alcanzados a partir de esta mejora genética al ganadero convencional. Hoy en día esto se consigue mayoritariamente por medio de la inseminación artificial, pero con ello se aporta sólo la mitad de los genes y no es un proceso muy eficaz. En ganado destinado a los productos lácteos, por ejemplo, el rendimiento de la vaca media está diez años atrasada respecto a la producida por mejora.

Esta distancia podría reducirse gracias a la clonación. Los ganaderos que utilizasen embriones clonados de vacas productoras procedentes de estas cabañas de élite podrían aumentar su producción hasta alcanzar el valor óptimo en sólo una generación. La pérdida de diversidad genética se podría evitar limitando la producción a un número máximo de clones de cada genotipo y al número de individuos procedentes de un mismo clon que se suministraría al mismo ganadero.

No obstante, hay importantes barreras técnicas que superar antes de que este planteamiento pueda llevarse a cabo. La experiencia previa con la inseminación artificial, la inducción de super-ovulación y la transferencia múltiple de embriones, parece indicar que esto podría tardar al menos entre 10 y 12 años. Necesitaríamos en primer lugar mostrar que las técnicas pueden ser utilizadas en vacuno y porcino, en los que los beneficios podrían justificar los costes. Se tendrían que desarrollar medios no quirúrgicos para la implantación de embriones de forma sencilla y el índice de éxito debería ser mucho más alto que el actual.

7. ¿Y la clonación de humanos?

Gran parte de la especulación sobre la clonación de humanos se ha basado en la ciencia ficción en lugar del sentido común. Un malentendido generalizado hizo pensar que los individuos clónicos serían de alguna manera inferiores a los humanos. Sin embargo, la mayoría de nosotros ya ha conocido algún clónico humano –un gemelo idéntico– y nadie sugeriría que deberíamos producir gemelos como dadores de piezas de recambio. Algunos manifestaban que la clonación produciría una fotocopia idéntica, en vez de un niño que se desarrollaría con una personalidad y comportamiento propios. Otras sugerencias más recientes insinuando que los biólogos evolutivos podrían clonar órganos son enteramente fantasiosas.

La clonación podría servir para que las parejas estériles que ya han recurrido a todos los medios posibles para vencer la esterilidad, pudiesen tener hijos. Además, la transferencia nuclear podría, en principio, corregir deficiencias genéticas -el ejemplo más sencillo sería la corrección de mutaciones en el genoma mitocondrial, utilizando un ovocito de un donador no emparentado. Estas posibilidades surgirían en pocos casos, pero suscitan importantes planteamientos éticos que debemos tratar de manera sistemática.

La clonación de mamíferos por medio de transferencia nuclear se encuentra en una fase de desarrollo muy temprana, lo que nos da tiempo a considerar sus implicaciones con tranquilidad. Por el momento el índice de éxito de la transferencia nuclear en ovejas es bajo y no está exenta de riesgos significativos de deficiencias en el desarrollo: sería absolutamente inhumano y poco ético aplicar las técnicas actuales en mujeres jóvenes. Tampoco sabemos qué legado recibiría un niño aparentemente normal engendrado por medio de transferencia nuclear -el exceso de mutaciones somáticas podría traer consigo un envejecimiento prematuro o una mayor incidencia de enfermedades como el cáncer-. Se sabe además que hay diferencias, en los primeros días de la gestación embrionaria, entre las ovejas y los humanos que podrían hacer imposible la clonación de estos últimos.

8. ¿Cuál es la responsabilidad de los científicos?

Algunos comentaristas han sugerido que deberíamos haber hecho más consultas antes de comenzar la investigación que dió lugar a Dolly. Sin embargo, la clonación por medio de transferencia nuclear se consiguió por primera vez hace unos treinta años: ¿en qué momento de la sucesión posterior de acontecimientos deberían haberse detenido los científicos? ¿y, a quién deberían haber consultado? Se ignora también el hecho de que ha habido un amplio debate sobre la ética de la investigación de embriones humanos, que ha sido de dominio público, y que ha sido tratada en los medios de comunicación. De cualquier forma no es correcto prohibir taxativamente una tecnología: el conocimiento es neutral, es su aplicación lo que puede y debe ser regulado.

En el Reino Unido la experimentación con animales está regulado por la ley de *Procedimientos Científicos en Animales*, de 1986, que a su vez se basa en una legislación que tiene más de 100 años de antigüedad. Los principios de esta legislación son claros: cualquier daño que se inflija a los animales de laboratorio debe estar más que compensado por los beneficios potenciales de la investigación, tanto para los mismos animales como para los humanos. El debate sobre los derechos de los animales está al orden del día: En 1993, la comisión Banner elaboró un informe sobre "Las implicaciones éticas de las recientes tecnologías de cría de animales", tecnologías que incluían la clonación.

La investigación con embriones humanos está regulada por la ley de *La Fecundación y Embriología Humana*, de 1990. Muchos otros países ya tienen o están debatiendo una legislación similar. La situación en los Estados Unidos era un tanto confusa, lo que podría explicar la virulencia de la reacción al otro lado del Atlántico. El Congreso está ahora introduciendo una moratoria de cinco años para la clonación humana. Para nosotros, el marco legal y ético en el Reino Unido supuso una ayuda y una inyección de confianza: sin embargo los científicos por sí mismos no son responsables de crear una legislación adecuada en todos los países del mundo antes de embarcarse en una investigación.

9. Una advertencia

Mucho de lo que se escribe en la prensa tiene la intención de entretenernos: el trabajo del periodista es el de escribir artículos interesantes, la intención del escritor de titulares es la de atraer nuestra atención. A menudo, su contribución no representa un debate informado y los medios de comunicación no deberían dictar los pasos a seguir. Tenemos la responsabilidad de distinguir entre realidad y ficción, entre lo real y lo imaginario.

Espero que este artículo haya ayudado.

Bibliografía

CAMPBELL, K.H.S., MCWHIR, J., RITCHIE, W.A. Y WILMUT, I (1996). *Nature* 380, 64-66.

MCKINNELL, R.G. (1985). *Cloning: Of frogs, mice and other animals,* University of Minnesota Press, Minneapolis, USA.

WILMUT, I., SCHNIEKE, A.E., MC WHIR, J., KIND, A.J. Y K.H.S. CAMPBELL (1997). *Nature* 385 810-813.

REFLEXIONES ÉTICAS SOBRE LA MANIPULACIÓN GENÉTICA

Ramón Valls
Universitat de Barcelona

No es frecuente que en una reunión o publicación adjetivada de “científica” sea invitado un filósofo o, si se quiere y para ser más exactos, un profesor de filosofía, es decir, un mediador de la filosofía de los grandes pensadores. He aceptado participar porque entiendo que este ejercicio de interdisciplinariedad práctica, y no meramente deseada, incluye la voluntad seria de que los científicos no amputen de la ciencia aquellas dimensiones humanas y sociales que le dan sentido. Ni puedo resignarme tampoco a que la filosofía, por su parte, practique aquella fuga a la abstracción que a menudo la esteriliza. Acercándola sencillamente a las preguntas éticas suscitadas por las nuevas técnicas de intervención en los organismos vivos, la reflexión filosófica sobre los deberes nos ayudará a situarlas correctamente. Bien ubicadas en el campo de debate resultan entonces automáticamente iluminadas y, si no obtenemos inmediatamente soluciones categóricas, empezamos por lo menos a caminar hacia juicios más acertados.

1. La ética como filosofía de los deberes

La filosofía siempre se ha ocupado de las cuestiones éticas. Es, incluso, la inventora de la palabra “ética” procedente de *ethos,* nombre que en la Grecia clásica significaba *costumbre ciudadana*, es decir, *hábito de conducta colectiva y pública de un grupo humano.* Cuando esta manera de obrar se adoptaba por un individuo como hábito suyo, éste se hacía virtuoso (de *areté,* virtud), o sea, mejor (*aristos*). El hecho, sin embargo, de haber inventado la palabra para significar la reflexión sobre los deberes del buen ciudadano, no quiere decir de ninguna manera que la filosofía prescribiera a los griegos aquellos deberes, ni hoy nos los pueda prescribir a nosotros. La filosofía, en efecto, reflexiona sobre cosas previamente existentes (los deberes, en el caso de la ética), a fin de verificar su consistencia racional. De manera que cuando la filosofía ejercita su reflexión sobre el *ethos y* aparece la ética como capítulo esencial de ella, la empareja inmediatamente con la política y el derecho. Ley y costumbre juntas, en efecto, constituyen el repertorio completo de obligaciones de obrar de determinada manera que se imperan a los individuos de un grupo humano organizado[1]. Ahora bien, siendo muy distintas las acciones prescritas o prohibidas a cada grupo en concreto, y siendo también claro que los humanos no nos limitamos a adoptar conductas colectivas, sino que nos esforzamos por legitimarlas, conviene entender que la filosofía o reflexión racional es precisamente un modo de legitimación de los códigos de conducta. No se dice solamente, en efecto, lo que hay que hacer, sino que es humano añadir algún tipo de porqué hay que obrar *así,* de *esta* manera. Y aparecen entonces, en principio, tres clases de razonamientos. O se dice que eso hay que hacerlo así porque Dios o los dioses lo han mandado (legitimación religiosa), o porque así lo hicieron y enseñaron los antepasados o héroes fundadores del grupo (legitimación histórica) o se dice, finalmente, que hemos de obrar así porque esta acción nos es útil o conforme con nuestra dignidad (legitimación racional). A menudo, las tres legitimaciones se combinan en relatos más o menos míticos: reyes que por su piedad religiosa reciben leyes y sabiduría de los dioses, por ejemplo; héroes semidivinos, sabios legisladores, etc. En resumen pues, la ética filosófica se inscribe dentro de la filosofía de la acción humana *(praxis)* haciendo objeto de análisis el subconjunto de acciones que se presentan gravadas con alguna clase de obligación con el fin de evaluar su racionalidad[2].

Tres clases de deber. Distingamos ahora tres clases de deber. La primera y más clara, quizá porque fue la primera históricamente, es la obligación que llamaré *ética* en sentido estricto, es decir, la obligación social que grava determinadas acciones externas, sea mandándolas (honrar a los padres, por ejemplo), sea prohibiéndolas (no cometer incesto,

---

1. La vinculación entre ética y política es clara desde los filósofos presocráticos, pasa a primer plano con Sócrates y Platón, y se establece de manera canónica y perdurable en la obra de Aristóteles. Éste dice al principio de su Ética a Nicómaco: "Y pues la política se sirve de las otras ciencias prácticas y legisla además las cosas que hay que hacer y de cuáles hay que apartarse, su finalidad incluirá las de las otras ciencias, de manera que constituirá el bien del hombre; pues aunque el bien del individuo y el de la ciudad sean el mismo, es evidente que será mucho mayor y perfecto conseguir y preservar el de la ciudad; porque ciertamente es ya deseable procurarlo para uno solo, pero es más bello y divino para un pueblo y para las ciudades. Éste es pues el objeto de nuestra búsqueda (ética), el cual es una cierta disciplina política" (Libro I, cap. 2; 1094 b) Y en nuestro contexto, no será superfluo recordar que en la tradición de la filosofía clásica, no solamente es observable el vínculo esencial entre ética, política y derecho (las leyes como preocupación constante), sino también con la retórica como técnica de persuasión en las cuestiones que no disfrutan de evidencia científica (apodíctica o demostrable). Ética, política y retórica hacen la trilogía le las ciencias sociales antiguas, por así decir.

2. Esto equivale a decir que el deber en su universalidad total es formal. Hay moral o ética donde hay una tabla de dos columnas, una de las cuales se encabeza con la categoría "bien" y la otra con la categoría "mal", añadiendo el imperativo de que el bien se tiene que hacer y el mal se tiene que evitar. Bonum faciendum malum vitandum, decían los escolásticos. Pero con el imperativo y la tabla no hay bastante, si ésta queda vacía. Es preciso que en ella estén escritas, por alguna autoridad que habrá que legitimar, las acciones concretas reputadas buenas o malas. Los códigos reales concretan, ciertamente, pero lo hacen de forma muy diversa según pueblos y épocas. Observemos de paso que los códigos morales son más divergentes cuánto más concretos. Las prohibiciones del incesto, del homicidio o del robo, por ejemplo, son comunes a todos o a muchos pueblos, si se formulan abstractamente. Pero dejan de ser universales cuando se precisa más su contenido.

no robar, no matar, etc.). Cuando esta obligación social o de costumbre pública, después de la invención de la escritura por supuesto, se convirtió en ley, apareció la obligación *jurídica*. Observamos que la ley en tanto que escrita otorga un grado más de permanencia, la define de manera más precisa, expresa con claridad quien es formalmente el autor de la obligación (la autoridad política o poder) y permite castigar mejor al infractor. En ambos casos, sin embargo, tanto la costumbre colectiva como la obligación jurídica se refieren directamente a acciones externas[3]. No así las obligaciones internas que conocemos como *deberes de conciencia* y que denominaré *morales* en sentido estricto. Son en principio deberes internos que son primeramente intimados a la conciencia de cada individuo en cuanto tal. Para ver con claridad la distinción que estoy haciendo, bastará observar que la ley, por ejemplo, manda devolver los depósitos o los préstamos. Obliga a la devolución y castiga a quien no cumple este deber, pero a la ley no le interesa la intención o motivación interna o psicológica de quien devuelve el depósito o no. Si alguien observa la ley, por ejemplo, *sólo* para evitar el castigo, su comportamiento será jurídicamente correcto; no será punible, aunque al mismo tiempo aquella conducta se pueda calificar como inmoral[4].

Advertimos también que las tres formas de obligación que hemos distinguido no sólo se relacionan, sino que se generan la una a la otra, dándose entre ellas una cierta circulación en doble sentido. El deber social significado por la costumbre, en efecto, pasa a ley y genera deber jurídico tan pronto como la sociedad se hace más compleja y, en ella, la autoridad política asume expresamente la función legislativa. Ambas obligaciones, interiorizadas en algún momento por los individuos como fruto tal vez de la educación, se convierten entonces en deber estrictamente moral. Pero también en sentido contrario, una conciencia individual que se siente moralmente obligada a algo, hará lo posible por propagar esa obligación a otras conciencias hasta convertirla en hábito colectivo, y es fácil, además, que si el grupo quiere afirmar enérgicamente la obligatoriedad de aquella

---

3. Ésta fue una aportación verdaderamente esclarecedora de Thomasius (1665-1728), pulida después por Kant (1724-1804) y hoy generalmente aceptada: Las leyes, según estos autores, no pueden mandar o prohibir acciones meramente internas como son deseos, propósitos o intenciones. La ley dispone solamente actos externos, materiales. Si en algún caso se ocupa de actos internos (ánimo de matar, por ejemplo, o de injuriar) lo hace sólo de manera indirecta en tanto las disposiciones internas pueden calificar accidentalmente las acciones externas sustanciales, un homicidio por ejemplo, y en tanto aquellas determinaciones internas se puedan probar mediante signos externos.

4. La tripartición de las obligaciones que propongo se inspira en la obra de Hegel. Él divide su Filosofía del Derecho, que es propiamente una filosofía social, en derecho, moralidad y ética. Hoy es observable en diferentes autores una tendencia general a distinguir entre ética y moral, en vez de considerar los dos términos como sinónimos. Así, por ejemplo, Aranguren y otros consideran la ética como "moral pensada", mientras la moral la ven como "moral vivida" individual o socialmente. En este caso "ética" equivale a "filosofía moral" y en este sentido he empleado yo mismo el término al comienzo de este escrito. Sin embargo, el uso lingüístico actual huye de la palabra "moral", quizá por haberse desprestigiado, y se acoge con más frecuencia a "ética", dándole tal vez un tinte más social. En cualquier caso, existiendo indudablemente las tres clases distintas de deber (jurídico, social y de conciencia) que he reseñado, creo necesario enumerarlas separadamente y recuperar el adjetivo clásico "ético" para denominar los deberes que un grupo como tal reconoce.

conducta, se esfuerce en darle forma legal. Añadirá entonces al precepto sanciones igualmente externas y más precisas que las meras descalificaciones sociales.

El deber supone libertad; dos concepciones del mismo. Dando ahora un paso adelante, hay que darse cuenta de que la obligación ética en su sentido más genérico *supone libertad*[5]. Si efectivamente no damos por supuesto que somos libres para hacer o no hacer lo que los códigos nos prescriben, sean éstos de la clase que sea, todo un segmento muy grande del lenguaje humano se vacía totalmente de significado y se convierte en puro ruido. Calificamos las acciones como buenas o malas cuando decimos, por ejemplo, que "no hay derecho", que "eres una mala persona" o que "esto se tendría que prohibir". Si nuestras acciones se encontraran rígidamente predeterminadas, no tendría ningún sentido mandarlas o prohibirlas, evaluarlas como meritorias o indignas y sería del todo absurdo protestar o indignarnos por "lo que pasa"[6]. Aún más, en esta libertad irrenunciable, como explicaré en la segunda parte de este escrito, cifra nuestra civilización la dignidad radical y el valor irrepetible de cada persona[7]. Hasta tal punto elevamos la libertad a principio fundamental de las sociedades modernas, que la dimensión conocimiento racional ha dejado de ser el rasgo más especifico y definitorio de los humanos para ceder este puesto a la acción libre. *Somos humanos porque somos libres.* Al creerlo así, el conocimiento pasa relativamente a un segundo plano en tanto lo consideramos función de la acción. Lo necesitamos para obrar humana y responsablemente, pero él no es lo principal, sino que se ordena a la acción libre en tanto presenta alternativas a la libertad y las evalúa.

---

5. Creo que fue Kant quien vio más claramente este estatuto de la libertad. Vio que no es evidente por sí mismo que seamos libres, ni puede ello demostrarse desde otras evidencias. "Hay tantas y tan buenas razones para sostener que somos libres como que no lo somos." Pero nos afirmamos libres prácticamente, mediante nuestra propia acción.. Esto es lo que quiere decir que la libertad es un postulado práctico. No se trata de una postulación teorética que preceda a la acción moral, sino que al poner una acción sintiéndonos responsables de ella estamos suponiendo simultáneamente nuestra libertad.

6. La cuestión sobre el origen de la obligación estrictamente moral o de conciencia no afecta a la existencia de tal obligación, al menos en nuestra cultura. Parece que la conciencia moral fue de aparición relativamente tardía, asociada a un crecimiento histórico de la conciencia individual, lo que implicó de entrada un distanciamiento del individuo respecto del grupo en el que había nacido y vivido. Este fenómeno anula la identificación inmediata con el grupo y puede llegar hasta formas extremas de individualismo. En este caso, la persona sólo se siente obligada por los deberes que ella acepta, de ninguna manera por los deberes que emanan de la sociedad o ley. Creo probable que la obligación moral, en el sentido restrictivo explicado, surgiera como efecto de los procesos educativos los cuales, argumentando la legitimidad de las costumbres y de las leyes, las intenorizaba e intimaba en la conciencia individual.

7. Este es el significado de las afirmaciones de Rousseau en su obra *Sobre el contrato social* (cap. IV): "Renunciar a la libertad significa renunciar a la cualidad de ser humano, a los derechos de humanidad e incluso a los deberes. No hay compensación posible para quien renuncia a todo. Una renuncia de este tipo es incompatible con la naturaleza del ser humano y el hecho de arrebatar la libertad a la voluntad implica arrebatar toda moralidad a las acciones". Esta doctrina la recogió Kant y la pulió conceptualmente cuando proclamó que la libertad es el único derecho innato *(Metafísica de las costumbres, División de la doctrina del derecho B).*

Con el fin de empezara evitar, sin embargo, los numerosos malentendidos que acompañan a la idea de libertad[8], digamos enseguida que de ésta hay en nuestra sociedad dos concepciones muy distintas que van lógicamente ligadas a mentalidades morales (y jurídicas) opuestas. Es más, en la diferencia entre estas dos concepciones reside lo que distingue la mentalidad moderna de los intentos restauracionistas de aquellos grupos que añoran aún las concepciones que fueron dominantes en la Edad Media, de manera que una parte muy considerable de nuestros conflictos político-legales en las cuestiones que afectan a la Biología (reproducción asistida, embriones congelados, clonación, aborto, eutanasia, etc.) se producen como resultado del enfrentamiento entre estas dos maneras de enfocarla.

La mentalidad medieval, en efecto, concebía la libertad humana como segunda. Quiero decir que esta mentalidad atribuía a los humanos el deber de secundar un orden lógicamente anterior a nosotros, fuese este orden el natural, el divino, o cualquier otro previamente dado. Teníamos que conocer primeramente cuál era y cómo era este orden y después seguirlo. Nosotros los humanos, en cualquier caso, no creábamos este orden. Esta concepción creía, en una palabra, que el orden moral es invariable *per se.* Querer transformarlo significa ya atentar contra él y los resultados de la infracción sólo pueden ser catastróficos. Y creía (cree) también esta mentalidad, lógicamente, que la obligación de los poderes legislativos consiste en transferir al ordenamiento jurídico los preceptos morales que derivan de tal orden, al menos aquellos que se consideran más graves. El cambio del orden de las cosas previamente fijado se declara, en una palabra, ilícito[9].

La mentalidad moderna, contrariamente, sostiene que la libertad es lo primero. Su función básica no consiste en reproducir un orden, sino en crearlo, pues es propio de los humanos hacernos nuestro mundo. De lo cual se sigue que la naturaleza es materia a transformar y, en determinadas concepciones (en la de Fichte, por ejemplo), se la considera incluso como obstáculo a vencer. Creemos que la historia específicamente humana, la historia de las civilizaciones y las culturas[10], no es otra cosa precisamente que el relato de tales transformaciones. Y ya en plena modernidad, cuando se impusieron las con-

8. Hegel, después de haber reconocido a Kant el mérito de "poner lo absoluto en la libertad", escribía que "de ninguna idea se sabe de manera tan generalizada que se trata de una idea indeterminada, con muchos significados y capaz de los mayores equívocos como la idea de libertad. Y teniendo en cuenta que ninguna otra idea circula con tanta inconsciencia, resulta que estos equívocos tienen consecuencias prácticas muy terribles tan pronto como los individuos y los pueblos han captado el concepto abstracto de libertad; una representación que goza de una fuerza invencible precisamente porque es la esencia de lo humano" *(Enciclopedia de las ciencias filosóficas*, § 482, nota)

9. Una formulación típica de esta mentalidad, viva aún entre los sectores más conservadores de nuestra sociedad, la encontramos en el tratado *Sobre la ley,* del teólogo salmantino Francisco de Vitoria, escrito cuando ya se vislumbraba la época moderna. Más adelante comentaré su postura. Véase nota 15.

10. Como diré más adelante, esto es lo que enseñan los mitos de Prometeo en la Antigüedad y de Fausto en la modernidad. Con el fuego y con la alquimia "robamos" astutamente a los dioses las herramientas básicas de la transformación de la naturaleza en habitáculo humano, en hogar,... o en laboratorio o taller.

cepciones evolucionistas de la naturaleza, el orden pretendidamente natural dejó de aparecer como fijo e invariable, cosa que significó un cierto restablecimiento de la naturalidad de lo humano puesto que *todo* evoluciona, lo natural y lo humano. Resultaba así debilitada aquella contraposición tan enérgica entre naturaleza (fija) y hombre (libre y transformador) que había establecido la modernidad en sus inicios. Si todo se transforma, pensamos ahora, después de familiarizarnos con las ideas evolucionistas, ¿por qué no hemos de transformar nosotros también la naturaleza y nuestra propia vida en ella? En la segunda parte me extenderé en las bases sobre las que descansan estas dos mentalidades.

Las falacias éticas. Veamos ahora los modos falsos de argumentación ética. Al primero de ellos lo llamamos *falacia naturalista.* Hume primeramente, y poco más tarde Kant, la denunciaron. Entendiendo como falaz un argumento que no respeta la consecuencia lógica, aquellos filósofos observaron que de un ser (o de una determinada manera de ser) no se desprende lógicamente un *haber de ser.* Dicho de otro modo: el orden moral o del deber, todo el campo del *"haber de",* es originario o primero y no deriva, por tanto, de ningún otro. El deber es autónomo. Lo que no significa que el orden moral o ético esté privado de ley, sino que ésta aparece en tanto nos atribuimos libertad.

La segunda falacia en ética es la *teológica.* Es pariente próxima de la naturalista en tanto supone también un orden eterno y fijo a respetar incondicionalmente[11]. A veces, esta falacia consiste simplemente en un refuerzo de la naturalista en tanto considera a Dios como autor de la naturaleza, un autor que no puede ni quiere ser enmendado. En cualquier caso, hay que observar que la falacia teológica peca doblemente contra la lógica. Primero, como la naturalista, porque quiere derivar un precepto moral, *un haber de ser* decíamos, de un orden preexistente o de *un ser ya dado*, creyendo al mismo tiempo que el orden divino, constituido por un conjunto de normas queridas por Dios, lo conocemos los humanos perfectamente o, al menos, suficientemente. Pero además, y en segundo lugar, seleccionando unos cuantos preceptos que son propios de una religión particular y transformándolos en lo que los clérigos llaman "ley natural", se pretende que aquellos preceptos sean también reconocidos como obligatorios por las personas que no pertenecen a la comunidad religiosa en cuestión. O, lo que es más grave, se pretende incluso que tales preceptos sean impuestos a los no creyentes (aunque conciudadanos) como obligación jurídica.

Hay que observar, para entender mejor el problema, que la falacia teológica invierte el orden de las cuestiones en tanto pone por delante *una* religión y en ella incluye *una* moral, a la que quiere hacer pasar como *la* moral universal. El orden lógicamente correcto, sin embargo, es el inverso, porque la moralidad es en cualquier caso inmediata a la conciencia, de la misma manera que la eticidad se presenta inmediatamente en la relación social humana. La existencia de Dios, sin embargo, no nos es igualmente

11. El Corán celestial, dicen gráficamente los musulmanes, fue escrito por Dios en su eternidad. El Corán terrenal es tan sólo la transcripción que hizo Mahoma del primero.

inmediata, sino que su conocimiento hemos de obtenerlo *mediante* un razonamiento más o menos sutil y de lógica discutible (cosa que no ha impedido denominarlo "prueba" o "demostración") o *a través* de una revelación pretendidamente "sobrenatural" que nos ha de ser notificada por alguna clase de mensajero dotado de autoridad especial. Y observemos de paso que los problemas surgen con estos mensajeros, nunca con Dios *directamente*. Está claro, por tanto, que frente a la inmediatez de la moralidad, la religión se presenta cargada de mediaciones. De ello resulta que puede ser útil o valiosa para corroborar la moral, sea mediante la promesa de retribuciones en la otra vida[12], por ejemplo, sea para no disgustar al padre eterno, etc., pero en ningún caso puede considerarse fuente de deberes morales concretos y obligatorios para todo el mundo.

Otras falacias en la argumentación moral son relativamente secundarias. La que llamo *angélica* se caracteriza no por querer derivar el orden moral de otro, sino que, instalándose plenamente dentro de la moralidad (autónoma o heterónoma, tanto da ahora), *ignora el cuerpo* individual o social. En tiempos no demasiado lejanos, el angelismo ignoraba sobre todo la naturalidad de las pasiones y de los deseos humanos, los consideraba malos o pecaminosos *per se* y consecuentemente los hacía objeto de mortificación virtuosa. Hoy el angelismo se proyecta en el orden social ignorando las exigencias del sistema de las necesidades y su satisfacción, es decir, de la economía. Esta mentalidad, persiguiendo una moralidad pura, se escandaliza frente a cualquier argumento de utilidad económica o de provecho particular, descalifica las "multinacionales", predica contra el economicismo o combate la Europa "de los mercaderes", como se dice. Lucha contra la financiación privada de las nuevas tecnologías, argumentando que el interés particular de unos pocos no es el interés de la humanidad en general, etc. Una manera de razonar, por cierto, que se complace a menudo en el vaticinio de catástrofes.

La falacia consiste aquí en menospreciar el interés particular y económico, el cual no es en principio inmoral ni ilegítimo, mientras no se convierta en el valor supremo. Habrá que ver en cada caso. Pero peca de angelismo quien sospecha de entrada de cualquier financiación privada de la investigación tecnológica, por ejemplo, considerando como más inocente *a priori* la financiación pública, sin considerar que esta última también la paga el investigador con otros modos de dependencia Es completamente cierto que el valor económico no es el supremo, pero también lo es que el valor superior de la dignidad humana no se puede defender ni promover al margen del cuerpo de la realidad

---

12. Una forma especialmente perversa de la falacia religiosa es la que dice: "Si Dios no existe, todo vale o todo está permitido". Lo primero que hay que contestar a quien dice tamaña barbaridad, incapaz de entender lo que quiere decir moralidad autónoma, es que esperamos que Dios le conserve la fe porque, si la pierde, nada le impedirá ya ser un criminal peligroso. Pero además hay que decirle que los deberes fundados en la libertad propia y en el respeto a la libertad de los demás es precisamente la única moralidad digna de las personas adultas. mientras que la moral heterónoma solamente es adecuada a niños o incapacitados. Muchos autores, como por ejemplo Grotius (1583-1645) fundador del derecho internacional, estimaban que la ley "natural" (la que emana de la razón humana, no de la naturaleza pre-racional) se presentaba a la conciencia como obligatoria *etsi Deus non daretur,* "aunque no existiera Dios".

significado por el valor económico y el de utilidad. Y no se puede olvidar que dignidad y miseria no son compatibles. Pero articular utilidad y dignidad es precisamente tarea principal de la ética cuando se aplica a lo concreto.

Por último, la falacia del *enterado.* Consiste, como la teológica, en un plus de autoridad moral que los especialistas se atribuyen muy a menudo. Adoptan la actitud que se expresa con un "¡usted cállese, que de esto entiendo yo!". Pero esto no vale en ética, de la misma manera que en filosofía en general el criterio de autoridad no vale nada. El especialista sabe más de lo suyo, pero no de deberes, porque de esto entendemos todos los adultos por igual. Cualquier razón libre o, para decirlo más propiamente, cualquier libertad consciente es competente al respecto. El especialista ha de emitir su informe y tiene que ser escuchado porque las decisiones éticas no pueden ignorar la materia sobre la cual se ejercen; la manera de desarrollarse los organismos, por ejemplo, o los peligros que pueden implicar las intervenciones en ellos. Asumir los deberes, sin embargo, es asunto de todos porque es algo simplemente humano.

¿Y el filósofo? -podemos preguntar -¿Y el "profesional" de la ética? A lo cual hay que contestar que éstos, como todos. Si al principio de este escrito he dicho ya que la filosofía como tal no impone deberes, tampoco los catedráticos de ética. Este título no les otorga ningún plus de autoridad. La descripción y el análisis que ellos han de hacer de los diferentes deberes, ayudan simplemente a la razón común a aprobarlos o reprobarlos. Un filósofo no es un cura laico. Exhorta a pensar autónomamente y huye, por tanto, de impartir moralina.

2. Pluralismo moral

Habiendo acotado el campo de la moralidad mediante el concepto de deber y habiéndolo vinculado a la razón y a la libertad de los humanos, podemos ahora describir la situación de este campo como espacio de los debates éticos actuales. Veremos con mayor profundidad por qué la racionalidad moderna entiende la libertad como creadora de orden y no meramente como seguidora de un orden previamente dado. Ahora, de lo primero que hay que darse cuenta es de que *nos encontramos en una situación de pluralismo moral.*

Como simple hecho, esta afirmación es indiscutible. Compartimos espacio físico con gentes muy diversas que profesan creencias religiosas y morales no sólo diferentes, sino incluso divergentes e irreconciliables entre sí. Nuestro sistema económico además crea continuamente nuevas necesidades mediante la excitación publicitaria del deseo; un mecanismo que mantiene la escasez de los bienes disponibles, a pesar de que aumente la producción. De lo cual resulta la coexistencia en nuestro espacio de intereses y mentalidades que pugnan entre sí. Y hay que añadir aún que nuestro pluralismo puede calificarse de "entreverado", porque se diferencia históricamente de otros anteriores en que ni las personas ni los grupos podemos aislarnos en el espacio creando un archipiélago de guetos. Las nuevas técnicas de comunicación, sobre todo, imposibilitan muros y fronteras, de manera que el contacto con "los demás" nos resulta inevitable en todo tipo de relación social, sea de trabajo o de ocio, de educación o de vecindad[13]. Es claro que el pluralismo siempre ha existido, pero el espacio estaba parcelado. Hoy lo compartimos y en él han de convivir, nos guste o no, convicciones religiosas y morales diferentes. Partiendo de aquí, por tanto, y entendiendo además que la uniformidad no es valiosa por sí misma, sino que *la diferencia ha de ser respetada porque es consecuencia de la libertad,* resulta que *todas las cuestiones éticas (también las que reunimos bajo el nombre de bioética) han de ser planteadas hoy en el seno de este pluralismo, del cual deriva un imperativo moral, ciertamente prioritario, consistente en la obligación de encontrar y consensuar la base mínima sobre la que se tendrán que discutir y decidir los conflictos entre personas con intereses y moralidades diferentes.* Diré a continuación que esta base puede llamarse "principio libertad" y lo explicaré. Pero antes, y porque en nuestra situación de pluralismo se encuentran residuos considerables de lo que podemos denominar "postulado de homogeneidad moral" como base considerada imprescindible de la convivencia civil, se impone prestar atención por un momento a esta mentalidad. Veremos inmediatamente que se confunde con la concepción de la libertad que hemos calificado de antigua en tanto la considera obligada a secundar un orden previo.

El postulado de moralidad homogénea. Recordemos que la unidad religiosa y moral se presentaba como requisito e incluso esencia de la "unidad nacional". Hasta tal punto era prevalente esta concepción que en el inicio de la época moderna, a pesar de la consolidación de las diferentes variedades de protestantismo y de las guerras de religión subsiguientes (que mejor se denominarían guerras político-religiosas), se intentó el mantenimiento de la unidad interior a cada territorio mediante la distribución geográfica de las diferencias. Había que obtener el equilibrio político, se decía, bajo el principio *cuius regio eius religio,* esto es, aceptando que la religión (y la moral) de cada territorio *había de ser* la de su príncipe. La consecuencia era clara: quien no profesaba la religión del príncipe (o sea, la de aquel Estado) tenía que elegir entre convertirse o irse. Y si no, hoguera o decapitación. De libertad religiosa o de conciencia, nada. Moriscos y judíos, hugonotes franceses más adelante, etc., pasaron por este trago de la limpieza étnica (o religiosa, tanto da) en virtud de una tesis que muy superficialmente modificada profesan hoy en día todos los fundamentalismos: o sumisión o expulsión[14].

---

13. Citemos también aquí a Kant en una nota que añadió a la 2ª edición de su escrito *Sobre la paz perpetua* (1796): "A quien comparte conmigo espacio de contacto inevitable puedo obligarlo a entrar en el orden civil y legal que yo acepto, porque si él no lo acepta, se encuentra en disposición próxima de agredirme".

14. Entre mis recuerdos de "pintadas" en las paredes, se encuentra tanto la que decía "Rojos a Moscú", al final del franquismo (antes había dicho "Rojos al paredón") como la imperativa "que se vayan" profusamente repetida en el País Vasco.

Haciendo hincapié, por tanto, en la previa homogeneidad moral, se hacía de ella principio de legislación civil. Bien lo dijo Francisco de Vitoria en un texto que sólo cito como ejemplo[15]. Se pregunta el teólogo jurista (benemérito por otros motivos) "si el efecto de la ley es hacer buenos a los hombres. Responde, citando a Tomás de Aquino, que "la intención de cualquier legislador es hacer buenos a los hombres"; buenos moralmente, se entiende, o lo que es lo mismo, "virtuosos". Los aires modernos habían llegado seguramente a la Salamanca del siglo XVI, puesto que Vitoria tuvo que contestar una dificultad que no había preocupado a Tomás. Vitoria no duda, en efecto, de la intención moralizante de la "ley natural", de "la divina positiva" (contenida en la Biblia) o de "la eclesiástica divina" (la tradición católica) pero "sí que hay duda (añade) sobre la civil, (a saber) si la intención del rey ha de ser la de hacer buenos a los hombres, o más bien hacerlos ricos o sanos". Responde a la antigua que, siendo la intención del rey hacer felices a sus súbditos (con felicidad simplemente humana, claro) y teniendo en cuenta también que sólo la virtud puede procurar la tal felicidad, el rey tendrá que hacerlos "amantes de la virtud"[16]. En síntesis, que el rey ha de *convertir en legislación civil y aun penal la moral enseñada por la iglesia católica* (castigar la blasfemia y la sodomía son ejemplos que él mismo se pone)[17]. Pero hoy, que el rey o el Estado se deban preocupar de hacernos moralmente virtuosos, más bien nos da risa. Le concederemos como máximo que procure la virtud *cívica* de los ciudadanos.

Política y moral modernas. Contra esta concepción se rebeló la modernidad europea. atacándola en diversos frentes. Como sea que la polémica se inauguró con la reivindicación del carácter especifico de la política (Ockham y Marsilio de Padua, primeramente; Maquiavelo y Hobbes, más tarde), pudo parecer de momento que el poder político quería desvincularse de toda moralidad. Pronto fue evidente, sin embargo, que la nueva política no prescindía ni podía prescindir de la legitimación ética. El primer argumento legitimador fue entonces la utilidad, y de ahí surgió el utilitarismo moral tan propio de la mentalidad "ilustrada" a partir del siglo XVIII. No obstante, y a pesar de su solidez, esta línea de legitimación mostró muy pronto su insuficiencia.

---

15. Véase *La ley.* Selección de fragmentos etc. Madrid, Tecnos, 1995. Cuestión 9, artículo 1°. El texto corresponde a una lección impartida en el curso 1533-34. De todas maneras, la doctrina de Vitoria en este fragmento era común entre los autores escolásticos de la época.

16. Paso por alto el equívoco que se esconde aquí bajo el término "virtud". La moral cristiano-política o de cristiandad profesada por Tomás de Aquino y por Francisco de Vitoria quería basarse en la Ética aristotélica y ésta, en efecto, asignaba al legislador la tarea de hacer virtuosos a los ciudadanos. Pero la virtud pagana no era la del Evangelio. Hasta tal punto era esta última interior, que afectaba a las intenciones. Pero la virtud de la que hablaba Aristóteles era la virtud cívica, consistente en la observancia habitual del *ethos* de su ciudad, o sea, de sus costumbres y leyes. La medida de esta virtud la daba precisamente la práctica del ciudadano medio o normal.

17. Y yo me pregunto cuántos "sodomitas" han dejado de serlo por "efecto de la ley". La ley hará, como mucho, que se escondan, pero dudo que los haga virtuosos según el concepto de virtud cristiana que profesaba Francisco de Vitoria.

Nació entonces, y en eso estamos, una nueva moral de la dignidad humana anclada en la libertad, cuyo ejercicio no podía subordinarse únicamente a la utilidad[18]. Diversidad, pluralismo y tolerancia pasaron así, lógicamente, a ser valores positivos, pero para evitar la dispersión y la consecuente disolución social que el culto a la diferencia podía comportar, fue necesario establecer un principio de coherencia en materia de libertad. Éste fue la democracia, como procedimiento para poner ley y orden en una sociedad plural de seres humanos libres, y obtener un consenso social suficiente en un espacio de diferencias y tensiones.

Concentración del poder político. La versión filosófica del primer acto de este proceso es útil leerla aún hoy en la obra de tres autores principalmente: Maquiavelo (1469-1527), Hobbes (1588-1679) y Spinoza (1632-1677). Tres personajes malditos, puesto que a partir de la ruptura iniciada por Ockham (1300-1350 aprox.) de la legitimación medieval del poder político, repensaron la cuestión originalmente[19]. Con ellos, la filosofía tomaba partido enérgicamente contra la dependencia del poder civil respecto del eclesiástico, en tanto éste venía considerándose a sí mismo como el intérprete único de la moralidad. Las nuevas monarquías (Francia, España, Inglaterra) eran modelo de Estado moderno en virtud de su pacto o alianza, verdaderamente fundacional, con los burgueses y artesanos de las ciudades mercantiles, y esta situación nueva era lo que se debía pensar. El fenómeno de la concentración del poder político en los reyes no lo inventaron los filósofos, sino que ya era un hecho cuando la filosofía empezó a meditarlo.

Maquiavelo demostró que la política tiene reglas propias; reglas que el político sigue por instinto, como lo enseñan los ejemplos de los héroes antiguos y de los políticos modernos. Las observan incluso los Papas cuando actúan políticamente. Y regla de oro del político(¡no la única!) es hacerse con el poder. Después ha de afianzarse en el mismo y aumentarlo, cosa que no podrá hacer si no gobierna con "buenas leyes". Y, entonces, serán las buenas leyes, o sea, las que propician buenos negocios, las que legitimarán el ejercicio del poder y le proporcionarán el consenso popular[20]. Que el gobernante haya de guardar las apariencias y mentir o engañar si fuera preciso, no es culpa de

---

18. Es interesante advertir que la moral moderna ha reencontrado, modificándola, la división tripartita clásica de los bienes: placer, utilidad y honestidad. Reivindicó primeramente la inocencia de los deseos y del placer que obtenemos cuando los satisfacemos. Puso a continuación el acento en la utilidad del sometimiento al orden civil como condición necesaria para procurar riqueza. Y proclamó finalmente que la honestidad consiste en respetarnos mutuamente como seres libres. Legitimó, por tanto, tres nuevas versiones de los bienes morales clásicos: hedonismo (de hedoné, placer), utilitarismo v honestidad. Los tres no se excluyen absolutamente en tanto pueden jerarquizarse y en tanto que los tres imponen regla de atención al otro en la decisión individual.

19. Tres autores malditos, pero no tanto, porque muchos de los que abominan públicamente de ellos siguen sus consejos. Su lectura es obligada para quien quiere saber algo sobre el funcionamiento real de la política y quiere preguntarse seriamente sobre la relación de ésta con la ética.

20. *El Príncipe,* cap. XXI.

la política en sí misma, sino de la gente vulgar y de los malos políticos, todos ellos incapaces de entender el funcionamiento real de la cosa. Las reglas de la política son, por tanto, objetivas. Se asemejan a las reglas de un oficio y éstas, como es obvio, no son en sí mismas ni morales ni inmorales[21].

Hobbes, por su parte, no le niega nada a Maquiavelo, sino que profundiza en su argumentación. Socava la independencia (no la existencia) del poder eclesiástico, legitimando el anglicanismo, esto es, la subordinación de los clérigos al rey, cabeza de la iglesia nacional. Hobbes, en este punto, no se aparta aún de la tesis de que la unidad religiosa y moral es la base de la unidad política. El poder, también el doctrinal, tenía que concentrarse en el rey. Eso es todo[22]. El rey (o la asamblea suprema) resultaba absoluto porque no podía reconocer ningún otro poder, ni por encima (emperador o Papa) ni por abajo (los nobles feudales). El clero tenía que someterse igualmente porque si no, podía suministrar argumentos a la "sedición" y contribuir así a la guerra civil, mal político por excelencia que el poder ha de conjurar por encima de todo.

Pero Hobbes no se limita a ello. Razona positivamente, con inteligencia penetrante, sobre esta necesidad del poder político unificado. Todo el mundo cree saber su doctrina: en estado natural "el hombre es un lobo para el hombre" y nadie puede esperar otra cosa de tal estado que el de "la guerra de todos contra todos, etc. Pero habrá que examinar en detalle su razonamiento. La postura de Hobbes, proclamando primero la naturalidad de los deseos y pasiones de los humanos, implica la inocencia de su satisfacción. No son morales ni inmorales; son simplemente naturales. Siendo también, sin embargo, natural que los bienes para la satisfacción de los deseos no alcancen a todos (son escasos, dicen los economistas), el Estado ha de impedir la lucha entre los que desean lo mismo, porque la guerra no aumenta los bienes y no conduce para nada a una mejor o mayor satisfacción. Norma y regla son por tanto lógicamente posteriores a la pura y simple naturaleza, y son condición de vida confortable. Convenimos en la necesidad de que alguien ponga ley autoritariamente para utilidad nuestra. El sometimiento al poder tiene inconvenientes, cierto, pero su utilidad es mayor, nos conviene. La fórmula del "pacto de sumisión" para enunciar tal conveniencia es muy discutible en sí misma porque se vale de una categoría propia del derecho civil para explicar algo lógicamente anterior a este derecho, pero tiene la ventaja de indicar su voluntariedad. Equivaldría en cualquier caso a un pacto implícito ya existente cuando se nos pide que nos adhiramos al mismo.

Spinoza, discípulo fiel de Hobbes[23], acentuó el carácter cruel e inhumano de lo

---

21. Kant las llamará un par de siglos más tarde "imperativos hipotéticos" para diferenciarlas de los imperativos morales propiamente dichos, "categóricos" en su jerga. El imperativo moral es incondicional porque hay que observarlo al margen de las ventajas o inconvenientes que su cumplimiento pueda reportar. La obra verdaderamente capital de Kant sobre la moral es la *Crítica de la razón práctica* (1788), completada más tarde por la *Metafísica de las costumbres* (1797). Una exposición más sencilla se encuentra en la *Fundamentación de la metafísica de las costumbres* (1785).

22. Práctica también de los Estados católicos mediante el "Patronato" del rey sobre la iglesia, el cual llegaba hasta la designación de los obispos, aunque fuera disfrazándola de mera presentación.

natural, juntamente con la fuerza e inocencia del deseo. Un poco más optimista que Hobbes respecto de la fuerza de la razón para convertir la pasión en principio de acción, le siguió por el camino de la lectura desacralizadora de la Biblia e inauguró la actitud laica hacia los libros sagrados que, más tarde, será típica de la Ilustración: Libertad de pensamiento, tolerancia del pluralismo religioso. Insistió en la utilidad del poder para la paz y la prosperidad prefiriendo, sin embargo, el segundo miembro del dilema hobbiano (una persona o una *asamblea)* como residencia del poder concentrado. Abría así el camino a la democracia e, incluso, al republicanismo.

El resumen del primer acto es claro. Negativa a la homogeneidad de la moral teológica de los eclesiásticos como guía y principio de la actividad político-legislativa. Afirmación de que el poder político es la fuente primaria de los contenidos obligatorios de las tablas del bien y del mal de cada sociedad. Legitimación utilitarista del poder en tanto que ley y orden ponen paz civil (armada) como condición para la prosperidad.

Liberalización del Estado. Nueva distribución del poder. Los personajes del segundo acto son Locke (1632-1704) y Montesquieu (1689-1755). Su obra consistió en razonar la distribución y articulación del poder político a fin de evitar el abuso. La solución empírica, previa una vez más a la reflexión de los teóricos, fue el pacto entre el parlamento y la corona de Inglaterra por obra y gracia del advenimiento en ese país de la dinastía de los Orange, procedente de los Países Bajos, un emporio mercantil precisamente. El razonamiento teórico subsiguiente es muy sencillo. Dado que la necesidad del Estado político de poner paz (horizontal) entre sus súbditos no era ya cuestionada, tenía entonces que aplicarse a evitar que el poder se extralimitara y se hiciera tiránico en su relación vertical con los burgueses que se le sometían por utilidad. El absolutismo de los Estuardo había sido desastroso porque perjudicó al comercio, mientras que la mayor prosperidad alcanzada por el liberalismo de los Países Bajos aconsejaba inspirarse en éste. El absolutismo, o lo que es lo mismo, la concentración del poder, no había acabado con la guerra civil en Inglaterra, porque no se prestó suficiente atención al hecho de que los agentes sociales de la prosperidad son la otra parte del pacto fundacional del Estado moderno. Los burgueses son también poder y son tan necesarios como el poder político. Hay que darles entrada para equilibrar el poder del monarca. División de poderes, por tanto, cuidando sin embargo de que el funcionamiento conjugado de los distintos poderes mantenga la unidad del poder global del Estado. El poder no es ya del monarca en exclusiva. El equilibrio entre ambos es difícil, pero todo equilibrio dinámico lo es. El arte (la técnica) de la política consiste en mantener el equilibrio a pesar del movimiento continuo que su funcionamiento comporta.

Los diputados de la cámara baja del parlamento, elegidos por un tiempo limitado frente al carácter vitalicio del rey y de los lores, significaron además dos aspectos importantes en el posterior desarrollo de la idea de democracia. Despejaron el camino, prime-

---

23. Véase, por ejemplo, el escolio II de la proposición XXXVII de la 4 ° parte de su *Ética.*

ro, a sucesivas ampliaciones tanto del cuerpo de los electores como de los parlamentarios elegidos. Y en segundo lugar, la sustitución en los bancos del parlamento de los representantes de la burguesía inglesa hizo evidente que las instituciones pueden subsistir intactas, a pesar de que las personas concretas pasen y desaparezcan. La despersonalización de las instituciones, en una palabra, les ha conferido permanencia, produjo estabilidad.

De otro lado, la restauración lockiana de un cierto derecho natural directamente vinculado a la razón humana no menospreciaba tampoco la autosuficiencia del cuerpo político en su conjunto. Bien mirado, este "derecho" era más burgués que "natural" en tanto incorporaba de manera muy principal el derecho a la propiedad privada. Y representaba además un límite al poder, porque hacía operativo el pacto fundacional del Estado moderno entre rey y burguesía en tanto la incorporaba a la organización política como colegisladora. De todas maneras, el hecho de vincular este derecho natural a la razón humana sin más, conducía hacia los futuros derechos del hombre y del ciudadano" que proclamó poco después la revolución francesa. El derecho burgués a disponer libremente de la vida y de los propios bienes se convertiría a continuación (a lo mejor por la fuerza misma de la palabra libertad) en el derecho más propio y radical del ser humano.

Montesquieu, por su parte, estableció el poder judicial como tercer poder y, sobre todo, razonó la articulación de los tres poderes a partir de la metáfora tan expresiva de los contrapesos. "Es necesario que el poder frene al poder." En resumen, por tanto, *distribución del poder absoluto del Estado y equilibrio dinámico entre los tres poderes resultantes.*

Libertad, único derecho innato. Los personajes del tercer acto se llaman Rousseau (1712-1778) y Kant (1724-1804), de manera que la pasión de Rousseau por la libertad, primero, y la elaboración conceptual de la misma por parte de Kant, después, vinieron a ser el componente básico e irreversible de nuestra cultura. Rousseau encontró patéticamente en sí mismo la libertad moderna, pero lo más notable fue que no la vivió tan sólo como profundidad de su espíritu individual, sino que la experimentó como esencia de lo humano. Grandeza y pobreza al mismo tiempo de la condición humana, porque esta libertad es a la vez todo y nada. Es la necesidad de hacerse uno mismo por sí mismo en el respeto constante de la dignidad propia y de la ajena. Deber de hacerse y, en la autocreación, hacer también el futuro de los otros, porque la decisión de cada uno, por muy solitaria que sea, determina en alguna medida la vida de los demás. Dramatismo de la responsabilidad ante uno mismo y ante los otros. Cadena de decisiones que se adentran en lo desconocido. Vivencia de la libertad, superior y más profunda que la libertad liberal de Locke, y que transformó incluso el significado de la palabra libertad, en tanto la concebía ya como libertad moral y lo primero. El alcance ético y político de esta concepción lo empezaría a poner de manifiesto la revolución francesa como hecho que, sobrepasando la historia de Francia, pasaba a ser acontecimiento irreversible y determinante de la historia futura de la humanidad, como bien lo vio Kant. A él y a los filósofos alemanes posteriores les correspondió pulir el concepto y vislumbrar otras consecuencias revolucionarias de la libertad. Ella, más que la razón (y ahora lo podemos comprender) se ha convertido en nosotros mismos y no sólo en un rasgo entre otros de nuestro ser. Quien no sostiene hoy en día como primero y primordial el derecho a la libertad, a pesar de que no todos veamos con la misma claridad las obligaciones que este derecho comporta, no es un contemporáneo. Sea como sea, lo fundamental desde ahora es que la libertad no es una característica entre otras de nuestro psiquismo. No puede ni debe ser limitada por algo que no sea exigencia de la libertad misma y tal limitación no deberá significar una merma del impulso en que consiste. Lo que la libertad quiere ante todo y no puede dejar de querer es la libertad misma. Los textos de Rousseau al respecto son muy pasionales, pero si hemos de mencionar sólo uno, reléase el fragmento que ya hemos citado[24]. Obsérvese que la libertad de la que habla Rousseau no es libertad meramente externa, como lo era la de Hobbes[25], ni tampoco la libertad contemplada por Locke de tomar (y ejecutar) decisiones sobre la vida y los bienes propios. Ni es tan sólo la libertad política teorizada por Montesquieu, fruto de las leyes de los Estados con división de poderes. La libertad de Rousseau es más radical. Es libertad moral que decide, por tanto, sobre el bien y el mal primeramente, y ante todo frente a la propia conciencia. Decisión que no se priva de ley, porque se la impone ella misma. Ley que, en todo caso, ha de ser nuestra porque sin dejar de ser súbditos de la voluntad general (Hobbes no ha muerto del todo) nos afirmamos al mismo tiempo como soberanos en la versión política de esta libertad.

Kant, por su parte, asume la vivencia de Rousseau y la explicita como autonomía moral primeramente y, después, en versión jurídica. "La libertad -escribe- (esto es la independencia respecto de la voluntad constrictiva de otro) en la medida en que puede coexistir con la libertad de cualquier otro según una ley universal, es este derecho único y originario que corresponde a todo hombre en virtud de su humanidad." Comentemos: Derecho "único innato" frente a todos los otros, adquiridos. "Originario", fuente por tanto de los demás. "Innato", es decir, no puramente formal, porque el uso del término "innato" en la filosofía de aquella época aludía siempre a algún contenido que en este texto sería como mínimo la libertad misma, propia y ajena. Y éste es precisamente el punto de mayor relieve para nosotros. Nadie puede reivindicar este derecho para sí y pedir que le sea reconocido, sin reivindicarlo para los demás, reconociéndolo y respetándolo en ellos como en sí mismo. Y es en la libertad donde somos ciertamente iguales. *Ésta es la nueva moralidad; La moralidad moderna, actual e irreversible como regla suprema de cualquier otro deber jurídico, ético o moral.* Y es desde esta libertad intrínseca a los humanos, desde la que han derivado todos los otros derechos fundamentales sucesivamente reconocidos en las democracias constitucionales.

---

24. Texto citado en la nota 7 de este escrito tomándolo del capítulo sobre la esclavitud (VI de la 1ª parte) del *Contrato social* (1762).

25. Hacer lo que uno quiere... y puede.

3. Temores y esperanzas

Con este instrumental de convivencia respetuosa, podemos entrar en el futuro confiadamente. Un futuro abierto sobre todo a las nuevas técnicas de comunicación, por un lado, y a los procedimientos de intervención sobre los organismos vivos, por otro; procedimientos que hay que calificar de revolucionarios, porque nos permiten modificar la textura más escondida y básica de la unidad de vida que llamamos célula. Nos sentimos aturdidos porque será inevitable el uso cada vez más extenso de las nuevas técnicas, lo que transformará los hábitos de vida colectiva de forma imprevisible. ¿Hasta qué punto está el futuro en nuestras manos? ¿Podremos impulsar o frenar las nuevas técnicas? ¿Podremos gobernarlas e impedir los peligros que entrañan?

En relación con estas preguntas, se dibujan dos actitudes extremas, caracterizada una por el temor y la otra por la esperanza. El miedo, o mejor, la angustia frente a peligros sin rostro concreto, se manifiesta en preguntas del tipo "¿a dónde iremos a parar?", o en imperativos que quieren frenar la libertad de los científicos hasta prohibir experimentos que parecen demasiado osados. La esperanza, en el extremo opuesto, se manifiesta en el deseo tan humano de aumentar el conocimiento y obtener beneficios de él, esto es, más y mejores alimentos, medios para vencer más enfermedades y alargar la vida, etc. Nos vemos, pues, sacudidos por las olas contrarias de la esperanza y el miedo, literariamente figuradas por Goethe en los dos mitos tan típicamente modernos del doctor Fausto y del aprendiz de brujo. No faltarán científicos que, como Fausto, estarán dispuestos a vender su alma al diablo por poder explorar un campo tan apasionante. Pero con la misma incertidumbre con la que podemos imaginar positivamente la clonación humana, por ejemplo, podemos igualmente fabularla como catástrofe incontrolable desencadenada por el aprendiz de brujo. Perspectiva que toma forma como creación de monstruos inocentemente aterradores como en el mito del Dr. Frankenstein, o como individuos multiplicados por la identidad troquelada de una misma dotación genética que fueran esclavos a su vez de un poder sin escrúpulos.

Mitos ampliamente divulgados, sobre todo los catastrofistas, presentes hoy en la opinión pública mediante la vulgarización a cargo del cine de capítulos enteros de ciencia-ficción. La presencia de tales mitos en el imaginario colectivo, no podemos olvidarlo, configura la opinión pública de todos los que dejando prevalecer el miedo por encima de la esperanza y los mitos sobre la racionalidad, piden regulaciones prohibitivas o fuertemente restrictivas de la libertad de investigación. Si la prioridad de la libertad, sin embargo, la tenemos clara, entenderemos que cuando haya que restringirla, la carga de probar la necesidad de la restricción recaiga sobre quien la pide. Reforzaremos así la esperanza por encima del miedo. Y, en contraposición a los mitos pesimistas, recordaremos el más optimista de Prometeo, mito que yace en los estratos más profundos de nuestra cultura.

El mito de Prometeo. El fuego robado a los dioses, en efecto, permanece para siempre en la base de todos los incrementos de la complejidad social y del bienestar humano. Contribuyó de manera decisiva al distanciamiento de los humanos respecto de otros animales, creando los hábitos de alimentación que hoy aún perduran (cocido frente a crudo). Modificó los hábitos de caza y lucha (endurecimiento de las puntas de flecha y de lanza) y fue básico en la fabricación de ladrillos, vasijas y útiles de labranza. Fue, dicho brevemente, condición de posibilidad de todo lo que hoy incluimos bajo el título de *revolución del neolítico,* es decir, de la adopción generalizada de técnicas de producción agrícola y ganadera. El rendimiento de esas tecnologías fue tal que muy pronto los bienes obtenidos fueron superiores a los necesarios para cubrir las necesidades más inmediatas o naturales. Según el mito, por tanto, y desde el comienzo de la historia, *somos transgresores del estado de cosas que hemos recibido, o sea, de lo que llamamos el orden (¡?) natural.*

4. Libertad creadora del futuro

Consideremos aún las consecuencias continuadas del proceso de hominización. Tal proceso no acabó con la simple aparición del *homo sapiens.* El uso del lenguaje articulado, atribuyendo las acciones a sujetos individuales, el primero de los cuales es "yo", inició un proceso de individualización creciente que diferenció progresivamente al individuo hasta contraponerlo al grupo. Desde la total identificación primitiva, inmediata o natural, del individuo con su organismo social, hasta la consciencia moderna de personalidad única e irrepetible de cada uno[26], nuestra civilización anduvo un camino que me atrevo a calificar de irreversible. Si, de todas maneras, sabemos que no podemos vivir en el desierto, solitariamente encaramados a una columna, sino que hemos de vivir en interacción con los demás, aspiremos a que la relación mutua sea interacción de libertades.

Individuo moderno y libertad. En definitiva habrá de ser la libertad la que configure la nueva civilización que la tecnología nos ofrece. El punto de partida de la libertad (aunque sea solamente su punto inicial, no su totalidad) es precisamente la capacidad históricamente desarrollada por el lenguaje de decir "yo". Cuando pronunciamos este pronombre personal (subrayo: pronombre personal de primera persona) nos volvemos hacia nosotros, cada uno hacia sí mismo solo, contraponiéndonos a todo el universo[27]. Lo

26. La filosofía de Leibniz representa un hito muy significativo en la estimación que la modernidad ha hecho del individuo. La consideración de que todos los átomos del universo son reflejo o representación virtual de la totalidad (mónada), culmina en la afirmación de que cada una de las conciencias humanas individuales contiene la representación efectiva de la única totalidad (todos somos iguales), diferenciada sin embargo aquella representación en cada conciencia por una perspectiva propia e irrepetible (todos somos diferentes). *Monadologia* § 57.

27. Hegel llamaba a esta posibilidad humana capacidad de abstracción absoluta, variando bastante el significado tradicional de la voz, puesto que "abstracción", como término técnico de la filosofía, había

decisivo es que, mediante esta operación psíquica, el yo se abstrae o separa de toda la realidad restante. Cuando digo yo, quedo absolutamente solo y desnudo. Toda alteridad ha sido objetivada, pero este yo desnudo, aunque puede suicidarse[28], no quiere continuar en esta intemperie. Cuando hace abstracción absoluta de sí mismo, se ha liberado en principio en tanto rompe por un momento los vínculos con la realidad y se sitúa en un espacio vacío de determinaciones.

Pero ha de querer algo. El puro yo, no siendo nada determinado, está preñado de fuerza o poder para determinarse. Es necesario que quiera algo concreto y cuenta para ello con la energía psíquica suficiente. Hay que advertir asimismo que la acción universal no existe ni es posible, como ya advertía Aristóteles[29]. Cualquier objeto de la voluntad, siendo concreto, será particular. Será esto o aquello, pero no será nunca la totalidad objetiva[30]. Ahora bien, queriendo esto o aquello, la voluntad libre no puede atarse indisolublemente a lo que está queriendo sin dejar de ser libre. Ni puede oscilar entre la "libertad del vacío" y la vinculación a lo concreto. Es preciso, por tanto, que la voluntad, a la vez que pasa a querer esto concreto, vaya más allá de éste y persista en querer la libertad misma. De esta manera abrirá un proceso circular de la voluntad que, partiendo de la indeterminación primera, querrá lo concreto sólo en función de la libertad de todos. Querrá esto mientras sirva a la libertad, aunque dejará de quererlo tan pronto como ya no sirva a este fin o se vea como posible otro bien concreto, que sin dejar de ser particular, sea más amplio y superior. Ejemplo: En un momento histórico que todos nosotros hemos vivido, hemos visto que es mejor vivir en un Estado democrático de derecho que en un Estado feudal, pongamos por caso, porque el régimen democrático garantiza y procura más libertad que el medieval. Pero este o aquel Estado, esta o aquella forma de democracia, pueden también caducar y caducarán de hecho tan pronto como aparezcan otras formas que sirvan mejor a la libertad de un número mayor de personas. Deberemos entonces dejar de ser fieles a las formas caducas a fin de abrir paso a las nuevas.

Ruinas de futuro. Es buena a este respecto una expresión de Nietzsche. Habla él de "ruinas de futuro" tergiversando el significado obvio del término "ruina", el cual refe-

---

valido como sinónimo de universalización. Él sin embargo lo hacía sinónimo de singularización o personalización, porque el "yo se abstrae o substrae respecto del resto del ser" (*Fenomenología del espíritu*, cap. IV, Autoconciencia. Véase también el § 5 de la *Filosofía del Derecho*.

28. El mismo Hegel afirmaba que esta capacidad de abstracción absoluta, constitutiva del "yo", es la que funda la posibilidad humana, de ninguna manera animal, del suicidio... y de los fanatismos tanto religiosos o metafísicos como políticos. Tomando distancia de todo, accedemos al punto inicial de la libertad, cosa altamente estimable, pero que, si nos quedamos parados en él, nos proporciona tan sólo la "libertad del vacío". En la absolutez de tal abstracción podemos soñar un orden ideal, tan radicalmente diferente del real, que bajo pretexto de un nuevo orden, podemos entonces ser víctimas de la "furia de la destrucción". Véase el § 5 de la *Filosofía del Derecho* con el añadido de sus discípulos procedente de las clases orales del mismo Hegel).

29. Lo que Hegel, por su parte, repite (*Filosofía del Derecho* § 6)

rimos corrientemente al pretérito[31]. Ve él a los humanos de ahora como ruinas, como fragmentos lamentables de los nuevos humanos por construir, superiores a los actuales. Y notemos dos cosas: Primera, que, según el mismo filósofo, los humanos actuales somos fragmentos, no sólo porque nos falta algo (somos lisiados, dice el texto), sino porque de algunas cosas tenemos demasiado (una gran oreja o un gran estómago, por ejemplo, órganos particulares que sostienen un cuerpo entero cuyas otras partes dan pena y son raquíticas). Segunda, que la condición para ver a los humanos como ruinas de futuro es que la voluntad se libere de sentimientos de culpabilidad que la mantienen atada al pretérito. Descargados del peso de esas culpas que la educación en la heteronomía moral nos colgaba del cuello, intentemos crear un futuro sencillamente nuestro. No de cada uno de nosotros aisladamente, sino de nosotros juntos, iguales y solidarios[32].

Consideraciones finales. Para acabar, quiero convocar a mi favor a dos autores. El primero es Aldous Huxley, novelista filósofo, miembro de toda una estirpe de biólogos y médicos. El segundo es Oliver Sacks, médico neurólogo no-prisionero de su especialidad como los lisiados de Nietzsche, sino que disponiendo de una amplia y sólida cultura contempla en la enfermedad una fuente de conocimiento de la espléndida complejidad creadora de los humanos. Del primero quiero evocar no tanto su tan conocida novela *Un mundo feliz,* sino el prólogo que puso a una edición posterior. Del segundo, me permito recomendar la lectura de sus libros recientemente traducidos, especialmente *El hombre que confundió a su mujer con un sombrero* y *Un antropólogo en Marte.*

El prólogo de Huxley menciona la prospección de futuro que había hecho en la novela, concebida sobre la base de biotecnologías todavía incipientes en el año 1932, aunque hoy sean ya muy reales. En el prólogo posterior cree que "el mayor defecto" de su relato radica en haberle ofrecido al salvaje protagonista tan sólo dos alternativas: "Una vida insensata en Utopía", civilización tecnológicamente tan avanzada como deshumanizada, o la vida de un primitivo en una reserva india americana. Una vida, esta última, más humana en algunos aspectos, pero en otros casi tan extravagante y anormal como la deshumanizada por la tecnología. Escribe que ahora quisiera ofrecer al salvaje una tercera alternativa". "Entre las alternativas utópica y primitiva del dilema, pondría (dice él) la posibilidad del sentido común..." En esta comunidad, continúa Huxley, la economía sería no centralista…y la política sería kropotkiniana (o sea, anarquista) y cooperativista. La ciencia y la tecnología serían utilizadas como si, igual que el sábado, hubiesen sido cre-

30. Por esto mismo no hay "bien común" objetivo. Es una abstracción sin contenido concreto realizable. Lo que hay que hacer es elegir el bien "más universal" posible aquí y ahora. El bien determinado que fuera enteramente común y válido para siempre no lo podemos concretar.

31. *Así habló Zaratustra,* 1ª parte "De la redención": "Camino entre los hombres como entre fragmentos del futuro, del futuro que contemplo en mis visiones. Y todos mis pensamientos tienden a reunir y a juntar en una sola cosa lo que es fragmento y enigma y pavoroso azar. [...] ¿Puede haber redención habiendo un derecho eterno? [...] Yo os he llevado lejos de estas canciones [de la locura] cuando os dije: "La voluntad es creadora".

adas para el hombre y no, como ahora, el hombre tuviera que adaptarse a ellas. No me pararé en el análisis de esta tercera posibilidad (concluye) porque solamente me interesa ver que de futuros hay más de uno".

Por lo que respecta a Oliver Sacks, quisiera llamar la atención sobre sus observaciones en torno a la fuerza organizadora y de recomposición de los psiquismos más deficientes y desbarajustados. En las enfermedades, los humanos mostramos la capacidad activa de hacernos un mundo de sentido, aunque sea con materiales muy defectuosos. Un mundo que nunca es copia en el sentido más peyorativo de la palabra, es decir, pasividad pura. Escribe Sacks, por ejemplo, a propósito de un pintor que acaba ciego al color: "Cuanto más tiempo pasaba sin visión del color, más se parecía a alguien que padeciese amnesia del color, o de hecho, a alguien que nunca lo hubiera conocido. Pero al mismo tiempo, ganaba una nueva visión, de manera que mientras su mundo anterior en color e incluso su memoria se volvían cada vez más débiles y se apagaban en su interior, un mundo nuevo de visión, de imaginación, de sensibilidad, nacía en él"[33]. El caso del muchacho autista, por otro lado, que dibujaba de forma nunca repetitiva, es aún más sorprendente por las carencias enormes que el joven padecía. Escribe Sacks: "Puede ser que los dibujos de Stephen nunca evolucionen hasta llegar a ser una obra importante, una expresión de sentimiento profundo o una visión del mundo. Y puede ser que *él* nunca evolucione, que nunca llegue al estado perfecto, a la grandeza y miseria del ser humano. Pero esto no es despreciar ni empequeñecer su talento. Sus limitaciones, paradójicamente, pueden ser también su fuerza. Su percepción me parece valiosa, precisamente porque transmite una visión del mundo maravillosamente directa, no conceptualizada. Es posible que Stephen sea limitado, extraño, extravagante, autista; pero goza del don de representar el mundo y de investigarlo de una manera especial, de hacer algo que pocos de nosotros hacemos"[34].

En resumen: Somos creativos de nuevas formas de mundo relativamente estabilizadas. Decidámonos a usar nuestro poder sin subordinarlo a fuerzas inferiores a la libertad.

---

32. Recomiendo leer al respecto la nota de Alexandre Kojève sobre César en su famoso comentario a la Fenomenología de Hegel (*Introduction à la lecture de Hegel*, Paris, Gallimard, 1947, p. 369). Para César, la posibilidad de fundar el Imperio romano no es utópica ni propia de un soñador, sino real porque su proyecto de futuro cuenta con unas legiones que su pretérito como general de la República le ha puesto en las manos. En tiempos de Ícaro, volar era utópico para los humanos. Dejó de serlo cuando la hélice y el motor de explosión, inventados con otros fines, pudieron ser acoplados a una nave de alas fijas.

33. Oliver Sacks, *Un antropólogo en Marte*, "El caso del pintor ciego al color", Anagrama, Barcelona, 1997, p. 65.

34. Ibid,"Prodigios", p. 298-299.